青少年科技活动的实践与创新

李冬晖　编著

中国科学技术出版社
·北 京·

图书在版编目（CIP）数据

青少年科技活动的实践与创新/李冬晖编著. ——北京：中国科学技术
出版社，2021.7
（科普人才建设工程丛书）
ISBN 978-7-5046-9115-6

Ⅰ. ①青… Ⅱ. ①李… Ⅲ. ①青少年-科学技术-创造性活动-研究
Ⅳ. ①G305

中国版本图书馆 CIP 数据核字（2021）第 142212 号

策划编辑	王晓义	
责任编辑	王晓义	
封面设计	孙雪骊	
责任校对	邓雪梅	
责任印制	徐　飞	

出　　版	中国科学技术出版社	
发　　行	中国科学技术出版社有限公司发行部	
地　　址	北京市海淀区中关村南大街 16 号	
邮　　编	100081	
发行电话	010-62173865	
传　　真	010-62179148	
投稿电话	010-63581202	
网　　址	http://www.cspbooks.com.cn	

开　　本	720mm×1000mm　1/16	
字　　数	310 千字	
印　　张	16.5	
版　　次	2021 年 7 月第 1 版	
印　　次	2021 年 7 月第 1 次印刷	
印　　刷	北京中科印刷有限公司	
书　　号	ISBN 978-7-5046-9115-6/G·902	
定　　价	98.00 元	

内 容 简 介

　　本书按照全国青少年科技活动组织管理工作的要求，遵循人才特别是科技人才成长、科技创新、科学学习等基本规律，以非正式教育情景下的科学学习为前提，梳理并构建了当代青少年科技活动的实践与理论创新体系。

　　本书主要内容分为三部分：一是青少年科技活动基本理论与方法，包括青少年科技活动的理论观点、概念、特点、作用概括；我国的青少年科技活动，以及英国、德国、美国、日本、以色列青少年科技活动的主要经验总结；青少年科技活动的职责、使命、定位；青少年科技活动设计的理论与方法。二是青少年科技活动的策划与实施，包括青少年科普活动、体验活动、竞赛活动等组织实施及案例。三是青少年科技活动的管理与评价，包括青少年科技活动的规范管理责任、活动组织责任、活动指导责任，青少年科技活动评价规范。

　　本书对从事科学教育理论研究、科学课程教学和青少年科技辅导员培训、青少年科技活动管理、青少年科技活动实践工作者等有参考价值。

前　　言

近 100 多年来，科学取得了史无前例的进步，科学与技术的紧密结合产生了巨大的物质力量，乃至成为第一生产力，并与社会发生了从来没有过的紧密联系。科学不仅推动经济发展，而且深刻影响了人类的世界观、价值观与思维方式，推动政治、社会与文化发展，公众享有科学带来的巨大利益。与此同时，社会给予了科学巨大投入，因此公众有权知晓科学界在做什么、做得好不好。科学只有取得公众的理解，才能得到更大支持；只有在全社会弘扬科学精神，科技创新才能获得肥沃的土壤。① 同时，科学只有赢得青少年的喜爱，才能有未来，科技创新才能持续。这些因素决定了当今社会青少年科技活动的重要性。

当前，世界处于百年未有之大变局，破局与立局同步交织、相互激荡，新一轮科技革命和产业变革孕育兴起，为全球化带来了诸多的不确定性，而科技创新成为其中的关键变量。在过去 10 多年的时间里，世界科技发展呈现出前所未有的系统化突破性发展态势，世界已经进入以创新为主题和主导的发展新时代，全球创新的新格局加速形成，抢占科技和经济发展制高点的竞争愈发激烈。科技是国之利器，当今世界之变无不源于科技。科技是战胜困难的有力武器，向科技创新寻求发展动力成为普遍共识。科技创新事关中华民族伟大复兴的战略全局，中国要强盛要复兴，就一定要大力发展科学技术，努力成为世界主要科学中心和创新高地，努力建成世界科技强国。建设世界科技强国，科技人才是第一资源，科技创新是第一引擎。

2020 年 9 月 11 日，习近平总书记在科学家座谈会上强调指出，"科学研究特别是基础研究的出发点往往是科学家探究自然奥秘的好奇心。从实践看，凡是取得突出成就的科学家都是凭借执着的好奇心、事业心，终身探索成就事业的。好奇心是人的天性，对科学兴趣的引导和培养要从娃娃抓起，使他

---

① 韩启德. 科学传播关乎人类未来 [EB/OL]. (2020 - 11 - 27) [2020 - 12 - 28]. http://news.pku.edu.cn/mtbdnew/1d7191a46200413fa5e40a4d3598a473.htm.

们更多了解科学知识，掌握科学方法，形成一大批具备科学家潜质的青少年群体"。青少年是国家的希望、祖国的未来，赢得青少年就是赢得未来，塑造青少年就是塑造未来。今天中国青少年的科学素养，就是明天中国科技创新的力量。明天的科技人才，离不开今天青少年的科学素质教育，离不开今天青少年掌握的基本科学知识，离不开今天青少年体验的科学思维方法和科学探究方法，离不开今天青少年养成的科学精神与科学态度，离不开今天青少年形成的科学知识观与价值观，离不开今天青少年练就的创新创造能力和科技应用能力。而这一切，都最终离不开大力开展的青少年科技活动。

进入新发展阶段，我国以国内大循环为主体、国内国际双循环相互促进的新发展格局的战略部署已经明确，全面建设社会主义现代化国家、向第二个百年目标奋进的航船已经启航，中华民族伟大复兴的巨轮正在破浪前行，建设世界科技强国的风帆已经扬起，形势逼人，挑战逼人，使命逼人，这要求在组织开展青少年科技活动中，不仅知求、知途，更要知道、知识。知求，就是要清楚国家和社会对青少年科技活动的需求和要求；知途，就是要明白青少年科技活动如何实施；知道，就是要遵循青少年科技活动的规律，即遵循青少年成长的规律、科技创新发展的规律、科技活动运行的规律等；知识，就是要了解青少年科技活动的历史和未来发展趋势，了解国内外发展的经验模式。同时，守正创新青少年科技活动的理论与实践，面向青少年大力普及科学知识、弘扬科学精神、传播科学思想、倡导科学方法、激发科学梦想，大力提升青少年科学素养，为建设世界科技强国注入强劲、持久的青春动力和创新活力。

笔者基于自身学习研究教育心理学的专业功底，以及长期从事全国青少年科技活动组织管理工作的实践优势，遵循人才特别是科技人才成长、科技创新、科学学习等基本规律，以青少年科技活动作为非正规教育情景的科学学习为前提条件，梳理并构建了当代青少年科技活动的理论与实践体系。

希望本书能对从事科学教育理论研究、科学课程教学、青少年科技辅导员培训、青少年科技活动管理、青少年科技活动实践工作者，以及热心青少年科学教育的各方人士有所帮助。由于笔者的学识、经验、眼界所限，不足之处在所难免，恳请各位读者批评指正。

目　　录

第二篇 青少年科技活动的策划与实施

第三篇　青少年科技活动的管理与评价

第 一 篇
青少年科技活动理论与方法

　　青少年科技活动，以非正式教育情景下的科学学习为前提条件，是科技教育中最富有活力、最丰富多彩、最引人入胜的部分。梳理青少年科技活动的理论观点、概念、特点、作用，总结分析我国青少年科技活动的历史沿革，以及科技创新先行国家英国、德国、美国、日本、以色列的青少年科技活动经验，明晰青少年科技活动的职责使命，遵循科技人才成长、科技创新、科技教育活动等基本规律，对构筑青少年科技活动基础理论和基本方法，具有重要的现实意义。

第一章　青少年科技活动概述

　　青少年科技活动作为非正式情景下的科学学习，是科技教育的重要组成部分。科学认知和正确理解青少年科技活动发展过程、特点及其功能与作用，对精准策划和有效实施活动，不断提升青少年科技活动的质量，具有重要的现实意义。

第一节　青少年科技活动的界定

　　科技从来没有像今天这样深刻地影响着国家的前途命运，从来没有像今天这样深刻地影响着人们的生活福祉。科技是国之利器，一个国家的强大根本上取决于科技的强大，国与国之间的竞争归根结底是科技实力的竞争。青少年科技活动是社会进步的客观反映，是青少年成长的必然要求，是科技自身发展的内在要求。随着时代的变迁，青少年科技活动的内容和形式在不断发生着变化，但是那种贴近青少年的生活世界、重视青少年的兴趣、重视解决问题过程中的学习、重视合作、重视发挥青少年创造力和内涵潜力的学习方式，在今天的科技教育中仍然具有蓬勃的生命力，与现代的学习理论是吻合的。[①]

一、青少年科技活动的概念

　　随着人们对青少年科技活动认识的提高，以及青少年科技活动对社会影响程度的提高，对青少年科技活动的概念总结和理论探讨逐步深入。目前，对青少年科技活动概念的理解和认识，无论在理论界或者实际工作中都不尽一致。而且随着认识和实践的深化，青少年科技活动也正在与时俱进。

---

　　① 张才龙. 高中科技活动设计方案 [M]. 上海：上海科技出版社，2003：1.

（一）青少年科技活动的定义

青少年科技活动是指由国家机关、政府部门、社会组织、社会团体等主体，面向青少年举办，旨在激发科学兴趣、丰富科技知识、培养创新思维和创新能力，促进科学素养提高的各类课外、校外活动，以及工矿企业、事业单位及多种实体的社会活动。

青少年科技活动与学校正式科学教育活动、公众科普活动、科学研究与发展活动、技术创新活动、科技专业学术交流活动、科技商品展览与交易活动等有本质的区别（表1-1）。

表1-1　青少年科技活动与其他科技活动的区别①

各类活动	目　　的	内　　容	组织形式
青少年科技活动	面向青少年开展课外、校外非课程活动，激发科学兴趣、丰富科技知识、培养创新思维和创新能力、促进科学素养的提高	传播非系统化知识，一般有活动计划或方案，但没有教材，活动的时间、场所、参加人员等比较灵活	非正式情景下的科学学习，一般由非正式教育的专门机构或社会单位组织实施，青少年自愿参加，或家长带领、老师组织参加
正式科学教育活动	向青少年及社会成员进行正规科学课程教学，培养具有基本科学素质和人文素质的劳动者	传播系统化知识，教材、培训时间和人员比较固定	由正式教育单位组织实施，对受教育者具有法律、行政的强制性
公众科普活动	普及科技知识、倡导科学方法、传播科学思想、弘扬科学精神的社会公益活动	传播内容多样化，非系统化	参与人员自愿，普及形式多样化，给予人们感性和理性的认知
科学研究与发展活动	为增加知识总量，以及利用这些知识去发明新的用途而从事的系统的创造性工作	具有创新性、新颖性因素，遵循科学范式，运用科学方法，产生新的知识	以科学家与工程师等为主
技术创新活动	以市场需求为起点和归宿点	产品创新与工艺创新，带有明显的经济目的	以企业为主，有关科研机构和高等院校等参与

---

① 任福君，张志敏，翟立原. 科普活动概论 [M]. 北京：中国科学技术出版社，2015：8-9.

续表

各类活动	目　　的	内　　容	组织形式
科技专业学术交流活动	传递新的科技研究动向和知识成果，交流研究经验	专业科技知识	以专业的机构和科技人员为主
科技商品展览与交易活动	向社会展示科技产品，以便扩大商品交易规模	通过产品展示、传递科技产品使用方法、用途，推销产品以获得市场效应，经济目的明显	市场管理部门和企业共同组织

（二）以青少年为主体的科技活动

青少年科技活动，显而易见，是专门为青少年举办的科技活动。青少年正处于青春期。青春期是儿童角色转变为成人角色的过渡时期。青少年一般是指初中和高中阶段，初中阶段为 13—15 岁、高中阶段为 16 岁到成年，要经历 6 年的中学阶段。学者认为很难给青春期下一个准确的定义，因为它可以从不同角度来理解。当今社会，对青春期的理解的各个角度中，最重要的是心理学、生理学、历史学、社会学、教育学及人类学。从这些观点和角度看，可以认为青春期是一段改变、转化的时期，是为向成人角色的转换做准备。

（三）非正式教育情景的科学学习

所谓正式教育，主要指学校教育。它是学生在有组织的教育机构中受到的教育，比如小学教育、中学教育等。在这种教育中，学校教师有目的、有计划、有组织地对学生进行教育，而且学生毕业后也可以获得相应的学历，因此也可以叫作学历教育。另外，这类教育由于有明确的学制，因此又可以叫作制度化教育。

而非正式教育则是指在正式教育制度以外进行的、为成人和儿童有选择地提供学习的有组织的、有系统的活动。这类教育其实就是在学历教育之外、有明确的教育者和受教育者的教育，如成人继续教育、社会培训及岗位培训等。它们的共同点在于接受教育不是为了获得学历，而是为了提升能力。

青少年科技活动，虽然名叫科技活动，实质上是课外、校外的科技教育活动，是青少年非正式情景下的科学学习。课外、校外科技教育，是指在课程计划和学科课程标准以外，利用课余时间，对学生实施的各种有目的、有计划、有组织的科技教育活动。

（四） 突出思维品质的养成过程

学习的本质是思维。让教育回归本源——教学和学习的本质，是让学生学会思考，掌握思维方法和一定的知识，真正形成科学素养。在青少年科技活动中，涉及科学人文底蕴与科学精神、社会参与中的实践创新、自主发展中的学会学习等，所有这些都强调学习科学的过程不仅仅是接受知识，同时包括如何发展思维能力，主要突出的就是养成青少年的思维品质。

第一，思维品质的训练是发展智力培养能力的突破口。思维品质是思维的个性特征，思维是智力和能力的核心，智力、能力又属于个性的心理特征，因此思维品质是智力与能力最基本的成分，思维品质的训练是发展智力培养能力的突破口。从心理研究来看，不论东方、西方、苏联还是新的西方认知心理学，都强调思维品质具有深刻性、灵活性、创造性、批判性、敏捷性5个特征。

第二，培养思维的深刻性至关重要。思维的深刻性，是指思维的抽象程度和逻辑水平，此外，还包括一个人思维的广度、深度和难度。思维的深刻性集中表现在深刻地考虑问题，抓住事物的规律和本质，预见事物发展的进程上。思维的深刻性具有两方面的表现，一个是概括能力，另一个是逻辑推理能力。从概括能力、逻辑推理能力入手培养思维的深刻性至关重要。

第三，培养创造性思维是当务之急。要培养创新人才，要为整个国家和民族输送创新人才的后备军，中小学教育是整个创新教育的基础。思维的创造性，是创造性的智力因素，也就是创造性思维加非智力因素，是创造性思维加创造性人格的统一体。而创造性思维就是思维的创造性。创造性思维具有5个特点：一是追求新颖独特且有意义的思维活动；二是在内容上不完全是思维，还有想象，是思维加想象；三是在智力创造性或创造性思维中，新形象和新假设的产生带有突然性（灵感）；四是分析思维和直觉思维的统一；五是发散思维和辐合思维的统一，也就是一题多解和一题一解相结合。

第四，强调思维品质的训练。思维的灵活性指善于组合和分析，训练思维灵活性的最典型做法就是一题求多解。思维的批判性是一种知其然也要知其所以然的过程，是元认知或叫反省、反思。思维的敏捷性指思维迅速、准确。思维的深刻性、创造性、灵活性、批判性、敏捷性这5种思维品质的提升都要靠反复训练，都要在青少年科技活动中做到因材施教、因材施练，将思维品质的培养和智力的品质、直觉的品质、记忆的品质，以及智力因素结合起来。①

---

① 林崇德. 思维品质的训练对学生有多重要［EB/OL］.（2018 - 10 - 25）［2020 - 12 - 28］. https://www.sohu.com/a/271212808_100194097.

二、青少年科技活动的特点

青少年科技活动，有别于学校科技教育、大众科普活动等，除具有一般活动的特征，还具有自身的特点。

（一）科学性

青少年科技活动本质上是面向青少年开展的科技活动，科学性是其根基。活动内容是否属于科学范畴、活动过程是否体验了科研的过程、活动是否适合青少年对象的特点等是青少年科技活动科学性的体现，也是在活动设计、实施过程中尤其要关注的问题。

第一，内容属于科学范畴。青少年科技活动的科学性主要表现在不同形式的活动，都具有科学和技术的内容，即活动内容属于科学范畴，这是青少年科技活动区别于文学、音乐、美术等活动的地方。人们习惯把科学和技术连在一起，统称为科学技术，简称科技。在青少年科技活动中，科学与技术既有密切联系，又有重要区别。科学解决理论问题，技术解决实际问题。科学要解决的问题，是发现自然界中确凿的事实与现象之间的关系，并建立理论把事实与现象联系起来；技术的任务则是把科学的成果应用到实际问题中去。科学主要是和未知的领域打交道，其进展尤其重大突破是难以预料的；技术是在相对成熟的领域内工作，可以做比较准确的规划。

第二，体验科学研究过程。青少年科技活动不同于以学科为中心的理科教学，它以活动为载体，让青少年在科技活动过程中体验"科学研究的过程"。青少年科技活动往往归属某个学科但又不限于单个学科。活动方案的设计、问题的解决通常是多学科的横向联系和各种知识的综合运用。以航模活动为例，不仅要学习直角坐标等数学知识，还要涉猎静力学、流体力学、圆周运动、发动机原理、无线电等物理知识；操作施工时要接受看图制图、选材施工等能力的训练，学习工具使用、粘接组装等工艺技能，等等。哪怕是一般性的选题研究活动，青少年也要从收集文献资料做起，历经调查、分析、计算、研究直至得出结论、撰写论文的全过程。其间每逢遇到困难，又都要通过独立思考、反复实践、拜师求教，直到找出解决问题的办法为止。每完成一项科技活动，不但了解和掌握了某方面较为系统的知识，也经历了一次进行科学研究的综合性训练。

第三，对象的适宜性。活动多种多样，只有那些针对"青少年"实施科技教育的活动，才属于青少年科技活动的范畴，这是活动对象的适宜性，在某种程度上也是青少年科技活动的科学性。青少年科技活动的主体是青少年，他们有自己的生理、心理年龄特征，他们的实际需要、思维方式、接受能力和社会经历与成年人有很大的不同。另外，他们正处于上学阶段，主要任务是学好学校规定的各门课程，学习的方式主要是课堂听讲和做练习、实验等作业。因此，在青少年科技活动安排上，尤其在内容上、方式上要与成人有所区别。要充分利用"课外和校外"的活动场景，设计、开展适合青少年年龄特征、心理特点、学习特点的科技活动才会有效果，注重活动与对象的匹配性、适宜性也是活动科学性、合理性的一种体现。①

（二）开放性

青少年科技活动与学校正规的科学教育活动相比，具有自身独特的开放性特征。

第一，社会性。科技活动为青少年提供了一个接触自然、接触社会，并有可能运用所学知识服务社会的机会，从而以切身的经历体验到科学技术的力量。走出课堂的科技实践活动，为青少年创造了课堂教学不具备的优越条件，使他们有充分机会进行动手操作、实验，有机会把理论和实践结合起来，把学到的知识运用到实践中去，不仅达到认识上的飞跃，而且可以开拓新的知识领域，在实践中学习和掌握新的认知方法。特别是在他们综合运用知识解决实际问题的时候，可以有效提高发现问题、分析问题和解决问题的实践能力。②

第二，灵活性。科技活动摆脱了集体授课的羁绊，不受场地、时间的局限，既能多方面适应青少年的兴趣和爱好，又能全方位考虑社会对人才多样化的需求，在活动内容、活动形式上有着广泛的灵活性。青少年科技活动的具体内容是根据课外、校外活动的目的，从现有场地、设备条件、辅导教师特点，以及学生的不同需要出发确定的。活动的组织形式多种多样，可以有集体、小组和个人多种形式；活动内容可以紧跟科学技术发展动态，结合学生身心发展特点，传授最新科技内容。青少年科技活动无论是内容还是形式，都具有灵活性，凡有助于促进青少年科学素质提升的皆可考虑。③

第三，广泛性。科技活动广泛地采取"请进来""走出去"的办法，把对青少年的教育与生产活动、社会生活广泛地联系起来，突出地显示了它的广泛性特点。作为教育重要组成部分的科技活动，随着科技向深度、广度的发展，时刻都会开辟出新的天地。科技活动的广泛性特点，还表现在校外科技辅导员介入教育、学生走出校门参加社会实践这两方面，这样就有效地缩小了教学内容与科技发展间的距离，激发了青少年的求知欲和探

①② 陈树杰，郭治.青少年科技活动的特点、原则和要求［EB/OL］.（2018 - 02 - 12）［2020 - 12 - 28］. https://www.jinchutou.com/p - 32716979. html.

③ 侯怀银，雷月荣."校外教育"解析［J］. 教育科学研究，2017（5）：27 - 31.

索精神。①

（三）实践性

科技活动是让青少年在各式各样的以科技为内容的实践活动中经受锻炼、培养能力的，这就形成了独具的实践性特点。

第一，参与性。青少年科技活动没有教学大纲来约束，注重以学生为中心，注重学生的主动参与。科技活动的选题、设计、实施、展示的全过程都鼓励学生的深度参与。在活动中学生的科学知识和技能主要通过自己设计、自己动手获得，同时那些经由辅导教师教授的科学知识和技能，学生可在活动中来进一步验证、理解。

第二，探索性。科技活动打破了这样的传统偏见："学生要掌握的知识都是科学上稳定可靠的财富，学生并不负责发现真理的任务。"科技活动广泛地采取"亲自获取知识"的发现法组织活动，鼓励学生就自然界和社会生活中的各种问题质疑问难，活动洋溢着钻研好学的精神，充满着探索性。布鲁纳认为："科学家在他的书桌上和实验室里所做的，一位评论家在谈一首诗时所做的，正像从事类似活动而想获得理解的任何其他人一样，都属于同一类的活动，其间的差别，仅在程度而不在性质上。"科技活动中，青少年每完成一个实验、制作一个作品、获得相应数据、提出一个结论、撰写一篇论文，都是在接触实际了解社会的实践过程中通过独立思考、缜密研究、互相切磋和付出劳动以后取得的。他们所做的一切，本质上都是与布鲁纳提到的那些物理和文学评论家们相似的创造性的劳动。当然，对青少年来说，探索和创造并不都等于科学发现，多数情况往往表现为对原有学习水平的突破，其可贵之处则在于他们在实践过程中认识新事物、提出新问题、想出新办法、创造新作品的探索精神，科技活动作为学生智力生活的策源地，给思想增添了真正的创造性。

第三，体验性。科技活动作为一种探索性的实践过程，它的任务是探索求知，而对这一过程的最终结果，却很难做出确切的预测。换言之，既然是探索就有成功和失败两种可能。青少年既可能享受成功的满足与快乐，也可能经历失败的痛苦和熬煎，诚如苏霍姆林斯基所言，"在活动的实践中，学生能感到自己是一个发现者、研究者和探索者，体验到智慧的力量和创造的欢乐"。问题不在于青少年在活动中到底取得了什么具体的研究成果，只要能够有这种深刻体验，都将会激发他们热爱科学的浓厚兴趣和热爱新知识的创造精神。②

---

①② 陈树杰，郭治. 青少年科技活动的特点、原则和要求［EB/OL］. (2018 – 02 – 12)［2020 – 12 – 28］. https：//www. jinchutou. com/p – 32716979. html.

（四）自愿性

科技活动是青少年根据自己的爱好、特长、需要、精力等自愿选择参加的活动。青少年参加科技活动的心理需求是多方面的，开阔眼界、锻炼动手能力、充实业余生活等都是他们愿意参加科技活动的重要原因。

第一，可选择性。在青少年科技活动中，学生可以根据自己的兴趣爱好和现有知识水平选择参加不同的活动。科技教师、科技辅导员的职责是尽可能地创造条件，组织多种多样的活动供学生选择，并对不同的学生给予启发引导，指导他们参加相宜的科技活动。自愿选择活动项目在青少年心理上会形成一种优势：共同的兴趣铸就共同的语言，相同的爱好与特长又会把彼此的心紧紧地联系在一起。科技活动为青少年的身心发展创造出一个愉快和谐的环境，在这样的环境中，青少年就会自觉地维护纪律、接受教育。青少年选择参加的科技活动项目，或是兴趣所钟，或是身怀所长，这为因材施教创造了良好的前提，活动中教与学两方面的完美结合，最终将会使青少年的兴趣和爱好化为智慧和才能。自愿性是科技活动主要特点之一，没有自愿性科技活动的优越性将会化为乌有。①

第二，公益性。青少年科技活动往往带有非强制性和公益性，以有别于学校教育的方式向青少年普及科学知识、倡导科学方法、传播科学思想、弘扬科学精神，并以此推动形成青少年爱科学、讲科学、学科学、用科学的良好习惯，为提高青少年的科学文化素质提供土壤。青少年科技活动并不只是使某些个人受益，而是体现了整个国家、社会、集体的利益，具有明显的公益性。随着国际竞争的日趋激烈，青少年科技活动越来越受到国际社会的高度重视，成为政府公共服务的重要组成部分。青少年科技活动的均等化，是科技教育服务的基本要求，这要求全体青少年能公平可及地获得大致均等参与青少年科技活动的机会，但这些都以吸引青少年自愿参与为前提。

三、青少年科技活动的独特作用

青少年科技活动，作为非正式教育情景下的科学学习，具有独特性和不可替代性。

（一）学识拓展

作为课外校外科技教育活动的青少年科技活动，有利于学生开阔眼界。青少年求知欲强、兴趣广泛、精力充沛，在课外校外科技活动中，由于不受

---

① 陈树杰，郭治. 青少年科技活动的特点、原则和要求[EB/OL]. (2018 – 02 – 12)［2020 – 12 – 28］. https://www.jinchutou.com/p – 32716979. html.

学科课程标准和教材的限制，他们可以根据自己的兴趣、爱好广泛阅读各种课外科技读物，参加各种科技活动，广泛接触社会和自然界的各种事物，吸收来自各方面的信息。这样，不仅能加深已学知识的深度，而且还能扩大视野，增长新知识。

（二）因材施教

参加课外校外科技教育活动的青少年，每位都有各自的个性和特长，在天地广阔的第二课堂教学中，可以不按照国家规定的课程计划、学科课程标准进行知识的传授和技能的训练，可以照顾到学生的个别差异。同时，课外校外科技活动内容丰富多样，能满足学生的不同需求，学生可以自愿参加各种活动，在活动中通过自主学习，可以获得更多的亲身体验。这种活动既能激发学生的科技兴趣爱好，提高学生参与科技活动的积极性，也有利于教师根据学生的科技兴趣爱好因材施教。

（三）发展多元智力

课外校外科技活动，以学生的亲身实践活动为主，鼓励学生动手动脑、运用知识并发挥聪明才智和创造性。这不仅使学生在活动中接受各种锻炼，而且能有效地培养学生的思维能力、自学能力及各种实际工作能力，对发展学生的多元智力有着极为重要的意义。

（四）增进学习效度

课外校外科技活动通过行为实践，把对科技的兴趣、体验转化为自觉的行动和感悟。另外，学生在课外校外科技活动中能接触实际的人和事，能得到较深刻的感性认识与情感上的感染，往往能收到比单纯的说服教育更有效的教育效果。

第二节　青少年科技活动的职责与使命

青少年科技活动旨在培养青少年学习和应用科学技术的兴趣，增强好奇心，帮助青少年理解、记忆在课堂中学习的科技知识，扩大知识面，提高观察能力、思维能力、动手能力、表达能力、接受挫折的能力和创造能力，动脑动手培养青少年良好的习惯和修养。早期发现和培养科技后备力量，因材施教，为国家科技发展储备优秀的后备人才。

一、激发科学兴趣

兴趣是学习科学和探究科学的最好老师，在有兴趣的情景中学习科学、探究问题，思维最主动、最活跃，智力和能力发展最充分。培养青少年的科学兴趣和爱好，是当代科技教育的最基本使命与最重要责任。

（一）兴趣驱动的学习

兴趣原则，是近现代教育的重要教学原则，为诸多著名教育家所提倡。兴趣的多样性和兴趣形成的复杂性，决定了兴趣的培养不是件轻而易举的事情。通过对兴趣教学原则的历史考察，对深化科技教育的教学原则和兴趣学说研究，推进科技教育工作颇具实践意义。

第一，人的兴趣具有多样性。在赫尔巴特看来，多方面兴趣是教学与儿童、教育与心理，以及教育学与心理学的主要联结点。他指出："教育的兴趣仅仅是我们对世界与人的全部兴趣的一种表现，而教学把这种兴趣的一切对象集中于青年的心胸中，即未来成人的心胸中——在这种兴趣中我们不敢想到的希望终于可以得救了。"杜威在《我的教育信条》中认为，兴趣是教学的起点和决定课程进度的真正中心，并且"方法的问题最后可以归结为儿童的能力和兴趣发展的顺序问题"。"因此，经常而细心地观察儿童的兴趣，对于教育者是最重要的"。①

第二，学有兴趣是教学的目标。把学有兴趣当作教学目标，既是教育兴趣说的一个跨越，也反映了教学目的对教学原则的要求。我国古代即有从孔子肇始的"知之者不如好之者，好之者不如乐之者"（《论语·雍也》）的一贯主张，讲的就是好学、乐学的重要和追求以学为好、以学为乐的境界。梁启超是我国系统论述"趣味教育"的第一人，他从趣味主义人生观出发，把趣味养成当作教育目的。在西方，以兴趣为取向的教育目的观可追溯到卢梭，他指出："我的目的不是教给他各种各样的知识，而是教他怎样在需要的时候取得知识，是教给他准确地估计知识的价值，是教他爱真理胜于一切。"杜威评价说："卢梭遵循自然的教育目的，意思之一就是注意儿童爱好和兴趣的起源、增长和衰退。"并在《民主主义与教育》中认为"兴趣和目的、关心和效果必然是联系着的。目的、意向和结局这些名词，强调我们所希望和争取的结果，它们已含有个人关心和注意热切的态度"。因此，兴趣被确定为教学原则顺理成章。

第三，兴趣是学习者动力源泉。在德国古典哲学特别是康德的认识论中，兴趣被看作人类理性行为的动力和情感的标识。当时的教育家们不约而同地看中与教学实际最密切，也最能代表儿童、儿童心理及其能量的兴趣，从而使它成为新旧教育时代的焦点和热点问题。正如赫尔巴特所说，"欲望和兴趣结合在一起是表现人类冲动的全部"，"兴趣这个词标志着智力活动的特性"，"兴趣就是主动性"，"代表智力追求的能量"，或者说"能量通过兴趣这个词

① 郭戈. 关于兴趣教学原则的若干思考 [J]. 教育研究, 2012 (3)：119-124.

表达出来"。赫尔巴特学派的麦克墨里更是指出，"在整个教育学思想的大事年表中都表明，古代和现代的教育学已经引起教师注意的就是兴趣原理，它是唯一特别着重感情生活的"。杜威也说过，"教育必须从心理学上探索儿童的能量、兴趣和习惯开始"；"我认为成年人只有通过对儿童的兴趣不断地予以同情的观察，才能够进入儿童的生活里面，才能知道他要做什么，用什么教材才能使他工作得最起劲、最有效果"。克伯屈认为，"兴趣是心理活动中的重要因素，对学习也是一个有力的帮助"；"没有兴趣，只能做出拙劣的工作，不可能有教学的杰作"。克拉帕瑞德和他的学生皮亚杰都认为，"兴趣'是把反应变成真正动作的因素'"。兴趣学说的勃兴和兴趣原则的确立，反映了教学过程规律和提高教学成效的要求。①

（二）培养科技好奇心

好奇心是人类的天性，是个体对新异和未知事物想知的倾向，是个体重要的内部动机之一。强烈的好奇心，是创造性人才和高创造力人才所具有的鲜明的个性特征，是激发人类对新颖性与挑战性信息和经验进行认知探索和搜寻的内在动力。科技好奇心激发人们对学习科技的浓厚兴趣，唤起人们对科技知识的渴求，并使之转化成学习科技的动机。

第一，用好奇驱动学习。好奇驱动的科学教育是指在科学教学过程中，在导师的帮助下，以科学问题为中心，通过激发学生强烈的好奇，进而推动自主探索、以寻求问题解决的教学方式。好奇驱动的科学教学是一种建立在心理学理论基础上的科学教学方式，在于学习者本身对科学问题的探索动机，本质上是通过好奇来诱发、加强和维持的科学学习活动。好奇心作为学习的原动力，"驱动"的不是教师，也不是"学习任务"，而是学习者本身，是学习者的内在动机。

好奇是由外向内的演化过程。例如，在实践和学习的过程中，经过多次科学实践获得成功，体验到需要得到满足后的乐趣，以此逐渐巩固最初的科技求知欲，从而形成一种比较稳固的学习科学的动机。因此，导师引导学习者认清学习科学的目标指向和目的意义就显得非常重要，同时要注意提高学习者发现问题和提出问题的勇气，鼓励学习者通过自主探究完成学习任务。②

第二，激活学习者的科学好奇。人类的好奇，与生俱来。好奇是一种探索和研究未知事物或观念的强烈愿望，通常表现为学习者对其所注意到的、但尚无令人满意解释的事物或其相互关系的认识。因此，创设科技教育情景，吸引学习者注意，可以有效激活学习者潜在的好奇，促使其不断求新，发现

---

① 郭戈. 关于兴趣教学原则的若干思考 [J]. 教育研究，2012（3）：119 – 124.
② 袁维新. 好奇心驱动的科学教学 [J]. 中国教育学刊，2013（5）：60 – 63.

和提出问题，进行探索和研究。科技馆、探索馆、青少年科普教育基地等场所，往往就能吸引青少年注意，对在这些场景中出现的情况和变化及时做出反应，发现问题，并追根寻源，提出一连串问题：有无？是否？如何？为何？从而激发思考，引起探索欲望，激活他们的好奇心。①

激活好奇，从问题开始。古希腊教育家亚里士多德讲过一句名言："思维自惊奇和疑问开始。"一个好的问题，就如投在学生脑海中的一颗石子，能激起学生思考的波浪。学生有了问题，才会主动地探索知识，此时注意力就会高度集中，思维也就处于积极状态，对教学的内容也就容易接受。② 问题的提出是开展好奇驱动的科学教学的前提，问题也是激发学生好奇心的激活剂。实践证明，能够激发学生好奇的问题不是通常的习题，而是原始科学问题。所谓原始科学问题，是指对自然界及社会生活、生产中客观存在且未被加工的科学现象和事实的描述。而习题则是把科学现象和事实，经过一定程度抽象后加工出来的练习作业。原始问题具有以下特点：是对现象的描述，没有对现象做任何程度的抽象；基本是文字的描述，通常没有任何已知条件，其中隐含的变量、常量等需要学生自己去设置；没有任何示意图，解决问题所需要的图像需要学习者自己画出；对学习者来说不是常规的，不能靠简单的模仿来解决；来自真实生活情景；具有趣味和魅力，能引起学习者的思考和向学习者提出智力挑战；不一定有唯一的答案，各种不同水平的学习者都可以由浅入深地做出回答；解决它需伴以个人或小组的活动。原始问题是把每个已知量镶嵌在真实的现象中而不直接给出，需要学习者根据面临的情景，通过假设、估计等手段获得所需的变量及数据，再构造出理想的模型，经过一层层的"剥开"过程，最终使结论"破茧而出"，从而极大地激发学习者的好奇心。③

第三，保护好学习者对科学的好奇。人们对自然事物有着与生俱来的好奇心，而这种好奇心恰恰是进行科学探究的起点和原动力。他们对所接触的任何事物都有兴趣去探究，不仅探究的范围广泛，而且能利用感官、工具和方法对世界进行更加深入的探究。精心呵护和培养人们特别是青少年、儿童的好奇心，有利于促进学习者对身边事物的观察，并能发现问题、提出问题，从而促进科学探究技能的形成。教师要善于维护学习者的好奇心，使探究成为学习者自己的内在需要，从而持久地投入到探究活动中。学习者由好奇而产生的探究活动也会在教师的引导下由不自觉到自觉，由感性到理性，逐步

---

① ③ 袁维新. 好奇心驱动的科学教学［J］. 中国教育学刊，2013（5）：60 - 63.

② 林洪. 初中科学学习兴趣培养的思考［J］. 产业与科技论坛，2009（1）：199 - 200.

变成科学素养。① 此外，科学职业预期是保鲜科学好奇的社会基础，营造兴趣驱动的科学职业预期，对于保鲜青少年科学兴趣、吸引青少年学习科技、选择从事科技工作、献身科技事业等具有重要作用。

（三）体验科技成就感

成就感，是指一个人力求实现有价值的目标，以获得新的发展地位和赞扬的内在推动力，是积极的情绪体验，是实现自我价值和得到认可的心理需求满足时产生的感觉。当人们在学习或工作中取得成功或者愿望实现时，就能产生满足感，即成就感。在科技教育教学中，教师如果能密切关注学习者的发展，通过成就感的体验，激发学习者的兴趣。

第一，用成功驱动科技教育教学。科学兴趣有赖成功的激励，科学探究中如果不断获得成功，经常得到表扬，学习科学的兴趣就会不断巩固和发展；而屡遭失败，经常受批评的学生，其学习科学的兴趣就会日渐衰减，直至完全丧失。在科技教育中，科学兴趣和科学探究的成功是紧密联系在一起的。教师就要创造条件，激发学生学习科学的兴趣，使每一个学生都有获得成功的机会。在课堂提问中，难易程度不同的科学问题，要请层次不同的学生来回答，切不可让回答问题成为优秀生的"专利"。因人而异、难易有别的提问，可能使每一个学生取得成功而受到老师的表扬和鼓励，从而感受到成功的欢乐。这种欢乐可以增强自信心，产生一股抑制不住的再奋斗的动力。所以，教师要善于发现学生的优点，及时地加以肯定和表扬，让学生享受到取得成绩的满足、兴奋，从而对学习科学产生兴趣，提高自己学习科学的能力。每个人都有成功的需要，如果一个人长期缺少成功的满足，就容易自暴自弃。在学习中，若得不到成功的机会，就会放弃努力，产生厌学情绪。学习者一旦有了成功的激励，就会增强学习科学的自信，就会改变自己学习科学的态度，强化自己的科技兴趣。

第二，在日常生活中体验学习科学的成就感。成就感往往来自实际科技教育内容生活化，教育家杜威认为："生活和经验是教育的生命线，离开了生活和经验就失去了教育。"他极力倡导"从生活中学习，从经验中学习"。教育家陶行知也曾说："生活是教育的中心，教育要通过生活才能发出力量而成为真正的教育。"借助科学学科的生活化特点，把身边的一些现象或素材转化成课堂互动的有效资源，将科技知识与生活实践有机地结合起来，构建生活化的课堂，使学生在体验生活的过程中掌握知识，提高学习效果和探究能力。

贴近学生的生活实际，构建以学科知识为基础、以生活为支撑的课堂，有机地将知识与生活结合，使课堂教学充满活力，教师教得容易，学生学得

---

① 袁维新. 好奇心驱动的科学教学 ［J］. 中国教育学刊，2013（5）：60－63.

轻松。课堂内外的各种活动，由于学生切身参与体验，合作交流的能力得到提高；同时，主动构建相关知识，积极探索相关内容。更重要的是，充分激发了低成就感学生的学习兴趣，促进他们积极思考，主动探究，进一步形成关注社会、乐于学习和热爱生活的优秀品格。

第三，在融洽科技活动过程中体验成就感。立足教材又高于教材，以学习者为本，合作学习，有时可考虑让低成就感学生当组长，进行实地考察，收集图片、数据、资料等整理成报告；课堂大胆展示，热烈交流，积极思考，辩论质疑，调整修正；教师适时补充引导，促使学习者运用所学的知识理解身边的问题，提出有科学依据的看法和见解。让低成就感学生当组长，好生帮忙，大家群策群力，共同完成报告。在展示环节中，可以让学习者先在小组试讲，小组成员相互探讨、补充，然后在课堂上展示、交流和补充。学习者不仅从中体验到合作学习的乐趣，也加深对科技知识内涵的领悟，增加成功的机会。创新的学法沟通了课堂内外，使情、意、行得到全方位的发展。特别是对低成就感的学习者，更能让他们体会到学习的乐趣和成功的喜悦，产生成就感和自信心。

第四，科技教育教学"留白"中体验成就感。教学中，教师只是引领者，学习者才是学习的主人。课堂上要让学习者学会提问，也要给学习者质疑问难的机会和时间，让质疑问难贯穿课堂教学的全过程。每组展示完后，都留些时间给学习者提问、交流和答辩，让学习者进行自我知识梳理。设置"畅所欲言"的教学环节，让学习者总结和反思学习到的重点、难点和体会，或者让学习者根据所学，自由发问与学习内容有关的问题，相互解答，疑难之处再由教师点拨。有留白时间，使学习者有时间积极思考，大胆提问，敢于质疑。留点时间给他们，也能让他们真正体会到自己是学习的主人，越发勤学好问。教学的适时留白，为学习者预留出独立思考、自主学习的空间，既可以让学习者及时将知识内化，顾此不失彼，又让学习者有不同的收获，避免教师的"一言堂"。①

（四）塑形科技价值观

科技的兴趣与功利问题，一直备受争议。一方面科学研究需要保鲜科学兴趣；另一方面科技的体制化，以及科学实用主义和社会实用精神，又不允许完全科学兴趣化。当今世界，科学研究兴趣只是社会实用精神衍生的副产品，实用精神的功利心才是科学的最根本动力。

第一，让青少年知道科技既有趣也有用。科学实用主义与科学兴趣并不对立，近年来正是我们没有很好地处理好科学发展的兴趣驱动和功利驱动的

---

① 肖雪梅. 激发低成就感学生的生物学学习动机 [J]. 福建基础教育研究, 2015 (2): 90-91.

"双轮驱动"，而导致科技发展面临一些问题。在科技教育中，一方面要让青少年懂得科学有趣，另一方面也要让青少年懂得科学有用，能解决人类、国家、民族、个人的诸多问题。

对于我国没有进阶到近代科学的原因，比较流行的看法是中国人太重实用，而缺乏纯粹的科学研究兴趣。其背后之意有三：实用精神与理论兴趣是相克的；对一个社会的科学发展最根本的是理论兴趣，而不是实用精神；我国古代的主流价值观非常注重实用。毫无疑问，科技兴趣的确能促使科学家去研究与实用相距较远的理论问题，但社会和个人的需要总是包括功利性需要和非功利性需要两方面，前者又包括对财富、权力、名声等外在东西的需要，后者又包括娱乐、求知、自我实现等内在东西的需要。①

第二，让科技成为青少年的职业化向往。每个人都有自己的职业选择，根据自己的兴趣、爱好择业会带来强大的驱动力，有利于始终保持对职业的兴趣、对工作的激情，有利于找准自我定位、发挥自己的特长。然而，科技创新并不是有了兴趣就可以做到，需要相当集中且专门用于某个科学问题的时间和物质资源。因为新观念的产生有某种意义上的偶然性，在自发活动中也能产生观念，但自发的、零散的经验积累，缺少深思不仅效率太低，而且只能产生零碎、模糊、狭隘、比较肤浅、可靠性比较低的现象性知识。因此更深刻、更普遍、更准确、更可靠的科技，是科学活动专门化的结果，即有人专门从事这种工作，作为职业选择，而不是业余兴趣，这是没有选择的。②

科技兴趣是青少年职业向往的基础，但不是全部。这就需要在全社会营造一个充满向往的科技职业预期，促使更多既有科技兴趣又有科技创新能力的青少年选择科技职业。在中国，当"60后""70后"还是孩子的时候，被问及长大想做什么，多数会毫不犹豫地说想当科学家；如果问"80后""90后"的孩子长大想做什么，则很少人说想当科学家。国际经合组织（OECD）公布的 2015 年国际学生能力评估（PISA）结果显示，我国的中学生期望将来进入科学相关行业的从业者比例仅为 16.8%，明显低于美国的比例（38%），不及 OECD 国家的平均比例（24.5%）。在当今中国，营造一个让青少年向往的科技职业预期，是当务之急。

第三，让科技兴趣服务社会需求。科学的职业化使科学家必须为人类社会的需要服务，这就必须考虑当今世界发展的科技需要。罗伯特·金·默顿根据《国民传记词典》做了 17 世纪社会兴趣的统计分析，显示出当时英国对戏剧、诗歌等艺术、神学的兴趣的衰落和对科学的兴趣的显著提高，不是非

①② 朱诗勇. 科学根本动力：理论兴趣还是实用精神？——兼论中国古代科学的文化之根 [J]. 陕西行政学院学报，2009，23（2）：88-91.

功利的价值取向的结果，相反是"与应用功利主义和实用性等准则有关。那些与改进人类'生活便利'联系最密切的事业获得了最多的声望和人心"。非功利的求知之心人们或多或少都有，然而纯粹是自我满足的探索自然奥秘的科学兴趣不同于看球赛、钓鱼、观摩科学演示等兴趣那么简单易得，而是要有足够的财产，能付出大量的时间和相当的经济支出；有足够情商，能抵制其他诱惑和社会偏见；有刻苦耐劳的品格，愿意做很多艰苦的智力工作甚至体力消耗；有坚强的意志、毅力使他战胜前进中无数的困难、挫折、浮躁、迷茫和失败。很显然，仅仅经济支出就淘汰大多数人，因为有足够的财产、不需要工作的人就是在现在也是少数，更不用谈科学发展早期。可见，纯理论兴趣不能作为科学发展的可靠、持久的动力。[①] 青少年科技兴趣，必须与人类社会的生产生活需求、与国家战略需求等紧密结合。

第四，用名、利、权、情保鲜科技兴趣。个人的科学非功利性需要，不能不受到社会的影响。同样作为正常人的科学家，自我满足的成功感也并不唯一地依据科学自身的价值标准，而是包含希望得到社会肯定的欲望，这意味着科学的非功利意义并不是科学家个人决定的。当社会予以对科学研究的高度尊重和对科学价值的肯定性评价时，科学研究对个人的非功利意义就会得到支持、强化；相反，当社会对科学探究予以贬斥和对科学价值予以否定性评价时，那么科学对个人的非功利意义就会被削弱。社会对科学探索的积极态度，取决于它的结果，即科学知识给人们带来的功利和非功利的好处。

无论是功利性的科研动机，还是非功利性的科研兴趣，都是以社会实用的功利目的为基础。科学家主体绝大部分能够选择从事这种感兴趣的工作；社会出于他们福祉的实用目的，也能够提供职业支持和精神支持，解决谋生和事业的经济问题，并使他们感到社会对他们的科学工作兴趣的认同乃至赞赏，这使他们能够把兴趣与谋生合而为一。同时，出于功利目的，社会可以源源不断地为科学提供问题，科学职业者被需求。最直接的实用的关注点是技术问题，对技术问题的讨论必然导致作为技术问题讨论的依据即理论问题的讨论。纯科学看似超越技术的要求，其实正是技术的要求。离开实用的追求，科学的问题意识会极大地削弱。[②]

实用主义、功利导向的市场化改革，对科研来说不是万能的。科研的根本动力是人对科学问题的兴趣。如果在功利化方面处理不好，会冲淡人对科学的兴趣，使人分心、浮躁和思想不自由。我国科技创新远跟不上经济增长的原因之一可能就在于此。如果说，追求哲理的非功利化精神让西方人接近

①② 朱诗勇. 科学根本动力：理论兴趣还是实用精神？——兼论中国古代科学的文化之根 [J]. 陕西行政学院学报，2009，23（2）：88 - 91.

科学，那么讲求实用的功利化精神让中国人"远离"科学。[①] 在当今中国，亟须建立完善且符合科技创新的科技共同体规范，在科技的功利与非功利中寻求平衡，以此为青少年科技教育提供健康的场景，给予青少年一个充满向往的科技职业预期。

二、传授科技知识

科学是反映自然、社会、思维等客观运动规律，并经过实践检验和逻辑论证的知识体系。传播科技知识是当代科普的基础性任务，要掌握科学方法、具备科学思想和科学精神，必须具有相应的科学技术知识。

（一）释义科技知识

科技知识是人类在改造世界的实践中所获得的正确认识自然的知识体系和发展物质生产的技术体系。科学和技术知识作为一个整体，包括各种各样的知识。对科技知识，尚无统一的分类标准。

第一，科技知识的一般定义。广义上，科技知识包括自然科学知识、工程技术知识、社会人文科学知识和思维科学知识。但在本书中，科技知识主要是指自然科学知识、工程技术知识，以及科学技术与人文社会科学交叉的知识，通常包括这些领域的科学事实、科学理论和科学规律等。

科学事实是最基本的一种科学知识。人类的祖先最先获得的就是科学事实这种形式的科学知识。这种知识是零散的、不成系统的，却是直观的、感性的、直接的、易于理解和接受的。通过观察，人们积累了大量确凿的事实，如第谷·布拉赫厚厚的天文记录、徐霞客遍访名山留下的详尽的观察资料，以及科学家在实验和实践中观察到的一手资料等，都是宝贵的科学知识。

科学理论和科学规律，也是科学知识。科学理论是对于事实的总结、抽象和提升。获得观察事实是感性认识阶段的任务，提取理论则是理性认识阶段的结果。科学理论是一种全称陈述，揭示的是事物的本质和自然属性。规律更是如此，往往用一句简洁明了的全称陈述概括出某一类事物内部不变的东西。科学理论和科学规律相对科学事实来说，是从具体到抽象的转变过程。对比有着实物形态的科学事实，科学理论和科学规律是用文字和符号来表现的。

科学事实被前人记录下来，经后人整理，可从中发现新的理论和规律，并用这些事实来检验新的发现。通过检验的理论和规律一旦得到认可，继而往往会推翻前人的理论，并融入当时的科学背景。正是许多这样的科学理论

---

① 陈祝平. 科学研究的非功利化本质 [J]. 国际商务研究，2006 (6)：1－5.

和科学规律，构成科学的系统和环境。

第二，感性知识与理性知识。根据知识的反映深度不同，可分为感性知识和理性知识。所谓感性知识，是对事物的外表特征和外部联系的反映，可分为感知和表象两种水平。所谓理性知识，反映的是事物的本质特征与内在联系，包括概念和命题两种形式。概念反映的是事物的本质属性及其各属性之间的本质联系。命题是通常所说的规则、原理、原则。它表示概念之间的关系，反映不同事物之间的本质联系和内在规律。

第三，具体知识与抽象知识。根据知识的不同抽象程度，可将知识分为具体知识与抽象知识。具体知识指具体而有形的、可通过直接观察而获得的信息。该类知识往往可以用具体的事物加以表示，例如，有关日期、地点、物品等方面的知识。抽象知识指不能通过直接观察，只能通过定义来获取的知识。这类知识往往是从许多具体事例中概括出来，具有普遍适用性的概念或原理，例如，有关科学道德、哲学等方面的知识。

第四，陈述知识与程序知识。根据知识的不同表述形式，知识可以分为陈述性知识和程序性知识。陈述知识主要反映事物的状态、内容，以及事物变化发展的原因，说明事物是什么、为什么和怎么样，一般可以用口头或书面语言进行清楚明白的陈述。它主要用来描述一个事实或一个观点，因此也称描述性知识。程序知识主要反映活动的具体过程和操作步骤，说明做什么和怎么做，它是一种实践性知识，主要用于实际操作，因此也称操作性知识。由于它主要涉及做事的策略和方法，因此也称为策略性知识或方法性知识，例如，怎样操作某一机器、怎样解答数学题或物理题等。

第五，隐性知识与编码知识。隐性知识和编码知识是知识经济中的核心概念。编码知识是关于事实和原理的知识，其载体可以是人的大脑，相当于计算机的内存，也可以是无生命体，相当于外存。可以通过一定程序使内存转化为外存，使知识从个体的大脑中游离出来。编码知识可通过逻辑工具（自然语言、机器语言等）得到清楚表达和明确分类，因而可以被掌握相应逻辑工具的人通过社会化的手段（接受教育、阅读公开发行的图书资料和上网等）以较低的成本获取。由于它的载体可以是非生命体，所以可以廉价地大量复制。由于这两个原因，编码知识可以交流、可以共享。编码知识具有层次性，可以不断更新。由于客观事物本身的复杂性和层次性，所以编码知识的普遍性也有不同的层次。

隐性知识主要是知道怎样，其中兼有客观和主观的成分，前者如古代农民、工匠的那些不可言传的经验。人们认识事物的过程、方法，其中有些部分属于这种类型。另一类隐性知识则更紧密地与主体相联系。如看问题的角度，处理问题的能力，特别是如何处理编码知识等。如果说编码知识相应于客观世界，那么这类隐性知识则更关系到人的精神世界，属于个人或一个单位、地区或部门，因而不具有普遍性。隐性知识的载体只能是人，因而是一种黏着的、内存的知识。隐性知识中客观的成分日后可以转化为编码知识，而主观的成分则不能。当然，二者没有截然分明的界限。

隐性知识由于种种原因而尚未或不能用逻辑工具予以明确表达和分类，所以隐性知识不能如编码知识那样以很小的成本简单、直接地由阅读、听课等途径获得和共享，只有在长期的实践过程中"边干边学"。这样，每个个人、每个群体，就在其独特的经历和环境中，在其独特的工作和交往中，形成与之难以或不可分离的属于自己的隐性知识。

隐性知识也有层次并发展变化。就层次而言，在广度上有属于个人和各种群体层次的隐性知识；在深度上，有从较易显性到最难以显性，乃至完全与个体的生命、历史、精神融为一体的不同层次的隐性知识。在某种意义上，隐性知识最深层的内核也就是最主观的部分极其稳定，所谓"江山易改，本性难移"就是这个意思。然而表层最客观的隐性知识，则比编码知识更流动多变。另外，大的群体和一个民族所拥有的隐性知识较为稳定并为本民族所共享，而小的群体乃至个人所拥有的隐性知识则富于变化。

第六，具体知识与普遍知识。在各种知识分类中，较有代表性的是布卢姆在认知领域的教育目标分类系统中提出的知识分类。他把知识分为三个大的类别：具体的知识、处理具体事物的方式方法的知识，以及学科领域中普遍原理和抽象概念的知识。

具体知识是指具体的、独立的信息，主要是具体指称物的符号。它们是较复杂、较抽象的知识形态的构成要素。具体知识包括两类：一是术语的知识，是具体符号的指称物的知识；二是具体事实的知识，是有关日期、事件、人物、地点等方面的知识。

方式方法知识是指有关组织、研究、判断和批评的方式方法的知识。这种知识介于具体的知识与普遍原理的知识之间的中等抽象水平上。该类知识包括五类：一是惯例的知识，是有关对待、表达各种现象和观念的独特方式的知识；二是趋势和顺序的知识，是有关时间方面各种现象所发生的过程、方向和运动的知识；三是分类和类别的知识，是有关类别、组别、部类及排列的知识；四是准则的知识，是有关检验或判断各种事实、原理、观点和行为所依据的知识；五是方法论的知识，是有关在某一特定学科领域里使用的以及在调查特定的问题和现象时所用的探究的方法、技巧和步骤的知识。

普遍知识是指把各种现象和观念组织起来的主要体系和模式的知识。该类知识处于高度抽象和非常复杂的水平上，它包括两类：一是原理和概括的知识，是有关对各种现象的观察结果进行概括的特定抽象要领方面的知识；二是理论和结构的知识，是有关为某种复杂的现象、问题或领域提供一种清晰、完整、系统的观点的重要原理和概括及其相互关系方面的知识。①

（二）授道科技知识

科学知识是人类对客观规律的认识和总结，是人类探索客观真理的记录。知识就是力量，科学知识不仅能够帮助人们形成智力、能力、生产力，同时能形成新的思想道德和精神品格，促进人的全面发展。

第一，科学阅读。在人类发展历史上，正是不断积累的科学文化知识，帮助人类从大自然中站立起来，与动物分开，走向文明。自从地球上第一次出现生命以来，亿万物种活跃其间，只有人类有能力摆脱环境的绝对支配，相对自主地决定自己的命运。这些靠的就是人类所拥有知识和智慧的思维，靠的是在知识积累基础上形成的高超智慧和认识世界、改造世界（包括人的主观世界）的卓越能力。

随着人类社会的经济发展特别是科技的突飞猛进发展，创新成为社会发展的第一驱动力，科技知识成为价值形成的重要源泉，成为制约人类解决问题的关键。研究表明，任何领域问题的解决都涉及大量专门知识的应用。个体必须具有 5 万—20 万个有关知识组块，才能成为某一领域的解决问题专家。如果缺乏相应的专门知识，专家也不能解决该学科领域的问题。例如，安德森（1992）研究认为，如果一个高中学生要成功地进行数学学习的话，他就必须掌握大量规则或公式。许多其他专门领域的研究也证明，个体解决问题的能力取决于他所获得的相关知识的多少及其性质和组织结构。科技知识缺乏的人不了解自然现象的本质及其运动变化的规律性，往往表现为认识上的愚昧。人们若缺乏科学知识的武装，不能运用科学知识的力量来掌握自己的命运，就只能寄希望于自身以外的力量，这就会产生迷信。人类不能洞察许多难以理解的现象，常常容易产生对这类现象的歪曲说明，做出关于超自然的"神灵"等具有神秘色彩的解释。科学越发展，广大劳动者掌握科学知识越多，科学素质越高，愚昧、迷信就越没有市场。

科学阅读是指在日常工作和生活中，通过个人自主阅读科学类文字材料、影视资料、网络信息等，丰富科学认知、补充生活实践不足、整合零散的科技知识，帮助形成科学概念，建立对世界有比较完整全面理解的过程。通过科学阅读，科技知识一旦被人们掌握，就会参与有关活动的调节，支配人们的生产和生活的科学行为。

第二，科学交流。科技知识是活动的定向工具，是人们的生产和生活中

---

① 杨文志. 当代科普概论［M］. 北京：中国科学技术出版社，2020：132–134.

自我调节机制中不可缺少的构成要素之一，是个人全面发展能力基本结构中不可缺少的组成成分。这种能力作为一种个体心理特征，是对其生产和生活的进行起稳定的调节和控制作用的个体经验。这种个体经验的形成，一方面依赖于科技知识和技能的掌握水平，另一方面也依赖于已掌握的知识和技能的进一步概括化和系统化。因此，在科普过程中，绝不能把知识排除在能力之外，离开知识去空谈能力的培养，而必须把这种能力的形成和发展建立在掌握大量丰富的个体科技知识经验的基础上。

科学交流是指公众各个体之间，借助于共同的口语、手势、文字等符号系统，进行科学体验、科技信息、科技知识等探讨和交流。科学交流是人类社会中提供、传递和获取科技知识，并形成有效迁移的最有效的重要途径之一。

第三，科学实践。在社会生产和生活最基本的要素——人的要素和物的要素中，都包含着科技知识的运用。在人类社会的不同阶段，科技知识的作用是不同的。在农业经济阶段，有劳动力就能发展生产，劳动力在生产诸要素中居第一位，科技知识的作用非常有限，主要依靠经验进行生产。在工业经济阶段，科技知识的作用有了强化，成为社会生产的重要因素，由于技术的进步和生产效率的提高，人们可以开发多种自然资源。当人类社会进入数字经济阶段，传统的生产注重的是劳动力、资本、原材料和能源的增长会导致报酬递减，而新技术的流入则可以抵消要素报酬递减的效应，科技创新成为第一位的生产要素，科技知识的生产、传播和使用决定了经济的发展。

科学实践是指人们参与科学过程、参与科技活动、体验科技场景、参与科学实验、接受科普培训等的互动过程。科学实践活动，一方面可以帮助公众进一步树立科学的世界观、人生观和价值观，引导公众关注科技前沿、科学生产、科学生活、关注社会、关注未来；另一方面也培养公众利用掌握的科技知识，提升独立与合作处事的能力、理论与实践相结合的能力、综合运用科技知识的能力、勇于探索和敢于拼搏的精神。科学实践活动，是公众获取科技知识最生动、最深刻的途径之一，科技知识应用和科技创新，必须通过科学实践活动来实现。

（三）普及科技知识

要掌握科学方法、具备科学思想和科学精神，必须具有相应的科技知识。日常生活和劳动技能所必需的科学知识应用是基础，所有人都必须掌握。基本科学概念、定律和过程的把握是主体，应该为公民素质教育的主要任务。现代科技的新发展以及未来趋势是更高一级的要求，是科学素质提高的努力方向。①

第一，普及基本科技知识。科学是反映自然、社会、思维等客观运动规律，并经过实践检验和逻辑论证的知识体系。普及科技知识，主要是指普及自然科学知识和工程技术知识。科技部、中央宣传部于 2016 年 4 月 18 日正式印发《中国公民科学素质基准》（以下简称《基准》），建立《科学素质纲要》实施的监测指标体系，定期开展中国公民科学素质调查和全国科普统计工作，为公民提高自身科学素质提供衡量尺度和指导。《基准》共有 26 条基准、132个基准点，基本涵盖公民需要具有的科学精神、掌握或了解的知识、具备的能力，每条基准下列出了相应的基准点，对基准进行解释和说明。《基准》适用范围为 18 周岁以上，具有行为能力的中华人民共和国公民。

基本科学概念、定律和过程的把握。这种知识的把握更注重科学本质的理解，强调系统性和准确性。其中，包括最基本的科学现象和科学事实，最普遍和常见的科学常识、惯例、法则等。所涉及的学科主要知识点有以下内容。一是数学与逻辑：基本运算能力、掌握基本的数字与几何形状的特性，基本数学关系的特性、理解并掌握基本数学定理证明、理解和掌握基本推理规则、掌握基本的数学抽象与符号表述；掌握基本的逻辑知识。二是物质科学：物质结构、物质运动、力、能量及其守恒与转化、四种基本相互作用、分子运动与热、电磁与光、时空、时间的不可逆性、无机与有机、元素与元素周期律、化学反应的本质。三是生命与心理科学：生命起源与进化、生命的统一性与生命特征、生物多样性、基因与遗传、人在生物界中的地位、人体生理与心理活动基本规律。四是地球、宇宙与环境科学：宇宙的演化、大爆炸假说、地球在宇宙中的地位、地球构造与演化、地理与人的生活之间的关系、大气层、气候、生态环境、海洋。五是信息科学与技术：信息、人工智能、虚拟技术、计算机及网络使用技能。六是人文社会科学基本知识：如哲学、历史、经济学、管理科学等基本知识。

第二，普及基本生产技能。劳动技能必需的科学知识应用，是每位劳动者必须具备的基础知识，主要以满足实际生产或职业需要为标准，但为了更好地应用，也要求对相关的知识有一定程度的理解。包括基本职业技能相关的科学知识及应用；对整个社会及民生发展产生重要影响的基础科学常识。

生产技能或职业技能，即指就业所需的技术和能力，是否具备良好的职业技能是能否顺利就业的前提。主要包括技工类技能、餐饮类技能、工程机械类技能、服装设计类技能、美容化妆类技能、汽修类技能等。

---

① 刘立，蒋劲松. 我国公民科学素质的基本内涵与结构［C］//全民科学素质行动计划制定工作领导小组办公室. 全民科学素质行动计划课题研究论文集. 北京：科学普及出版社，2005：29-67.

第三，普及基本生活技能。生活技能所必需的科学知识应用，是每个人必须具备的基础知识，主要以满足实际生活或帮助别人科学生活为标准，但为了更好地应用，也要求对相关知识有一定程度的理解。包括衣食住行的科学知识及应用、卫生保健（包括计划生育、心理健康）的科学知识等。

第四，普及科技前沿知识。了解当代科技的新发展以及未来趋势。理解新的成就及产生的巨大影响，主要有信息科学技术、生物医药工程、纳米科技、新材料、航天科技、新能源、海洋、空间、遥感等。①

三、训练科学思维

思维是一种认知过程，是人脑对客观事物的本质和事物内在的规律性关系的概括与间接的认知。为了适应实践活动目的的不同需要，思维活动具有多种形态。按智力品质分类，思维可以粗略地分为再现思维和创造性思维。再现思维是一般思维活动，创新思维是思维的高级过程。② 在青少年科技活动中，训练青少年的思维是非常重要的任务。

（一）为训练思维而活动

青少年科技活动着重学习知识还是训练思维？要知道，在知识与思维之间，知识本身并无价值，知识的价值存在于解决问题的过程中。唯有当知识被用来开启心智、被用于解决实际问题时，知识才真正有了价值。当今科技教育最深刻的危机之一，就在于科技知识在教学中占据过于重要的位置，培养和塑造"知识人"成为科技教育根深蒂固的观念。要走出传统科技教育误区就须实现知识向思维的转化。成功的青少年科技教育，不在于教会学生多少科技知识，更在于教会学生学会思维，为思维而教，为思维而活动。但是，在当今我国的科技教育中，科学思维教学往往缺位。很多科学教师、科技辅导员认为学生只要记住科学课本、科技场馆解说词中的内容，能在测验中取得高分就说明他已经掌握了、记住科学术语就等于概念内化了。尽管很多教师赞同发展学生的思维能力，但实际教学中仍以记忆为中心。教师关注的是内容和效率，在学生出错后，并不会深究学生是如何形成错误答案的，只是简单推断可能原因然后急于告诉学生正确答案。这种重知识灌输而忽视思维训练的观念和做法，造成学生思维的被动性，不善于开动脑筋，好奇心也逐渐减弱，使本可以非常生动有趣的科技教育也变成索然无味的差事。教青少年怎样去思考而不是教思考什么是青少年科技活动要重点关注的课题。

---

① 杨文志. 当代科普概论 ［M］. 北京：中国科学技术出版社，2020：135－136.
② 林崇德. 创造性心理学 ［M］. 北京：北京师范大学出版社，2018：188－195.

（二）注重思维品质训练

在青少年科技活动中加强思维训练，要充分了解思维的品质，从思维的深刻性、灵活性、创造性、批判性、敏捷性等品质方面予以训练。

思维的深刻性又叫逻辑性，是思维活动的广度、深度和难度，是指思维活动的抽象程度和逻辑水平。思维的深刻性集中地表现在两方面：概括、推论，即善于深入思考问题，抓住事物的规律和本质，预见事物的发展进程。

灵活性是指思维的灵活程度，即思维的起点灵活、过程灵活和善于组合分析。思维的灵活性其实是美国心理学家吉尔福特所提出来的发散思维（其反面是辐合思维）。思维的灵活性之所以重要，就是"触类旁通""举一反三"的体现。

就思维的创造性而言，有的人创造性思维强，有的人创造性思维差。思维的创造性应包含：新颖、独特且有意义的思维活动；思维加想象；在智力创造性或创造性思维中，新形象和新假设的产生带有突然性（灵感）；分析思维和直觉思维的统一，即"知其然，不知其所以然"和"知其然，知其所以然"相结合；发散思维与辐合思维的统一，一题一解和一题多解相结合。思维的创造性从智力因素或思维因素上，突出了创造性的内涵，本身就构成了创造性。

思维的批判性是思维活动中独立分析和批判的程度，即质疑的思维特点。它是思维过程的自我意识作用的结果，和国外的元认知、自我监控具有一致性。而思维的批判性特点是分析性、策略性、全面性、独立性、正确性。

思维的敏捷性是指思维过程的速度和迅速的程度，它来自上述 4 个思维品质的表现。而它体现出的正确而迅速的能力是时代的要求。实践发现教师的教学，对提高学生敏捷性，对创造性培养很重要，敏捷性能够加快创造力的发展。所以，培养思维品质是发展创造性的突破口。①

（三）注重创新意识训练

在青少年科技活动中，如何帮助青少年学会突破常规思维、培养创新意识在其成长道路上有极其深远的意义。

第一，打破固定观念。观念是内化于人脑潜意识中的观点和认识。人们在实际的思维过程中，反复地运用某种观点、某种认识去思考问题，经过多次重复，久而久之，这种观点和认识被积淀到大脑深层意识之中而达到"无意识""下意识"状态，这就形成了观念。观念作为思维方式的主要构成要素，对人的思维起着巨大制约作用。观念一旦形成，就具有相对的稳定性和

---

① 林崇德. 核心素养时代，培养创造性的突破口在哪里［EB/OL］.（2020－11－02）［2020－12－28］. https://www.sohu.com/a/428830633_100194097.

不易更改性。当时代向前迈进了、实践向前发展了，那些深藏在人们头脑中的观念则不愿随着时代、实践的改变而改变，而成为一种思维的惯性。这时，原本适时、适用的观念就变成过时、不适用的观念，即固定观念。固定观念是思维创新的大敌，它本能地维护着它赖以存在的实践和社会基础，反对阻挠思维对现存事物的超越。受固定观念的影响，人们就会因循守旧、墨守成规，习惯于用老眼光、老套路、老办法去面对新问题，无法实现对原有认识和现存世界的超越。[①] 在青少年科技活动中，要鼓励青少年不拘泥于已有的固定观念，敢于尝试新想法新事物。

第二，打破思维定式。所谓思维定式是指心理活动的一种准备状态，它影响和制约着人们思考、解决问题的倾向性。当人们思考问题时，或多或少会在头脑中留下一种思维惯性，这种思维惯性使人们在解决问题时，倾向于按照原有的习惯性思路进行。思维定式，更多地来自以往思维过程所形成的某种习惯思维定式，对于解决经验范围以内的一般性的、常规性的问题是有积极作用的。但对于那些超出了经验范围的非常规问题，对于那些需要运用新的思路和办法创造性地加以解决的问题，则往往成为一种障碍。[②] 在青少年科技活动中，要引导青少年善于突破思维定式，能运用新的思路、新的办法，创造性地解决新的问题。

第三，遵循陌生原理。所谓陌生原理，是指在认识事物的时候，要学会用陌生的眼光看问题。也就是说，当我们在认识事物的时候，无论这个事物在过去有没有遇见过，都要把它当作陌生的事物来看待，哪怕再熟悉的事物也不例外，善于对事物从根本上重新加以思考。陌生原理有助于冲破头脑中的固定观念和思维定式的束缚，使人们在思考问题时能够把眼前的事物和头脑中已知的东西分离开来，做到暂时忘掉已知的东西、专注于此时此刻、进入一种忘我的状态。只有这样才能够撇开那些已知的东西、熟知的东西以及由此而产生的思维定式的影响，看到别人看不到的东西，发现别人发现不了的规律，实现思维的创新。[③] 在青少年科技活动中，要引导青少年敢于质疑，对于前人的观点和已有事物要用一种怀疑批判的眼光去审视它，认识到影响人们创新的往往不是未知的东西，也有可能是"已知"的东西。

第四，遵循归本原理。所谓归本，就是归结到本质、本原和事物的本真状态、原初状态。归本原理是指人们在解决问题时，要努力抓住事物的本质、本原，抓住事物的本真状态、原初状态，在此基础上寻求问题的解决办法。归本原理有助于人们的思维超越现有思维方式，突破传统观念和思维定式。

---

① 科学技术部人才中心. 现代科技创新管理概论 ［M］. 北京：科学出版社，2018：657.
②③ 科学技术部人才中心. 现代科技创新管理概论 ［M］. 北京：科学出版社，2018：658.

因为事物的本质、本原，事物的本真状态、原初状态，是事物内部的深层次的要素，它们在事物的发展过程中往往起着决定性作用。这些要素需要通过事物的外在特征、形式来表现自己。当深入事物的内部，抓住了它的本质、本原，弄清了它的本真状态和原初状态，那么就可以撇开事物的外在方面，撇开在接触该事物的过程中所形成的观念和定式的束缚，实现思维的创新。①在青少年科技活动中，要善于运用归本原理，培养青少年在解决问题的过程中，善于回到起点去弄清原先的出发点和解决问题的初衷，准确地把握事物的本质。

第五，遵循诉变原理。诉变，就是诉诸变化。它是指人们在解决问题的过程中，要善于在思路上进行变化、变换，以求得问题的解决。运用诉变原理，就是要求通过变换，来打破头脑中的固定观念和思维定式的束缚，达到思维创新的目的。②在青少年科技活动中，要善于运用诉变原理，培养青少年在解决问题时，善于变换思考的方向和角度，有意识地强迫自己去尝试不同的甚至相反的思路，探索、寻找实现目标的手段、途径，并最终达到解决问题的目标。

（四）学习创新思维方法

创新思维是思维的高级形式，常常被视为可遇而不可求。研究高创造力的人群会发现创新还是有一定的方法的，在活动中有意识地训练发散思维、逆向思维、联想思维、整合思维、头脑风暴等可助力创新思维的产生。

第一，学习发散思维。发散思维是指人们解决问题时，从某一特定目标出发，思维向外辐射，沿着各种不同的途径和方向，从多角度、多方向思考，从而探索出多种多样的设想和解决问题的方法。发散思维有时也被称为扩散思维、辐射思维。用发散思维分析问题，能够产生众多可供选择的方案，能提出一些独出心裁的新颖见解，使一些看似无法解决的问题迎刃而解。

第二，学习逆向思维。逆向思维是指跳出思维常规，沿着与事物常见特征或一般趋势相反的方向进行思考。它的思维取向总是与常人的相反。这种与大多数人的思维取向截然相反的思维方式，从表面来看似乎不可理喻，但最终往往出乎人们的意料，带给人一种不可思议的神奇效果。逆向思维的关键是对常规思维进行质疑和反转。

第三，学习联想思维。联想思维是指在思考时积极寻找事物之间的关系，积极地去思考它们之间联系的思维方式。常说的"由此及彼、举一反三、触类旁通"就是运用的联想思维。主动地、有效地运用联想，可以形成新观念，

---

① 科学技术部人才中心. 现代科技创新管理概论［M］. 北京：科学出版社，2018：659.
② 科学技术部人才中心. 现代科技创新管理概论［M］. 北京：科学出版社，2018：660.

为创造性地解决问题提供更多的路径和可能性。

第四，学习整合思维。整合思维是指把对事物各个侧面、部分和属性的认识统一为一个整体，从而把握事物的本质和规律的思维方式。整合思维不是简单把事物各个部分、侧面和属性的认识随意地拼凑在一起，也不是机械地相加，而是按它们内在的、必然的、本质的联系把整个事物在思维中统整起来的思维方式。

第五，学习头脑风暴法。美国创造学家奥斯本提出的头脑风暴法也称为智力激励法或诸葛亮会，是一种依靠集体的智慧来进行创新的方法，通过群体自由联想和讨论来激发新观念催生新设想。主持者向所有参与者阐明议题、说明规则、创造融洽的讨论氛围。在集体讨论问题的过程中，通过鼓励自由畅想、延迟评判和禁止批评、限人限时等原则，最大限度地激发在场所有人的思维活性、提高思维活动效率，为创新思维的产生提供条件。

四、培养创新人格

人格在心理学中指人的个性，主要指个体的气质和性格。比起创新思维（创新的智力因素），创新人才更需要创新人格。所谓创新人格，即创新的非智力因素，是人格在创新活动中的表现。美国心理学家韦克斯勒曾收集了众多诺贝尔奖获得者青少年时代的智商资料，结果发现这些获奖者大多数不是高智商，而是中等或中上等智商，但他们的非智力因素与一般人有很大差别。① 创新思维前面已有分析，这里强调的是创新人格的培养。

（一）创新人格的特点

关于创新活动需要哪些较优秀的创新人格品质的研究，著名心理学家吉尔福特在 1967 年提出 8 条：①有高度的自觉性和独立性，不肯雷同；②有旺盛的求知欲；③有强烈的好奇心，对事物的运动机理有深究的动机；④知识面广，善于观察；⑤工作中讲求理性、准确性、严格性；⑥有丰富想象，敏锐的直觉，喜欢抽象思维，对智力活动和游戏有广泛的兴趣；⑦富有幽默感，表现出卓越的文艺天赋；⑧意志品质出众，能够排除外界干扰，长时间地专注于某个感兴趣的问题。

当代美国最有影响力的认知心理学家斯滕伯格于 1988 年提出创新人格的7 个组成因素：①对含糊的容忍；②愿意克服阻碍，意志力强；③愿意让自己的观念不断发展；④活动受内在动机的驱动；⑤有适度的冒险精神；⑥期望被人认可；⑦愿意为争取再次被认可而努力。事实上，斯滕伯格在中小学阶段智商测试不及格，但他坚持不迷信智商，而坚信人格的重要作用，用他自

---

① 林崇德. 创造性心理学 ［M］. 北京：北京师范大学出版社，2018：187＋210.

己在心理学研究上所取得的杰出成就证明了他的创新人格理论。

我国心理学家林崇德则将创新人格概括为 5 个特点：①健康的情感，包括情感的程度、性质及其理智感；②坚强的意志，即意志的目的性、坚持性（毅力）、果断性和自制力；③积极的个性意识倾向，特别是兴趣、动机和理想；④刚毅的性格，特别是性格的态度特征（如勤奋）以及动力特征；⑤良好的习惯。

不同学者对创新人格的具体表述有所不同，内核上却有着共性。在青少年科技活动中，应把创新人格因素渗透到活动过程当中，并着重将兴趣、志向、毅力、质疑精神、信心和社会责任感作为培养青少年创新人格的突破点。①

（二） 创新人才影响因素

创新人才成长的内因是创新人才的心理结构，外因是创新的环境。人是社会化的动物，人建立了社会。而社会的实质就是人与人之间的关系，因此社会环境就是具体人生活周围的情况和条件。一个创新人才的成长，要靠其生活条件、科研情况和科研条件，以及人际关系等一系列的环境。当然，创新人才的心理结构是内因，属于个体变量，环境变量是外因。只有外因与内因共同作用，才是创新人才成长所必需的，如果没有环境和文化的支持，即便最伟大的天才也将一事无成。如果心理学强调心理是脑的机能，客观现实产生心理内容的话，那么创造性既是一种产生于脑的机能的现象，同时又是环境和文化因素的产物。

影响创新人才的培养环境主要有 5 方面。一是创新环境，它是创新活动的背景因素，既包括创新活动所必须具备的物理环境（如场地、设备、器材等），也包括人文环境（如团队、文化氛围、组织管理、资料等）。因为创新活动是一种重要的社会活动，它从来不是孤立发生的，所以成功的创新必须具有必要的环境条件，在创新环境因素的研究中，我们看到创新人才的成长需要一个民主、和谐的环境，而民主、和谐的环境包括文化环境，如文化、传统、时代特点等，某种文化环境或某种传统文化比其他文化环境更能促进创造性的发展，这种能较好促进创新发展的文化环境和这种文化所赖以生存的时代，被人称为"创造基因"。二是教育环境，包括家庭、学校，特别是教师、导师等。创新教育是创新研究的一种归宿，是创新人才培养的一种必然。三是社会环境，包括政府环境、行政支持、社会条件、社会支持及其对创造性的重视程度。四是创新所在的微环境或小环境，包括单位的性质、职务、所处地位、人际关系合作或协作状况等。民主、和谐的小环境，不仅为个体

① 林崇德. 创造性心理学 [M]. 北京：北京师范大学出版社，2018：224 - 229.

创设了一个从事创新的良好条件，而且也形成了一个创新的团队。五是资源环境，如投入、硬件条件，也包括自然环境等。几乎所有的创新研究资料都强调"巧妇难为无米之炊"，就是指资源的环境。个体的创新思维和创新人格正是通过不同环境的作用成长、发展起来的。①

（三）遵循创新人才成长规律

研究人员对科学领域创新人才进行访谈和传记研究，结果发现他们创新才能的发展是一个连续的过程，具有阶段性。科学创新人才的发展大致经历五个基本阶段：自我探索期、才华展露与专业定向期、集中训练期、创造期和创造后期。具体内容在后面有详细介绍。

这五个相对独立的阶段对科学创造人才具有不同的意义，前两个阶段以个体主动性的发展为主，第三、第四阶段是作为一般成就基础的特征发展的阶段，以领域知识的积累、技能的形成以及创造性工作为主，第五个阶段以培养创造人才以及其他社会工作为主。各个阶段都需要有比较完善的发展，特别是创造阶段，创造成就的出现既需要以前各个阶段的良好发展，也需要这个时期有解决问题的动机与目标，同时不断吸收新信息，还要有鼓励创造以及交流合作的环境与气氛，促使个体选定有意义的课题，产生具有洞察力的观点，只有这样才能最终成就科学创造人才。② 青少年科技活动的发生时间在前几个阶段，必须遵循科学领域创新人才成长规律，在青少年创新人格的养成上打好基础。

第三节　青少年科技活动实践经验

20世纪中叶以来，世界各发达国家纷纷将提升公民科学素质纳入国家科技创新发展战略，大力开展青少年科普教育活动，呈现出许多亮点和经验。中外青少年科技活动在活动目标和形式方面具有共性，但科学家对青少年科技活动的参与度、青少年科技组织的方式及科技的原创程度上存在差异性。

一、我国的青少年科技活动

青少年科技活动是以青少年为主体，以校外体验和时间为主要方式，以促进青少年体验学习科学知识和方法，培养学生的科学观念、科学态度、科学思维以及科学实践能力为目标的学习活动。青少年科技活动，作为提高青

---

① 林崇德. 拔尖创新人才成长规律与培养模式研究［M］. 北京：经济科学出版社，2018：19–26.
② 林崇德. 拔尖创新人才成长规律与培养模式研究［M］. 北京：经济科学出版社，2018：43–45.

少年学生的科学素质为目的的教育活动，作为培养我国科技人才教育的重要途径，越来越受到党和政府重视，以及社会的广泛关注，得到长足的发展。

（一）我国近现代的青少年科技活动

鸦片战争后，我国国门被打开，国外的教会进入中国，并开设了多种教会学校。其中有代表性的偏重科学课程的有：1839 年，美国传教士布朗（S. R. Brown）在广州开设马礼逊学校（不久迁往澳门、香港），开设算术、代数、几何、生理学，还上过化学课。1844 年，由英国"东方女子教育协会"派遣的爱尔德赛女士（Miss Aldersey）在宁波开设中国最早的教会女子学校，课程有圣经、国文、算术等，并学习缝纫、刺绣等技能。1864 年在北京开设的教会学校贝满（Bridgman）女校，开设科学初步、生物学、生理学。1864 年美国北长老会传教士狄考文（Calwin W. Mateer）创办山东登州文会馆，学制 3 年（备斋，小学程度）。1873 年起增设正斋，中学程度，学制 6 年。1891 年该馆的"正斋课程"中的科学课程有：第一年天道溯源、代数备旨；第二年天路历程、圆锥曲线；第三年测绘学、格物；第四年天道溯源、量地法、航海法、格物（声、化、电、地石学）；第五年物理测算、化学、动植物学；第六年微积学、化学辨质、天文揭要。该校还建立物理、化学实验室，并附设有机械厂、发电厂、印刷厂以及天文设备。这些科学课程的开设，与以经学为主的传统课程相比，可以说是一种突破性的变革，客观上起到传播西方较先进的科学技术的作用，也为中国培养了一批初步懂得近代科学技术的人才。①

同时，19 世纪 60 年代初以后，清廷的一些大臣认识到中国传统的科学和技术已不能与西方列强抗衡，开始推行包括办学堂、学习"西文"和"西艺"等在内的洋务"新政"，于 1862 年创办京师同文馆。1866 年，同文馆内添设天文算学馆，使科学课程设置比重逐渐扩大，包括算学、天文、格物、医学生理等。1876 年课程设置计划分 8 年课程表和 5 年课程表两种，其中科学课程共 6 门，即数理启蒙：初等数学和自然常识；格物：物理学；化学（无机、分析）；重学测算（力学）；地理金石（矿物学）；天文测算（天文学）。

1876 年，徐寿和英国学者傅兰雅发起成立上海格致书院（1879 年招生）。该院与中国旧式书院、教会学校、洋务学堂均不同，为私立学堂。校内学术气氛较浓，课程以自然科学为主，分矿物、测绘、工程、汽机、制造等专科。

1897 年，张元济开办北京通艺学堂。著名维新派人士严复曾到校"考订功课，讲明学术"。他把学习自然科学的"为学之道"分为三步：第一步是

① 科学技术概论编写组. 科学技术普及概论 ［M］. 北京：科学普及出版社，2002：8.

"玄学",内容包括名学(即逻辑学)和数学;第二步是"玄者学",实际上是物理学和化学;第三步是"著学",内容包括天学、地学、动植之学、人学等(人学又分为生理之学和心理之学)。严复在重视自然科学的同时,还强调"格物求理",也即掌握规律的途径,倡导归纳法和演绎法等逻辑推理方法。①

1902年,清廷管学大臣张百熙主持制定《钦定学堂章程》,其中规定中学学制4年,教学计划设置12门课程。《钦定学堂章程》奠定了我国普通中学课程架构的基础,以后长期沿用,基本未变,史称"壬寅学制"。但这个学制实际上当时未获实行。"壬寅学制"的科学课程设置为博物、物理、化学3门,博物含生理、卫生、矿物。

1912年颁布《普通教育暂行办法》,学堂改为学校,中学学制改为4年。② 以中国科学社为例。该社由美国康乃尔大学的一群中国留学生在1915年创办,旨在"提倡科学,鼓吹实业,审定名词,传播知识"。除了学术活动,还办有生物研究所、明复图书馆、中国科学图书仪器公司,出版《科学》《科学画报》《科学季刊》等杂志及《论文专刊》《科学丛书》《科学史丛书》等。该社于1959年秋结束。③

1921年中国共产党成立后,就大力推动苏区边区的科普发展,为我国近现代科技发展做出积极贡献,也为中华人民共和国成立后的当代科普发展奠定基础。例如,1931年在江西瑞金建立的第一个红色革命政权——中华苏维埃共和国时期,紧密结合苏维埃社会主义建设、增加工农业产品的产量、工农群众的文化教育,开展灵活多样、丰富多彩的科普活动,列宁小学、职业学校以及夜校、扫盲班开设普及科学常识和实用技术的课程,中央出版局出版百余种科普书籍,各大报刊开辟科普专栏。④

(二) 中华人民共和国成立后的青少年科技活动

中华人民共和国成立后,党和国家非常重视开展青少年科技活动。许多学校、团体和校外教育机构积极为青少年组织课外和校外的科技活动。不少青少年在生物小组参加生物科学实验活动;在航模小组学习制作飞机模型、舰船模型;在无线电小组组装收音机;在学科小组中探索数学、物理、化学的奥秘;在暑假期间参加地质考察、天文观察、气象观测,学习农作物栽培等。

1955年,教育部与全国科普协会联合举办"全国少年儿童科学技术和工艺品展览会",展出学生在课外校外科技活动中亲手制作的望远镜、小气象台

---

① ② 科学技术概论编写组. 科学技术普及概论 [M]. 北京:科学普及出版社,2002:9.

③ 张超. 中国科学社在中国现代科学发展中的作用 [N]. 光明日报,2008 – 11 – 30 (7).

④ 刘晓毛. 中央苏区科普工作特点及其启示 [J]. 党史文苑 (学术版),2008 (24):13 – 14.

模型、治淮工程模型、官厅水库模型等近千件作品。《人民日报》为此发表了《加强对少年儿童的科学技术教育》的社论，提出在全国少年儿童中广泛开展科技教育，使中小学教育发生根本性的改革。从 20 世纪 50 年代中期到 60 年代中期，我国青少年科技活动出现了第一次高潮，全国各地的中小学校、少年宫、少年之家，以多种方式组织青少年开展科技实践活动。这些活动对培养共和国第一批科技爱好者起到了重要作用。

1950 年 8 月至 1958 年 9 月，全国科普协会成立科学普及出版社、北京天文馆、北京模型仪器厂、北京科技馆筹备处等科普事业机构；出版全国科学期刊《科学大众》《科学画报》《知识就是力量》《学科学》《科学普及资料汇编》《天文爱好者》等，以及地方性通俗科学报刊 32 种，出版文字资料 29.9 万余种，发行 6300 多万份，编制大量科普箱、挂图、幻灯片等形象资料。协会推动翻译苏联的科普图书，比较著名的有商务印书馆的《苏联大众科学丛书》，中国青年出版社的《苏联青年科学丛书》，科学出版社的《科学译丛》以及高等教育出版社选译的《苏联大百科全书》系列等。

1961 年后，出版了一批质量较高的知识科普丛书，科普创作出现高潮期。代表性的作品有：文学家和出版家胡愈之倡导、竺可桢等著名科学家参与撰稿的《知识丛书》，数学家华罗庚等编撰、人民教育出版社出版的《数学小丛书》，科学家茅以升主编、北京人民出版社出版的《自然科学小丛书》，李四光等科学家撰写的《科学家谈 21 世纪》，伍律撰写的《蛇岛的秘密》，叶至善撰写的《失踪的哥哥》等。这些图书都受到了广大读者尤其是青少年读者的广泛欢迎。《十万个为什么》丛书创中国科普出版史上的奇迹，第一版于 1961—1962 年由上海人民出版社出版，第二版于 1964—1965 年由上海少年儿童出版社出版，受到社会读者的广泛欢迎，仅至 1964 年 4 月就已出版发行 584 万册（73 万套），影响了我国一代青少年科学观的形成，激发他们对科学的热爱之情，成为中国少儿科普出版史上的佳话。①

（三）改革开放后的青少年科技活动

1977 年 8 月，中国科协在北京市的中山公园音乐堂举行 3 次科学家、劳动模范同首都中学生大型谈话会。邀请的 30 多位全国著名的科学家和劳动模范，分别同 7000 多名中学生讲述学好数理化等基础科学知识的意义和方法。高士其专为青少年写了《让科学技术为祖国贡献才华》的科普诗，热情勉励他们刻苦学习，为攀登科技高峰打好基础，为建设四个现代化贡献聪明才智。随后又组织了 6000 多名中小学生到科学研究单位参观。首都各报和中央人民广播电台都在头版头条中作长篇报道，中央新闻纪录电影制片厂还拍摄新闻

---

① 颜实. 70 年，由科普爱上科学——记新中国科普出版 70 年 [N]. 光明日报，2019 - 10 - 4 (8).

纪录片，从而在全国引起强烈反响，几天内就收到了上千封读者和听众来信。这次谈话会的讲稿编成《科学家谈数理化》一书出版后，发行159万多册。

1978年，全国科学大会后，青少年科技活动又在全国各地蓬蓬勃勃地开展起来，在全国青少年中形成了"奋发努力，学政治，学文化，树立爱科学、讲科学、用科学"的风气。1978年2月3日，在首都体育馆举办有6000名科学家和12000名青少年科技爱好者参加的春节联欢活动。许多著名科学家在"文化大革命"之后第一次在这样盛大、欢快的群众场合公开露面，激动得热泪盈眶。

1979年，中国科协、教育部、共青团中央、国家体委、全国妇联等联合举办首届全国青少年科技作品展览和科学讨论会，邓小平同志为展览题词："青少年是祖国的未来，科学的希望。"全国各地选送的由中小学生制作的近3000件科技作品参加了展览。这一活动的成功举办，使中国的各行各业都感受到科学的春天的动人气息。同年，江苏省常州市的青少年向全国少年儿童发出了"爱科学、学科学、用科学"的倡议书。1979年开始，中国科协与中国数学会、中国物理学会、中国化学会、中国计算机学会、中国植物学会、中国动物学会陆续举办全国高中学生数学、物理、化学、生物学和计算机学科竞赛。

1981年，经党中央和国务院批准，成立了由中国科协、教育部、团中央、全国妇联、国家体委有关领导组成的全国青少年科技活动领导小组，负责协调、领导青少年科技活动的工作，组织有示范意义的全国性青少年科技活动。同年，还成立了中国青少年科技辅导员协会，明确提出了"青少年科技活动要在培养青少年科学素质上下功夫"的工作目标。1982年，全国青少年科技活动领导小组举办了"第一届全国青少年发明创造比赛和科学讨论会"活动，把创新意识和创造能力的培养提到了科技教育的重要日程，自此开展的众多活动，都同样贯彻了这样的原则和精神。

1989年，中国科协、教育部、国家环保总局、国家自然科学基金委等联合开展全国青少年生物与科学实践活动；1995年起，中国科协在全国各地大规模地开展"大手拉小手——青少年科技传播行动"；为提高中小学师资的科技素质，中国科协还与国家教委联合，在全国师范教育系统中开展"园丁科技教育行动"；我国派出参加国际中学生学科奥林匹克的各代表团连续多年取得优异成绩，为祖国争得了荣誉；中国科协和联合国儿童基金会为帮助贫困地区的孩子继续学习，获取人生的本领，在中国政府的统筹下，1996—2000年在我国贫困地区组织实施社区非正规教育项目，在120个国家级贫困县的500多个村庄办了非正规教育示范点。

20世纪90年代以来，科普工作的整体宏观环境越来越好，特别是在全面推进素质教育的形势下，青少年科技教育面临前所未有的好形势。1994 年党中央和国务院印发了《关于加强科学技术普及工作的若干意见》；1996 年、1999 年分别召开了两次全国科普工作会议；江泽民同志先后多次对科普工作做出重要指示；1999 年 6 月，召开了第三次全国教育工作会议，党中央和国务院作出了《关于深化教育改革全面推进素质教育的决定》；2000 年年初，建立了由 30 个成员单位组成的"全国青少年校外教育联席会议"；2000 年 2 月，江泽民同志发表《关于教育问题的谈话》；2000 年 6 月，中央办公厅、国务院办公厅下发《关于加强青少年学生活动场所建设和管理工作的通知》；2001 年 2 月，科技部、教育部、中宣部、中国科协、共青团中央联合制定下发了《2001—2005 年中国青少年科普活动指导纲要》。这些都为我国青少年科普工作创造了良好政策环境条件。

20 世纪 90 年代至 21 世纪初，为应对人类社会面临的共同挑战，联合国采取一系列重要举措。2000 年 9 月，联合国第 55 届会议通过《联合国千年宣言》，之后联合国教科文组织先后制定和发布《科学和利用科学知识宣言》《科学议程：行动框架》《世界范围内的素养》《明天的素养》等系列重要文件。1985 年，美国基础教育课程改革 2061 计划，针对从幼儿园到高中阶段的技术教育问题，提出一系列重大举措。欧盟先后制定和发布《欧洲的科学、社会与公民》《2000—2005 战略目标：塑造新的欧洲》《实现欧洲领域的终身学习》《科学与社会行动计划》等重要文件，以期使公民科学素质与各国发展战略相适应。经济合作发展组织（OECD）发布《促进公众理解科学技术》《信息时代的素养》《测度学生的知识与技能》《国际学生评估计划》（简称 PISA）等文件，世界银行发布《职业教育、技术教育及其培训》《提高生产力所需的技能》等文件。英国议会 1988 年通过《教育改革法》，将科学列为"核心学科"，并于 1989 年颁布《国家科学课程标准》来指导英国中小学科学教育，2000 年公布面向新世纪的《国家科学教育标准》来指导科学教育。[1] 此外，加拿大、德国、澳大利亚等都在改革科学教育，在提高学生科学素质方面采取许多重要举措。对此，党和政府对公民科学素质建设高度重视，2002 年 6 月，我国颁布《中华人民共和国科学技术普及法》。早在 1999 年 11 月中国科协正式向中共中央、国务院提交实施《全民科学素质行动计划》的建议，提出一项为期 50 年的国民科学素质行动计划，即全民科学素质行动计划，也称"2049 计划"，目标是到 2049 年使 18 岁以上全体公民达到一定的科学素质标准，使全体公民了解必要的科学知识，并学会用科学态度和科学方

---

① 翟俊卿，阚阅，杨迪. 英国《科学与数学教育愿景》评析 [J]. 全球教育展望，2015（8）：55 – 62.

法判断及处理各种事务。经过几年的艰苦工作，国务院于 2006 年正式颁布实施《全民科学素质行动计划纲要（2006—2010—2020 年）》。

2006—2010 年，在青少年科学素质建设方面，主要做了几方面工作。一是在中小学全面实施素质教育，依托课堂主渠道，充分发挥基础教育在提高未成年人科学素质方面的重要作用。各地以中小学为重点，依托科学教育特色学校建设等试点工作，加强教材开发，改进教学方法，加强科学教育特色学校创建和校内外青少年科学实践基地建设，提高学校的科学教育水平。江苏省、福建省、广东省等地制定出台一系列中小学科技教育政策措施以及工作意见。吉林省、湖南省组织小学科学学科教学观摩和质量调研等工作，有效促进科学教育教学工作的发展。海南省教育厅制定一系列规范和标准，推动中小学校实验室标准化建设和信息化建设，满足科学实验对于实验室和仪器设备的需求。二是校外科技教育和科普活动丰富多彩，吸引青少年广泛参与。各地广泛组织青少年参与各类科技竞赛和科普活动，大大提高青少年的创新意识和动手实践能力。上海市组织实施的科普网络游戏"青少年玩世博"，将"教育"和"游戏"有机结合，在"玩"中学科技，受到青少年喜爱。三是加强了校内外科学教育资源的整合。各地的科技类博物馆、青少年宫、儿童活动中心、社区青少年科学工作室、科研院所等各类场所都成为青少年开展课外科技活动和学习体验等活动的重要场所，为青少年科学素质提升营造良好社会环境。一些地区通过开展"科技馆活动进校园"和青少年学生校外活动场所科普教育共建共享试点等工作，有效促进了科技场馆的科技资源与学校科学教育的整合。北京市启动青少年科技创新"雏鹰计划"，推进将首都科研院所、高等院校、科普基地等丰富的科技资源转化为中小学创新教育课程资源工作。各地妇联积极推动家庭教育在提高未成年人科学素质中的作用。

在科学教育与培训的基础条件方面，一是科学教师队伍的素质不断提高。湖南省、陕西省、贵州省将中学科学教师培训纳入全省中学教师培训整体规划，加强中小学科学教育教师队伍建设。河北省秦皇岛市出台《秦皇岛市科技辅导员资格认证实施办法》，对中小学校的科技辅导员进行培训、考核和资格认证。二是少数民族地区和农村地区中小学科学教育基础设施建设大幅改善。安徽省、湖南省、宁夏回族自治区等省、自治区所有城镇和农村中小学校实现了现代远程教育。山西省面向全省农村地区开展"科学工作室"建设。浙江省根据科学课程的需要，对农村中小学科学教师进行了全员培训，并在农村中小学校建立健全实验室，充实实验仪器和教学器材。

2011—2015 年稳步推进未成年人科学素质行动，青少年创新意识和实践能力不断提高。这个时期，各地各部门通过完善基础教育阶段科学教育，扎实提高学校特别是农村中小学校科学教育质量,广泛开展多种形式的科技教育、传播和普及活动,有效提升未成年来人的学习能力、实践能力和创新能力。2011年,教育部出台义务教育科学等学科课程标准,把科学素质的课程理念落实到科学课程的教学中,并对小学科学课程标准进行修订和完善,组织普通高中相关学科课程标准研制;2012年教育部制定了《3—6岁儿童学习与发展指南》,对加强幼儿科学启蒙教育提出了明确要求。中国科协、教育部、共青团中央等部门联合开展全国青少年科技创新大赛、中学生"英才计划"、全国青少年调查体验活动、机器人竞赛、挑战杯等系列科普活动。其中,全国青少年科技创新大赛已经成功举办30届,每年吸引1000多万名青少年参加,成为青少年科技创新展示交流的重要平台;2013年,教育部、中国科协和中国载人航天工程办公室共同主办"神舟十号"航天员太空授课活动,全国8万多所中学的6000多万名师生同步收看,社会反响热烈;共青团中央联合有关部委实施"中国少年儿童平安行动",2012—2014年共开展关注少年儿童心理健康成长的报告会2969场,2015年向少年儿童免费赠送60万份少年儿童平安行动专刊。2004年以来,教育部连续举办11届全国中等职业学校"文明风采"竞赛活动,仅2014年就有4399所学校、228.8万名学生参加;2012—2015年中国科协联合多部门组织37285名两岸四地优秀高中生参加科学营活动;共青团中央连续16年组织开展"少年科学院"活动,目前每年有20万名青少年参加课题研究活动;全国妇联举办"家庭亲子科普周""书香童年、亲子阅读"和"艺术工坊"等有益于青少年心智成长的公益活动,每年近10万名家长和孩子参加。

在科学教育与培训基础条件建设方面,颁布《教师教育课程标准(试行)》,实施中小学教师国家级培训计划,5年间安排专项资金73.85亿元,累计培训科学、数学、物理、化学、生物、信息技术、通用技术、综合实践、地理等科学教育相关学科骨干教师250余万人。实施教师教育国家级精品资源共享课建设计划,完成科学、数学等45门相关课程建设。2014年启动全面改善贫困地区义务教育薄弱学校基本办学条件工作。5年累计安排27亿元专项资金,实施职业院校教师素质提高计划。

2016—2020年提升青少年科学素质,增强勇担实现中国梦重任的远大理想和扎实本领。教育部推进科技教育进校园进课堂,将学校教育与校外活动有机结合,加强科学精神、学习兴趣和实践能力培养。完善中小学科学课程体系,印发并执行新修订小学科学课程标准,修订《普通中小学校建设标准》,1.45亿中小学生从小学一年级到初中三年级不间断接受系统的科学教育。共青团中央组织8.6万名青年志愿者在2324个项目服务点,面向留守儿童开展科普志愿服务;举办中国青少年科技创新奖颁奖大会,评选中国青少年科技创新奖获得者；扶持 200 支大学生"小平科技创新团队"、140 多项中学中职科技创新示范竞赛。中国科协连续多年举办青少年科技创新大赛，3 年参与人数超过 1000 万人；与中国科学院等单位组织"明天小小科学家"奖励活动、"科学与中国"科学教育计划、全国青少年高校科学营、"求真科学营"等活动，探索科技精英人才早期培养的有效模式。国家民委印发《关于进一步做好委属高校科普工作的通知》。中国工程院开展"青少年走进工程院"活动，激励青少年创新思维、培养青少年科学精神。国家气象局建立校园气象站和气象防灾减灾科普示范学校 1276 所。北京市设立中小学科学探索实验室 73 家，辐射 13 个区，形成"在科学家身边成长"的青少年后备人才培养模式。甘肃省完善科学教育硬件设施，扎实推进"五个千所示范校"建设，立体构建推进素质教育新载体。中国宇航学会、中国力学学会、中国地球物理学会、中国海洋学会、中国动物学会等面向大中小学生开展形式多样的知识竞赛，以提高青少年科学素质和实践能力。

在科学教育与培训基础条件建设方面，教育部实施中小学教师国家级培训计划，培养科学教育"种子"教师和培训专家。国家民委会同中国科协在内蒙古自治区、广西壮族自治区等地开展"边境民族地区双语科普试点"工作。文化部依托文化惠民工程，实施"春雨工程"等文化志愿服务项目，持续推进边疆地区群众科学素质提升。中国科协加强科技辅导员队伍建设，研究制定《中国科协科技辅导员培训体系建设方案（2016—2020 年)》《青少年科技辅导员专业标准（试行)》，与中央文明办联合面向中西部 22 个省、自治区、直辖市国家级贫困县乡村学校少年宫开展 2018 年"圆梦工程"——农村未成年人科普志愿行动。内蒙古自治区推动校内外科学课程有效衔接，开展"馆校结合"的教育活动。重庆出台《关于加强中小学科技教育工作的意见》。

二、英国的青少年科技活动

英国十分重视青少年科技活动，从幼儿园就开始实施科技常识教育。每年举办各种各样的科学节日，例如，"科学进步联合会科学节"和"国家科学、工程和技术周"等。青少年定期到实验室去参观科学家演示实验，已经成为一种大众文化。在英国青少年科技活动方面具有代表性的组织是伦敦国际青年科学论坛。该组织与英国科学协会、皇家化学协会、英国文化协会、欧盟青少年科学家竞赛、帝国理工大学、美国化学协会、英国素质教育发展认证中心等都有合作，每年都有世界各地的青少年到伦敦参加国际青年科学论坛，体验科研互动小课堂，与著名科学家零距离接触，参观国际名校、研究机构、高科技企业科研中心，展示自己的科研小成果等。[①]

（一）政府高度重视

第一次工业革命发源于英国。作为世界上最早出现的创新型国家，英国导引了第一次工业革命，也经历科技领先地位的丧失过程。[②] 英国是世界近代科学的主要发源地，也是世界最早开展科普活动的国家。直到 20 世纪 20—30 年代，英国科技仍在世界上居于领先地位，后来这种领先地位逐步被美国所代替。20 世纪 90 年代以后，英国的一些有识之士发出包括加强青少年科技教育和大众科学普及的呼吁，对推进英国青少年科技活动开展起到了很好的推动作用。当今的英国政府、科教界和传媒等形成为国家的未来发展必须共同担负起开展英国青少年科技活动的共识。

1993 年 5 月，英国政府发布题为《实现我们的潜力》的科技白皮书，明确提出要增强公众对科学、工程和技术重要性的认识，这是首次在政府文件中提出这样的内容。在 1994 年发表的英国竞争力白皮书中，英国政府又提出要在公司的董事会、金融机构，以及舆论制造者中加强对工程的理解，提升科技的地位。根据科技白皮书的要求，一方面通过科普活动激发青少年对科学、工程和技术的兴趣，吸引更多的优秀青少年追求科学、工程和技术职业；另一方面提高公众理解科学、工程和技术知识的水平，使公众能就科技领域产生的一些公共议题进行更有效的公共辩论，从而强化民主决策的效果。为此，英国政府 1994 年 1 月启动"公众理解科学、工程和技术计划"，并授权贸工部科技办公室科普小组负责管理和实施。

在科普计划支持的众多项目中，规模最大、影响最深的是每年 3 月份举办的为期 10 天的全国科学、工程和技术周活动。英国从 1994 年起举办全国科技周，由科技办公室科普计划资助，英国科促会组织协调。例如，1997 年全国科技周期间共举办 1600 项活动，吸引近 100 万人参加，另有数百万人收看、收听电视和无线电广播的专题节目。

（二）科研人员广泛参与

英国政府的七大研究委员会是开展科普的重要力量。这七大研究委员会有生物技术与生物科学研究委员会、工程与物质科学研究委员会、粒子物理与天文学研究委员会、医学研究委员会、自然环境研究委员会、经济与社会研究委员会和研究委员会中央实验室委员会，前两个委员会的科普工作最具代表性。为履行科普的使命，英国七大研究委员会都采取一系列的措施和行动，积极支持和开展科普工作。

---

① 李竹，林长春. 中外青少年科普教育活动的比较与思考 [J]. 教育评论，2017（8）：147-150.
② 王铁成. 英国科技强国发展历程 [J]. 今日科苑，2018（1）：47-55.

（1）鼓励和帮助受资助的研究人员搞科普。生物技术与生物科学研究委员会设立3项奖，以鼓励研究人员搞科普。一是全国科技周奖：奖额为1000英镑，用于资助研究人员在全国科技周期间进行科普活动；二是科学传播者奖：用于奖励提出有科普创意想法的有功人员；三是科普重温奖：奖额1000英镑，资助继续开展已举办过的好的科普活动。粒子物理与天文学研究委员会也设立一系列科普奖。为鼓励大学研究人员搞科普，该委员会还作出规定，受资助的大学研究人员可将研究拨款的1%用于开展科普活动。工程与物质科学研究委员会则要求，受资助的研究人员须向公众宣传他的研究成果，且以此作为获得资助的一个条件。对大多数研究人员来说，要想成功地进行科普工作，除需资金支持外，还需要接受科普技能培训。生物技术与生物科学研究委员会每年免费为100名研究人员提供为期两天的新闻报道技能培训，聘请国家新闻机构的专业人员教他们如何进行科学新闻写作，如何接受采访等。

（2）面向广大公众开展科普活动。资助或举办科学日、展览、讲座和研讨会，出版科普宣传材料。1994年，生物技术与生物科学委员会资助伦敦科学博物馆召开英国第一次科学民意会——植物生物技术民意会，与会的16名公众代表就植物生物技术领域的一些重要问题向专家提问，会后发表一份最终报告。1996年，工程与物质科学研究委员会与伦敦科学博物馆共同发起"研究地平线"计划，目的是通过举办流动展览及媒体宣传，把新的研究成果迅速推向公众。它们合作举办的"思维机器人"展在短短的3个月内招徕了40万名观众。"思维机器人"还被拿到两个购物中心进行了7周的展览，潜在观众达上百万人。经济与社会研究委员会于1988年资助伦敦科学博物馆的杜兰特教授进行了英国首次全国公众理解科学调查。

（3）支持中小学校的科学教育。基于对科技兴趣的培养必须从小抓起的认识，英国各研究委员会把科普工作的重点放在支持中小学校的科学教育上，制订了面向学校的科普计划。1994年，工程与物质科学研究委员会和粒子物理与天文学研究委员会共同发起学生—研究人员计划。该计划为期3年，由谢菲尔德大学科教中心代表双方组织协调，目的是由研究人员利用最新的科技成果，开发新奇的、富于启发性的科学教材和教学方法，供学校的教师使用。该计划资助出版一套30册的《学生研究概要》，为学生提供真实的研究课题。与学生—研究人员计划相似的"驻校研究人员计划（生物科学）"是由生物技术与生物科学研究委员会、医学研究委员会、自然环境研究委员会和韦尔科姆中心共同发起的，目的是派一些研究生到中学去，与中学生及教师一起开展生物科学活动。为辅助教师的科学教学工作，生物技术与生物科学研究委员会出版了很多有关生物科技的教学材料。该委员会积极支持科学家与学校建立联系，向有此愿望的科学家提供咨询、活动指南及其他所需的材料，还建立地区协调员网络，以协助科学家与当地的小学取得联系。

（三）科技团体积极主办

英国许多著名的科技团体长期从事科普活动。它们的科普活动搞得有声有色，在世界享有盛誉。20 世纪 80 年代中期成立的英国公众理解科学委员会虽是后来者，但迅速成为科普领域的一支新秀。各地方学会、专业协会也启动或加强各自的科普工作。

（1）英国科学促进会。该组织是英国最古老、最有影响的专业科普组织，成立于 1831 年。它的任务是促进对科学技术的理解和发展，并阐明和增进科技对文化、经济和社会生活的贡献。

一是举办科技周和科技节。每年该会负责组织英国科技日程中两项最重大的年度活动，即 3 月份举办的全国科技周，9 月份举办的该会年会（又称科技节）。该会自成立开始就举办年会，早期的年会是科学家宣讲新观点、对新发现和新发明展开辩论的科学聚会。例如，在 1860 年年会上，英国生物学家赫胥黎与威尔伯福斯主教围绕物种起源展开具有历史意义的科学与宗教的激烈辩论。赫胥黎有力地驳斥威尔伯福斯，捍卫了达尔文的进化论，宣告科学从神学中独立出来。20 世纪以来，专业协会纷纷建立，大众传媒迅速发展，科学家很少在年会上发表学术观点，该年会也因此改弦更张，采取吸引公众，特别是吸引青少年学生广泛参与的科技节的形式。为办好科技节暨年会，采取 16 个部门分头组织活动、大学轮流承办、政府和企业提供资助的运行机制。

此外，为加强对青少年的科学教育，该会 1968 年增设协会的青少年部，逐步组建成为英国最大的青少年科技俱乐部网络，分布在英国各地的学校、博物馆、大学、青少年组织等机构内。所有 8—18 岁的青少年都可以参加俱乐部的活动。设立少年探索者奖（8—12 岁小学生）、初级探索者奖（5—8 岁）、工程/科学和技术创新奖（11—19 岁中学生）、未来展望奖（16—25 岁青年）等活动，设立青年科学创作者奖（16—28 岁青年）、专题讲座奖（40 岁以下青年科学家）。1980 年起，该会在每年的 3 月份举办英国青少年科技博览会，展示英国中学生的科技研究成果，从参展项目中评选出优胜者，参加在欧洲国家、美国及世界其他国家举行的国际青少年科技活动。

（2）英国皇家学会。该学会是英国成立最早、最具声望的学术团体，成立于 1660 年。英国历史上许多伟大的科学家，如牛顿、玻意耳、赫胥黎、达尔文、卢瑟福等都曾是该学会的会员。该学会现有会员 1200 多人，其中诺贝尔奖获得者有 30 人。促进公众了解科学、提高科学教育和科学意识水平是学会主要任务之一。学会资助并参与英国公众理解科学委员会的活动，也举办旨在提高公众科技意识的研讨会、讲座、展览等。例如，学会理事会每年向 1

名在科普领域做出突出贡献的科学家或工程师颁发法拉第奖；每年的 6 月举办一场科学新前沿展览；举办媒介科学介绍会、"科学和社会"系列研讨会、公众讲座等；设立皇家学会/英国科促会千年奖计划项目资助等。

（3）公众理解科学委员会。1985 年瓦尔特·鲍默爵士领导的皇家学会特别小组发表英国公众理解科学工作的报告，在英国政府、科技界、教育界引起很大反响，促成英国公众理解科学委员会的成立。该委员会工作主要包括直接资助科普活动、培养科普骨干力量、设立公众理解科学论坛、颁发罗纳—普朗科普书籍奖、出版科普实践指南及科普研究成果等。委员会对英国的科普工作起到很好的促进作用。

（四）科普场馆活动多样

科技博物馆和科技中心是英国开展非正规科学教育的重要场所，在科普方面起着不可替代的独特作用。1683 年，世界第一座科技博物馆——阿什莫林博物馆在英国牛津大学创立。英国迄今已建立 30 多座独立的科技中心，例如，布里斯托尔探索馆、威尔士技术探索馆和哈利法克斯尤里卡儿童科技馆等。早在 18 世纪末，英国政府就制定博物馆法，对包括科技馆在内的博物馆给予法律保护，确定其公益法人的地位。英国政府不仅斥巨资建立科技馆，而且每年为科技馆划拨大量经费，保证运营。例如，伦敦科学博物馆每年的活动经费支出约为 1700 万英镑，再加上两个连锁馆，共支出经费 2300 多万英镑，其中，至少 85% 为英国政府拨款。

三、德国的青少年科技活动

德国作为第二次世界大战的战败国，土地被战争破坏的程度比日本还严重。在一片废墟上，德国人用了不到 50 年的时间，就跻身于世界经济强国。对这一奇迹般的变化，许多专家学者把主要原因之一归结为人们普遍受到优良的教育。良好的教育使广大劳动者有能力生产优质的产品，创造较高的经济效益。德国教育历史悠久，在世界上享有盛誉，以"教育国"著称，特别是关键能力的培养，是教育成功的秘密。德国教育的历史经验值得借鉴。

（一）青少年关键能力培养

关键能力的概念由德国社会教育学家梅腾斯在 1974 年提出，指的是一种普遍的、可迁移的，对劳动者的未来发展起关键性作用的能力。具体来讲，关键能力是职业或劳动组织形式发生变化时，劳动者能够从容地在变化的环境中重新获取未来所需的职业技能和知识，实现可持续性自我发展的能力，包括专业能力、方法能力和社会能力的培养。[①]

---

① 胡琳. 德国教育中关键能力培养对我国实施素质教育的启示 [D]. 成都：四川师范大学，2010.

自我能力是指自我认识与发展的能力，包括具有较成熟的人生观、价值观，以及制订个人发展计划并付诸实施的能力。具体而言，自我能力包括独立性、批判性、专注性、自信、可信赖性、责任感和业绩创造等能力。社会能力是指建立、发展社会关系的能力，合理、负责地对待他人并理解他人的能力。社会能力包括团队合作精神、解决冲突能力、宽容与团结精神、有集体感、乐于助人和沟通交流能力。方法能力指了解处理事务或解决问题的程序及方式，具体包括思维方式、工作程序、独立运用专业和非专业知识，制定、修改并完善学习方案的能力。专业能力是指具有相应的专业知识及素养，能够独立运用知识处理事务、解决问题，实现既定目标，并对结果进行客观评估的能力。①

（二）注重青少年科技实践

德国教育具有以能力培养为主的基本特征，主动以学生活动为中心进行教学设计。德国教育界认为，完整意义上的能力不可能通过讲授获得，以培养能力为主的重要特征之一是让学生更充分地进行自主的思维活动。教学应以学生能独立思考、独立解决问题为中心进行相应设计，以保证教学过程真正成为教师引导下的学生思维活动的过程。在教学设计中，教师应充分分析具体教学内容应采取怎样的教法，能否采用变式教学，即同一教学内容采取不同教法，培养哪些能力要素是恰当的。教师设计出分层次培养学生思维的计划，特别是培养思维积极性和主动性的计划，并贯穿于课堂教学及课外活动之中，使学生在潜移默化中学会主动积极地思考问题，并将思考的过程和结果清晰地表达出来。

同时，普遍采用行动导向的教学方法，将认知过程与职业活动结合在一起，强调"为了行动而学习"和"通过行动来学习"，让学生通过"独立地获取信息、独立地制定计划、独立地实施计划、独立地评估计划"，在自己"动手"的实践中，掌握职业技能、习得专业知识，从而构建属于自己的经验和知识体系。行为导向教学方法有项目教学、案例分析、角色扮演、模拟教学等模式，教学内容注重基础性和知识的宽泛性，而非一味求深、求难，注重孩子的个性发展和学习兴趣及方法的培养，鼓励、激发孩子的创造性，教学方法则注重运用互动式、参与式、实践式等现代教学法，而非一味运用传统的灌输式和记忆式的教学方法。

在德国，关键能力常被称为跨职业能力。教学中重视的不是"是什么"，而是"为什么"，强调举一反三，启发引导，注意养成独立思考的良好习惯。还善于启发创造性思维，喜欢学生猎奇，使学生具有发展后劲。每个学生从

---

① 闫瑾. 德国中小学的"关键能力"培养 [J]. 基础教育参考，2006 (6)：24 – 25.

小学到大学，都没有升学考试，学生可以根据自己的发展选择合适的学校与专业，而政府则以立法的形式保障和鼓励人才成长，使他们在不同的领域做出贡献。

德国为使学生毕业后能很快适应职业生活，职业教育则从小进行并渗透到各个年级和各个学科之中。低年级学生的职业教育主要是了解社会各职业的工作性质、职业特点；高年级学生的职业教育则是定期进行多种行业的具体工作实践。德国教育重视实践过程、重方法训练。有人形容，德国学校的学生，上午毕业，下午就能在实际的工作岗位上应对自如。

在德国，关键能力的培养涉及技术、经济、环境等领域，"项目引导教学法"的实施使教学场所不局限在课堂内，而是扩展延伸至社会，例如，科技场馆、工矿企业等。施教者或提供专业咨询者除任课教师外，还有来自科技教育行政部门、科研院所、劳动局、商会、工会、各行各业的专家。学校通过"请进来，走出去"的方式，对不同科技活动采取各种组织方法，使社会上更多的人参与到青少年科技活动之中。

值得一提的是，德国各有关方面都对参与青少年科技活动有较高的热情。例如，各大型企业都专门建造了独立的学习车间，配备了既懂技术又懂教学方法的师傅，给学生提供实习机会。这类学习车间不但接纳已被本企业录取、正在职业学校接受"双元制"教育的学徒，而且免费为来自高校和中学的学生进行实践教学。对他们来说，这是自己应尽的责任和义务，同时又是宣传企业、树立企业形象的好机会。与此相仿，劳动局派出义务咨询员、医疗保险单位派出义务指导员纷纷对学生进行从理论到实际操作的职业指导。[1]

（三）丰富多彩的活动形式

在德国，人们有着这样的共识：尽管学校和教师是学生能力培养的主场所和主力军，但科技教育是一项系统工程和综合工程，需要全社会的支持和配合，只靠教育部门和学校孤军奋战无法实现既定目标。学校鼓励学生参与社区活动，开展社会实践，为学生提供实习时间。[2] 从科学开放日、科普年到小小化学家活动，德国的一系列科普活动都是精心为青少年设计和安排的。正是通过这些校外科技活动，更加广泛深入地推进了中小学的科技教育，从而形成校外校内相互呼应和配合的局面。

一是公众开放日。作为科技强国，德国一向重视向公众普及最新的科技知识。让科技走出象牙塔，消除公众对科学家和尖端科学的神秘感与距离感，

① 胡琳. 德国教育中关键能力培养对我国实施素质教育的启示 [D]. 成都：四川师范大学，2010.
② 闫瑾. 德国中小学的"关键能力"培养 [J]. 基础教育参考，2006（6）：24-25.

这已成为众多国立重点科研院所的重要职责之一。这些科研院所利用"公众开放日""科技集市"和"科普讲座"等形式，自然地拉近了公众尤其是广大青少年与科学的距离。尤利希研究中心是德国赫姆霍尔茨研究联合会下属的一个中心，每年6月要组织一次"公众开放日"。中心已成为普及科学知识、交流信息和休闲娱乐的好地方。

二是科普年。科普年是德国科普活动的重要内容，是由联邦教育部于2000年发起的，每年设有一个科学主题，如2000年是物理年，2001年是生命科学年，2002年是地学年，2003年是化学年，而2004年是技术年，2005年是爱因斯坦年。在每一个科普年年度，联邦教研部都会在全国选择一些州或城市举办学术报告、讲座和展览，目的是让公众近距离地与科学对话，激发公民尤其是青少年对知识和科技的兴趣，提高公众的科学文化素质。

三是博物馆。德国的博物馆不是静态地陈述历史，而是让人们生动地参与历史，从而更深刻地认识历史，认识科技发展的魅力与人类取得的辉煌成就。如在慕尼黑德意志博物馆，中学生可以动手做的项目几乎包括了科学史上所有的重要实验，如粒子散射、激光发生、驻波现象、电极电势测定、能量守恒与转化、金属的活泼性顺序、电解食盐水、太阳能发电与氢能源利用等。仪器或模型设计巧妙、精细，实验现象清晰、有趣，可谓"科学与艺术的完美结合"，令人赞叹不已。

四是科学长夜。"科学长夜"是德国科普活动中一项很有名的活动，2001年首先在柏林举办，之后每年举办一次。活动期间，展台上的科学家极其认真地回答每一个参观者的提问，并演示他们最新的科研成果，激发参观者的兴趣，引导青少年进入科学的大门。"科学长夜"的内容从医学到语言、从信息到历史、从宇宙到能源、从生物到艺术，无论是社会科学，还是自然科学，无论是专业研究，还是日常实用，都让每一个参观者似乎一夜之间聪明了许多，由此被誉为德国"最聪明之夜"。①

四、美国的青少年科技活动

美国作为当代科技最发达的国家，对青少年科技活动非常重视。著名的"2061计划"曾经广泛影响世界，正在掀起的STEAM教育热潮引发世界新一轮科技教育改革。美国把正式科学教育与非正式科学教育相结合，充分利用校内外的资源，广泛深入开展青少年科技活动，培养青少年的科学兴趣、提升科学素质，很值得学习、借鉴。

---

① 张运红. 二战以来德国青少年科技教育的途径与特点 [J]. 教学研究，2009，32（3）：37–40.

（一）政府的大力支持

美国是联邦制国家，各州享有充分的地方自主权，法律条文、教育标准都有所不同。美国政府的许多部门，如内政部、农业部、能源部、教育部、国防部、卫生与公共服务部等，都有开展青少年科技活动的举动。但主要由政府的几个独立的直属机构承担，即国家科学基金会、国家航空航天局和史密森博物研究院，其中，美国国家科学基金会与政府的科普直接相关。美国国会的法律规定，"在实施科学和工程教育的职责过程中，国家科学基金会具有如下职责目标：推进对公众对科学和技术的理解，教员水平的提高，学生的教育和培训，教学设计和实施以及教材开发和推广"；对于史密森博物研究院，国会法律也要求它开展这方面的工作。

美国专门从事大众科学普及的机构当属美国科学基金会。1950 年经国会批准正式成立的该基金会，是美国政府推动科普工作的重要杠杆，主要任务是专门支持政府以外的非国防且非营利的科研活动和科教活动（包括科普内容，即非正规教育活动），是美国政府支持国内科普活动的主渠道。基金会的科普活动主要是通过非正规教育计划和具体牵头组织的国家科学和技术周予以实施的。非正规教育经费主要用于开发支持科教影视节目、网站项目、博物馆和科学中心展览、青少年和社区科技活动等，同时也支持其他项目，如每年颁发科学服务奖、举办科技周等。国家科学和技术周是由国家科学基金会立法和公共事务办公室于 1984 年组织发起的，是美国大型全国科技节日活动之一，特点是面向整个社会，协同单位众多。这项活动主要有两个目标，一方面是唤起公众对自然科学进行积极的思考和探索，另一方面是鼓励孩子和年轻人以追求科学和技术职业为目标。

（二）主要的活动方式

美国在政府层面推动青少年科技活动开展主要通过两个途径完成，首先是科学教育途径，其次是科学传播途径。美国在公众科学传播中，政府在科学教育中投入的精力更为巨大，由于联邦不直接参与教育，科学教育的政策手段主要通过一系列法案完成。

美国 1958 年颁布的《国防教育法》提出，决定国家科学技术能力的核心在于科学教育的发展与实施；美国要以发展科学研究和改善科学教育为头等大事，将科学研究的重点从应用研究转向基础科学研究。美国的科学教育改革目标与措施广泛影响着西方各国的科学教育，成为波及全球的科学教育改革的浪潮。伴随着 STS（Science、Technology、Society）教育的兴起，1983 年 4 月，美国科学促进会（AAAS）组织制定有关科学、数学与技术教育改革的长期规划，在《国家在危急中：教育改革势在必行》报告中，提出对美国科学教育目标、手段、措施与方法重新进行改革。并于第二年开始启动"科学技术的国家计划——2061 计划"。1996 年，美国颁布《国家科学教育标准》，明确提出以发展学生的"科学素养"作为基本的目标。2002 年 1 月，乔治·W. 布什总统签署《不让一个孩子掉队》法案，勾画 21 世纪美国教育改革的宏伟蓝图，进一步强化国家的责任意识。2005 年 5 月，美国科学院应国会的邀请，开始研究美国竞争力问题，评估美国的科技竞争力，并提出维持和提高这种竞争力的建议，随后提交《站在风暴之上》的咨询报告。在此基础上，2006 年 1 月美国总统公布"美国竞争力计划"，特别强调要加强学校的数学与科学教育，鼓励学生主修科学、技术、工程和数学（STEM），并不断加大STEM 教育的投入，培养学生的科技数理素养。2009 年 1 月，美国国家科学委员会向奥巴马总统提交咨询报告，主题为改善所有美国学生的 STEM 教育，动员全国力量支持美国学生发展高水平的 STEM 知识和技能。2011 年，奥巴马总统推出旨在确保经济增长与繁荣的《美国创新战略》，提出"创新教育运动"，指引公共和私营部门联合，以加强 STEM 教育。2011 年 3 月，由美国技术教育协会主办的第 73 届国际技术教育大会在美国举行，会议主题是"准备STEM 劳动力：为了下一代"。当今，美国从三方面建立一套 STEM 教育体系：一是将各州 K－12 的 STEM 教育的评估标准与中学后的教育与工作要求加以对应；二是增强各州在 STEM 教育体制上的一致性以提高各州 STEM 教育的教与学能力；三是支持 STEM 教育的创新实践模型以发现优秀的实践模式并加以推广。

大众传媒是美国影响面最大的机构。美国的日报有 1500 种左右，许多大型日报办有科学专栏，最有影响的当数《纽约时报》《华盛顿邮报》《波士顿环球报》《巴尔迪摩太阳报》等；杂志有 10000 多种，办得好的科学杂志有《国家地理》《史密森尼》《发现》《科学美国人》《科学新闻》等。20 世纪90 年代，马里兰大学创办《科学传播》的学术性刊物，专门刊载科普研究的文章。广播电台和电视台联网化，覆盖整个美国，经常播出科学节目，许多已成为经典，如公共广播网上的《每日科学》《科学星期五》；电视上播出的《比克曼的世界》《新星》《发现频道》《科学小子——比尔奈》等。网络技术出现后，为科学的传播提供更为便捷的渠道，各报纸杂志、博物馆、科学中心、学术团体、大学乃至个人都在网上开辟网站，许多网站除提供科学知识和科学信息，还设计供网民参与的科普游戏，生动活泼，饶有趣味。

（三）社会的广泛参与

美国的科普有着广泛的社会参与性，起主导作用的除广播、电视、图书、报纸、杂志、网络等大众传媒，还有科学博物馆和科学中心及图书馆，以及非营利组织，包括各类科学团体和基金会等，这些代表科普宣传的主输出渠道。此外，还有科普宣传的中小学校，各种青少年组织，社区组织；开展或介入科普宣传的企业单位；表现科技魅力的博览会；开展科普活动、进行科普研究的大学等。

美国有7000多所博物馆，其中，科学博物馆和科学中心占1/5左右，科学中心300个以上，如国家航空航天博物馆、富兰克林科学博物馆、芝加哥科学与工业博物馆、波士顿科学博物馆、旧金山的加利福尼亚科学院、俄勒冈科学与工业博物馆、布法罗科学博物馆、匹兹堡儿童博物馆等，在开展科普活动方面一直发挥着重要的作用。与科学博物馆的作用等量齐观的还有各种科学节和科学博览会。1851年，英国在伦敦举办第一届世界博览会，震动世界。先进的工业成果琳琅满目，充分显示出科学的力量。1858年，美国仿效英国，在纽约首次举办美国的世界博览会。此后100多年的时间里，美国共举办近30次世界博览会，展示科学技术所创造的奇迹。

美国的非营利组织有30多万家。在开展科普活动方面，科学团体路数不同，其中影响较大的有美国科学促进协会、美国化学会、美国医学会、科学服务社、美国科学作家协会、促进科学写作委员会、科学家公共信息协会等。许多基金会，如卢塞尔塞奇基金会、卡内基公司、洛克菲勒基金会、联邦基金、斯隆基金会、福特基金会等，对美国科学事业的发展起到关键性的扶持作用，成了美国科普事业不可或缺的支撑保障。

在众多的科学组织当中，美国科学促进会在科普方面是影响最大的组织。创建于1848年的美国科学促进会，成立之初的100年里经营惨淡，全靠年会和《科学》杂志支撑门面。20世纪40年代，美国科学促进会收回《科学》的经营权，《科学》成了美国科学促进会的资产。1946年美国科学促进会修改章程，补充了两条重要的新目标，其一是增强科学的实效，改善民众的福利；其二是提高公众理解鉴赏科学体系在人类进步过程中所发挥的重要作用及所带来的希望。1951年美国科学促进会在哥伦比亚大学的阿登豪斯召开执行委员会特别会议，确定在战略方向和任务目标上把目光投向社会，投向更广阔的空间，从支持科学家开展研究、进行交流、加强设施建设，扩展到开发科学教育项目、拓展科学就业机会、参议科技政策、扶持社会科普活动、加强国际合作。在开展科普活动方面，美国科学促进会每年一度的科学节屡创新意。

随着公众理解科学运动的兴起，美国的大学开始开设科学传播课程，许多教育家、科技史学家、哲学家、传播学家、从事科普工作的学者纷纷加入科普现象的探讨，各种研究成果与日俱增。学者普遍认为，现代社会的发展如果还将科学束之高阁，如果公众缺乏基本的科学素养，不了解科学每天发生的变化，不能对科学决策作出正确的反应，那么社会的进步就只能是幻想，人民就不可能真正享有美好的未来。

（四）典型的活动项目

在美国青少年科技活动中，具有代表性、典型意义的活动和项目，当属公众科学节、"2061 计划"及 STEM2026。

第一，公众科学节。1989 年美国科学促进会年会在旧金山召开，以提高公众了解国内外科学教育的重要性、提高全社会学习理解科学和技术的热情为目标的第一届公众科学节，于 1989 年 1 月 16 日（星期一）举行。这届公众科学节实际上是由位于旧金山地区的观测站、劳恩斯科学会堂、加利福尼亚科学院和旧金山动物园 5 个不同中心的有关活动组合而成的。该会作为管理者和实施计划的组织者，与所有其他组织一起召开会议，活动取得圆满成功。此后，在每年召开年会的同时进行公众科学节活动。

第二，"2061 计划"。该计划是美国科学促进会联合美国科学院、联邦教育部等 12 个机构于 1985 年启动的面向 21 世纪、致力于科学知识普及的中小学课程改革工程。计划提出的 1985 年，是哈雷彗星临近地球的时间，而下次临近地球的时间是 2061 年，中间间隔 76 年，正好是当今美国人的期望寿命，因此将"2061"作为计划代号。这项计划希望从根本上改变美国的教育制度，使所有今天的美国人能够成为具有高度科学素养的新一代美国人，从根本上提高美国国民的科学素养。"2061 计划"所涉及的内容、范围广阔，不仅用简单易懂的教学方法使学生学到所要求学的知识，而且要使学生打下牢固的在将来能够学习更多科学知识的基础。

计划实施分为三个阶段：一是教育理论设计阶段（1985—1988 年），以培养具有高度科学技术素养的美国公民为最终目标，要求彻底改革美国的科技教育制度。第一个阶段的基本任务是建立改革理论，设计出从幼儿园到高中 12 年级所有的美国学生都必须学习的知识、技能以及培养出对科学技术的基本态度的理论框架。二是编制教育课程阶段（1989—1998 年），按照美国各学校、地区和各州的不同情况，将《为全体美国人的科学》的基本思想转变为不同的教育课程，将教师遇到的培训计划、教材、教学技术、考试、教育经费，以及其他各种问题作出详细的计划。三是试点阶段（1999—2010 年），在 50 个州从幼儿园到高中进行试点教育，将在教育中发现的问题和建议及时向改革委员会报告，以便进行及时的调整。该计划启动以来，各研究团队注重课程整合的系统性、依据调查结果做出科学教育决断、关注学生的学习和教师的教学，在其专业领域，即科学学习目标和课程设置、评估、教师发展等方面取得丰硕成果。①

① 王德林，俞佳慧. 美国"2061 计划"新进展及其对我国科学教育的启示 [J]. 教育与教学研究，2019（4）：43 - 50.

第三，STEM2026。2016 年，美国发布《STEM 2026：STEM 教育创新愿景》报告，这是一项聚焦未来社会必备的技能和创新能力的科学教育计划。STEM（科学、技术、工程、数学）教育，有助于培养学生的科学探究能力、创新意识、批判性思维、信息技术能力等未来社会必备的技能和创新能力，并有可能在学习者的未来生活和工作中持续发挥作用。

美国的 STEM 教育已有 30 年的积淀，特点是由政府顶层设计，并集结各方力量，共同促进 STEM 教育发展。2013 年 5 月，STEM 教育委员会颁布《STEM 教育五年战略计划》，旨在促进联邦机构合理有效地利用联邦投资，优先发展国家的 STEM 教育。2015 年，奥巴马总统签署《每一个学生都成功法（ESSA）》，关注可能取得教育进步的关键领域，包括鼓励地方投资和创新以促进 STEM 教学和学习，确保学生和学校取得成功。近 10 年来，美国针对青少年开展科学、技术、工程、数学学习的方式发生很大变化，日渐呈现出学校课程学习与校外活动参与相结合、分科式课程学习与综合性项目学习互为补充的发展趋势。据此，美国教育部、美国教育研究所于 2016 年 9 月联合发布《STEM 2026：STEM 教育创新愿景》报告，引起全世界的极大关注。该报告旨在促进 STEM 教育公平，以及让所有学生都得到优质 STEM 教育的学习体验，对实践社区、活动设计、教育经验、学习空间、学习测量、社会文化环境等方面提出全景化的愿景规划，指出 STEM 教育未来 10 年的发展方向，以及存在的挑战。同时，在推进 STEM 教育创新方面的研究和发展，并为之提供坚实依据，进而保持美国的竞争力。[①]

五、日本的青少年科技活动

日本政府和社会各界紧密协同，科学技术振兴事业财团、科学技术政策研究所等官方机构，以及博物馆协会、全国科学博物馆协会、全国科技馆联盟等民间机构，携手开展青少年科技活动。日本青少年科技活动内容丰富、形式生动，对激发青少年科学志趣、提升国家创新能力、增进全民科学素质提高，起到巨大作用，很值得我们学习借鉴。

（一）诺贝尔奖的井喷

追溯日本的科普历史，从明治维新打破锁国主义开始的 100 多年里，经历了从翻译和向公众普及西方科学术语的启蒙阶段，到现在的国民对科技的理解阶段。20 世纪 50 年代初，日本确立"贸易立国"的发展战略。1960 年，日本在制定"国民收入倍增计划"和"振兴科学技术的综合基本政策"。20

---

① 全慧，胡盈滢. 以 STEM 教育创新引领教育未来——美国《STEM 2026：STEM 教育创新愿景》报告的解读与启示［J］. 远程教育杂志，2017（1）：17－25.

世纪 80 年代初日本经济名列世界第二，于是日本提出"技术立国"的发展战略。进入 20 世纪 90 年代，日本赋予科普的名称是"增进国民对科学技术的理解"，以在过去的单纯普及科学知识的基础上，更多地增进国民对科技的理解，更加重视科学技术、社会与人类的相互关系。

20 世纪 90 年代以来，日本青少年对科技越来越不感兴趣，大部分青少年认为科技工作是乏味的职业，主修科技专业的大学生以及毕业后从事相关工作的人数在减少，整个社会呈现青少年"离开科学技术"的倾向。这引起日本政府的高度重视。1995 年出台的《科学技术基本法》，把强化措施以提高公众特别是青少年对科技的理解并改变对科技的态度作为奋斗目标。日本政府也因此加大对科普事业的投入力度，以强化对青少年的科技教育，为实现"科技创新立国"战略奠定基础。随着日本的异军突起，自 2000 年以来，已有 19 人获得诺贝尔化学、诺贝尔物理学奖、诺贝尔生理学或医学奖，平均每年 1 位。日本科学出现"井喷"，令世人惊叹。[①]

（二）政府的大力支持

日本政府特别注重对青少年进行科学技术启蒙教育，以便在领略科学技术活动乐趣的同时，培养将来投身科学技术工作的兴趣和志向。

日本政府要求有关省厅，如科技厅、文部省、通产省、农林水产省等都要担负起科学普及的责任。科技厅由下设的科技振兴局科技情报课负责科普工作，除了主办每年 4 月份的科技周等重大科普活动，还广泛利用大众传媒、展览会、研讨会等手段开展日常性科普活动。文部省对科普的支持重点放在加强科技博物馆以及少年之家等公立青少年教育设施的建设和利用上，组织科学馆、学校及其他有关方面进行协作，利用科学馆的设施开展对青少年的科普教育。日本约有 700 所公立青少年课外教育设施。针对青少年对产业技术越来越缺乏兴趣和偏离理工科的倾向，通产省从 1993 年起开始进行关于产业技术革命现状的调查，并举办"产业技术史展"，对青少年进行技术教育。农林水产省在筑波科学城设立研究陈列室，展示农林水产技术的最新成果、举办市民活动、开展青少年体验研修等活动，向国民普及生物技术知识。科技振兴事业财团是日本科技信息的核心机构，任务是促进科技信息交流和研究交流。其中，普及科学技术知识、加强国民关心和理解科学技术是其重要任务之一。1999 年，开始进行加强国民理解科学技术活动，以创造一个人人都能把科学技术看作与音乐、美术、文学、思想一样的文化活动，使科学技术让人感到亲切、亲近、不可或缺的环境。

---

① 周程，秦皖梅. 17 年 17 人诺奖：日本科学为何"井喷"［EB/OL］. (2016 - 10 - 08)［2020 - 12 - 30］. https://news. china. com/zhsd/gd/11157580/20161008/23713823_all. html.

（三）形式多样的活动

日本在明治维新时期就制定了"发明日"——每年 4 月 18 日，日本全国各地都要举行隆重的科学知识普及活动。后来，日本内阁会议又规定，4 月 18 日前后的一个星期为"科学技术周"。1994 年 12 月，日本政府提出了旨在开展科普活动，培养科技后备人才的"关于确保科学技术人才的基本指针"，强调要普及科学知识，教育青少年热爱科学，立志科学事业，并提出了普及科学知识的基本方针。

日本科普工作的重点对象是青少年。日本科学技术振兴会等科普机构按照"游、智、心"并进的方针进行。"游"是指通过各种游戏加深青少年对科学技术的了解，培养他们对科学技术的兴趣和亲近感。"智"是培养青少年对科学的观察、思考能力和创造力。"心"是努力培养青少年对科学的意义和作用的认识，促使其价值观的形成。

为使科学爱好者和广大青少年有更多的机会进入科研现场感受研究实况，加强他们对科学的认知，科普部门经常组织青少年参观各种科研设施，现场听取研究人员的介绍，加深青少年和科研人员的交流。不定期地举办各种专题讨论会，培养青少年对科学技术知识的探索欲。在科学周期间，各地政府和科研机构大学、企事业和各种学会为普通百姓举办各种科学技术讲座、研讨会、科技成本发表会等，向他们介绍最新技术的产品。在 2017 年的"科学技术周"期间，日本全国各地 700 多场科普活动，参加的人数有 1000 多万。这些科普活动的内容上至天文，下至地理，无所不包。[①]

日本科普教育设施相当完善，在科普教育中起到重要作用。日本有各类科技馆 605 个，其中 1984 年启用的横滨儿童科学馆是日本近年来兴建的最有代表性的科技馆。日本有博物馆 1045 个。其中，科学博物馆有 105 个，综合博物馆 126 个，规模最大、历史最久的首推国立科学博物馆，创建于 1872 年，已有 100 多年历史。此外，日本青少年教育设施共计 1264 个。其中，少年自然之家 311 个，青年之家 405 个，儿童文化中心 75 个，其他 473 个。另外，在日本经常举办的各类科普展览会与博览会也是日本进行科普工作的重要形式与场所。日本博物馆协会，是综合博物馆、科学馆、水族馆、植物馆等科学类博物馆的网络组织，成立于 1971 年，一直积极促进地区科普场所、科技馆等的合作，振兴科技馆事业，推动青少年和成年人的终身学习，指导并支持有关振兴博物馆的调查和研究开发，促进日本的文化发展。

日本科普图书的出版历史悠久，品种繁多，形式多样。特别是近 30 年来，涌现出不少科普作家、翻译家和画家，如当代著名日本科普作家木村繁、

① 乐绍延. 面向青少年的日本科普活动 [J]. 发展，1996（4）：54.

天文科普作家山本一清、天文科普译作家小尾信弥、天文科普作家和天体摄影家藤井旭、科普美术家岩崎贺都彰等。著名的科普期刊有《科学朝日》《牛顿》《夸克》《友谈》等。日本的科教片数量很多，每年入选科技电影节活动的科技电影近百部。

日本的大型科普活动主要有科技周、科技电影节、青少年科学节、机器人节、科学展示品和实验用品设计思想大赛等。例如，1960 年日本政府内阁会议批准设立"科学技术周"活动，每年一次，时间定在每年 4 月 18 日，即日本"发明日"开始的一周。科技电影节始于 1960 年，被认为是日本最具权威的科技电影节，每年入围作品百余件。青少年科学节始于 1992 年，主要是开展丰富多彩的实验活动，包括理科的各方面，让青少年有机会体验科学的魅力。日本 2001 年 12 月公布并实施"推进儿童读书活动法"，确定 4 月 23 日为"儿童读书日"，以使国民更加关心和理解儿童读书活动，并提高儿童积极读书的渴求。科技振兴事业团于 2001 年 7—10 月在日本关西地区和神奈川县举办首届"机器人节"，通过这个活动让青少年了解机器人，亲身体验科学技术，发展未来科学技术。科技振兴事业团为促进青少年理解科学技术，于 1996 年开始举办科学展示品和实验用品设计思想大赛，支援全国科技馆等的工作，每年一次。

六、以色列的青少年科技活动

以色列是世界公认的科技创新型国家，科技创新实力的核心是创新型人才。自 1948 年建国以来，以色列一直将发展教育事业放在最为优先的地位，特别重视开展青少年科技活动。

（一）重视科技实践探究

以色列十分崇尚思辨与探究的关系，同时重视教育与生产实际相结合。不唯传统、挑战权威已成为以色列人的天性，这是犹太民族强盛的真正源泉。以色列中小学科学教育强调理论与实践结合、科学与技术结合、科学教育与实际生活结合的教育理念。

在理论与实践相结合方面，为了促进科学理论和实践相互结合、互相印证，以色列中小学校设置校内课堂和第二课堂，校内课堂主要传授基本的科学知识、科学方法，在第二课堂中着重培养学生的科学能力。例如，学生在学习生命科学、地球科学和环境科学时，学校会组织参观动物园、植物园、博物馆、科技馆。要求学校选择第二课堂活动应该与学校所在地区所处的环境（沿海、沙漠、平原）资源相一致。

在科学与技术相结合方面，以色列中小学在对学生进行科学教育时，特别重视加强技术教育。他们认为，科学的基本知识和基本原理是不会变的，变化的只是技术部分。世界科学技术的发展表明，当前科学更多地融入了技术，科学与技术的关系越来越密不可分。例如，5—6 年级学生在学习科学课程论题"水是身体的组成部分"时，在科学方面需要学习水是身体的组成部分，水对身体活动的重要性；在技术方面需要掌握检验水质的方法。学习课程论题"食物与营养"时，在科学技术方面需要掌握食物对人体的重要性；在技术方面需要掌握食品的加工及生产方法。

在科学教育与实际生活相结合方面，根据以色列国家教育部课程中心编制的《以色列中小学科学技术课程标准》中的科技课程的教学大纲为：一、二年级的学生在学习地球与宇宙一课时，在了解昼与夜、天气、云、土壤等科学知识后，要学会设计、制作并使用一些工具（雨量测量器、风标、温度计）来观测天气，对变量要进行测量、描述和记录，对相关资料进行收集和整理，最终得出结论并呈现结论。

（二）重视校外科技活动

在以色列，学校不是教育的唯一场所，校外学习是学校课堂的有益拓展与延伸。他们认为，一个人可以通过课堂、实验室活动或者其他教育形式获得许多经验，然而教材中的许多概念、技能和观念却不能通过校内的实践来具体化，但在自然环境中却可以获得。因此，以色列中小学经常组织学生参观博物馆和各类展览，到郊外、海滨游玩。组织学生到室外观察、了解大自然，亲近大自然，在与大自然亲密接触中开展小课题研究，撰写考察研究报告，让学生从中受益。在课外学习环境中，学生面对的是完全真实的、反映科技课跨学科性质的环境。学生在课外学习中接触到的昆虫、花草等动植物，弥补课堂中口头描述和抽象现象的不足。

（三）设立科学教育中心

以色列为了更好地推行学生科学素养教育，在每个城市都设立了科学教育中心。这些科学教育中心由私人基金会联合市政府建设，主要承担本地区内学生科学、物理、化学、生物等学科的课外学习，也担任本地区教师的职前培训和在职培训工作，以及对以色列高考的相关准备工作。例如，以色列特拉维夫市的科学教育中心，是特拉维夫—雅法辖区内 17 所中学的科学实践基地，创建于 1998 年，实验室设备允许每个学生进行个别实验，有足够的演示设备，中心强调科学工具和科学家的思维方式，提供选修课程、特殊的研讨会和研学旅行以及课外补习。一些特别项目，吸引初高中物理高分学生来参与，以此提高选拔出来的特拉维夫—雅法高中学生中的佼佼者的科技水平能力。[1]

---

① 田虹. 以色列中小学科学素养教育研究 [D]. 西安：陕西师范大学，2017.

第二章　青少年科技活动设计理论与方法

青少年科技活动设计，是指对拟开展青少年科技活动的计划和方案制订，包含活动目的、活动对象、活动主题、活动方式、时间及地点等一切涉及活动全过程、全"生命"周期、全闭环的全要素配置的规划和计划。青少年科技活动设计充满创意和创新，是决定活动成效和成败的关键。

第一节　青少年科技活动设计的基本遵循

一个好的青少年科技活动设计，一定是遵循青少年成长规律、科学教育规律、科技发展规律、人类活动规律，充盈集体智慧、符合实际、追求卓著的活动方案。

一、遵循人才成长规律

科技人才是一种稀缺资源，是指具有超常的知识、技能或意志，在一定条件下不可替代的、能做出独特贡献的人。在全球化时代，国际竞争日趋激烈，科技已成为经济社会发展的决定力量，国家或地区之间的竞争实质上是科技创新能力的竞争，本质上是科技创新人才的竞争。

（一）人才成长的一般规律

培养科技人才，是青少年科技活动的最高目标，而人才成长具有自身发展规律。青少年科技活动设计必须遵循人才成长的基本规律。

第一，师承效应。师承效应，是指在人才教育培养过程中，徒弟的德识才学得到师傅的指导、点化，从而使徒弟在继承与创造过程中少走弯路，达到事半功倍的效果，有的还形成"师徒型人才链"。据美国早些时候的统计，一半以上的诺贝尔奖获得者曾经跟高明的老师学习过；而且，跟高明老师学习的人比跟一般老师学习的人获奖时间平均提前 7 年。能否产生师承效应，不是任何一方的主观愿望能决定的，这里有种种因素的制约。比如，师傅不愿传授或徒弟水平太低。学者认为，这里有一个"双边对称选择"的原理。双边对称指的是师徒双方在道德人品、学识学力与治学方略三方面是对称的。根据这个规律，培养高层次人才要重视发挥师承作用，要强调双方的自主选择和相互对称。①

第二，扬长避短。人各有所长，也各有所短，这种差别是由人的天赋素质、后天实践和兴趣爱好形成的。成才者大多是扬其长而避其短的结果。对于领导者，扬长避短是让下属做他最擅长最喜欢的事，有利于提高工作效率，能够在相同时段、相同投入的条件下取得最大的成效。反之，如果用短舍长，既难以把工作做好，又容易造成事倍功半的结果。古人云：骏马犁田不如牛，坚车渡河不如舟。人才成长往往是领导者用其所长的结果。根据扬长避短的规律，我们用才时应该尽量做到用人所长，避免造成人才浪费。②

第三，最佳年龄。研究发现，从创造到成才有一个最佳的年龄段。从全世界的范围看，在一定的历史时期内，最佳成才年龄区是相对稳定的。有学者对 1500—1960 年全世界 1249 名杰出自然科学家和 1928 项重大科学成果进行统计分析，发现自然科学发明的最佳年龄区是 25—45 岁，峰值为 37 岁。当然，依专业领域的不同，最佳年龄区也有所不同，特别是随着人类知识的进步，最佳年龄区也会发生前移或后推的变化。但从总体看，人才的成长都要经过继承期、创造期、成熟期和衰老期四个阶段。创造期是贡献于社会的最重要时期。根据最佳年龄规律，在高层次人才工作中，应该把资助重点放在处于最佳年龄区内的人，以利多出成果、多出人才。③

第四，马太效应。人才做出贡献是一件不容易的事，而这种贡献得到社会承认就更不容易。这是美国科学史家罗伯特·默顿发现的社会现象。默顿指出，社会对已有相当声誉的科学家做出的特殊科学贡献给予的荣誉越来越多，而对那些还未出名的科学家则不肯承认他们的成绩。联系到《圣经》第二十五章"马太福音"上讲的"有者容易愈有，无者容易愈无"，他把这种现象命名为"马太效应"。"马太效应"是一种社会惯性，不利于年轻人才脱颖而出。根据"马太效应"规律，人才工作不仅要关注已经成名的"显人才"，更要给那些具有发展前途的"潜人才"以大力支持。④

第五，期望效应。期望效应是现代管理激励理论的一个重要发现。这种理论认为，人们从事某项工作、采取某种行动的行为动力，来自个人对行为结果和工作成效的预期判断。包括三个要素：一是吸引力。就是工作对人才

---

①②③④　王通讯. 人才成长的八大规律［J］. 决策与信息，2006（5）：53-54.

的吸引力越大，他的干劲就越大，取得成就的可能性就越大。二是成效和报酬的关系。就是完成工作后获得的收益越大，他的工作积极性就越大。三是努力和成效的关系。就是经过努力，个人实现目标的可能性越大，他的进取精神就越强。根据期望效应规律，对高级专家的培养，应注意在全社会加强成就意识的教育，增强他们为国家富强、人民幸福而奋斗的使命感和责任感，同时，大力提高人才的社会地位和经济待遇，尤其应为各个领域的高级人才提供良好的物质条件和社会保障。①

第六，共生效应。共生效应也叫群落效应，是指人才的生长、涌现通常具有在某一地域、单位和群体相对集中的倾向。具体表现为"人才团"现象，就是在一个较小的空间和时间内，人才不是单个出现而是成团或成批出现。特征是以高能为核，人才团聚，形成众星捧月之势。主要包括三种情况：一是地域效应。所谓人杰地灵，某一地区因为历史传统或其他原因，往往产生、汇集了某一方面的大量人才，处在这个地域的人，如果努力，会比其他地域的人更容易成才。二是时代效应。时势造英雄，不同的历史年代，有不同的时尚和需要，从而推动相应领域的人才大量产生。三是团队效应。目标科学、结构合理、功能互补、人际关系融洽的团队，有利于一大批成员都取得良好的成就。根据共生效应规律，在人才造就上应注意探索共生效应的内在机制，以利大批培养和发现人才。②

第七，累积效应。人口资源、人力资源与人才资源是一个逐层收缩的金字塔。塔基为大多数居于生产一线的技术型实际操作人员即中级人才或者初级人才。塔顶则为少数高精尖研究人员、组织指挥人员，即高层次人才。建筑物的高度都是与基础的宽度成正比的，人才队伍建设也是如此。高层次人才的生成数量取决于整个人才队伍的基数。国外学者还计算出了二者之间的相关系数。人才队伍建设的累积效应规律告诉我们，建设人才队伍时，目光不能仅仅盯在高层次人才上，而要放眼人才队伍整体。要注意人才队伍层次结构的协调，以高层次人才队伍建设为战略要点，推动整个人才队伍的健康发展，从而也使整个人才队伍获得取之不竭的源泉。③

第八，综合效应。凡人才，成功与发展都离不开两个条件：一是自身素质，二是社会环境。前者决定创造能力之大小，后者决定创造能力发挥到什么程度。人成其才，才尽其用，说到底，是这两个方面与诸多因素交互作用的结果。就人才环境优化而言，往往需要形成一种"综合效应"。比如，要创造人才辈出的良好环境，既要有人事管理体制的改革，又要有经济体制、科技体制、教育体制以及社会保障制度等各方面的改革相配套；既要重视物力

---

①②③　王通讯. 人才成长的八大规律［J］. 决策与信息，2006（5）：53-54.

投资、科研设备一类硬环境的优化，又要重视学术氛围、社会风尚等软环境的优化等。英国有一个卡文迪许实验室，50年来，先后产生了12位诺贝尔奖获得者，成为世界科学史上少有的人才辈出的研究机构。究其原因，除良好的科研条件，就是在学术带头人选拔、学术交流、人才评价上很有特色，终于营造出有利于产生和聚集优秀人才的良好环境。根据综合效应规律，在人才建设中，一定要树立大环境观，从多个方面狠抓落实。只抓一点，不及其余，难有大的成效。①

（二）创新人才的心智模型

创新人才具有专门领域知识心智、内在动机心智、多元文化经验心智、问题发现心智、专门领域判断标准心智，以及说服传播心智。这六种心智在创新人才成长过程中有一定的阶段性和动态性。其中，知识和经验心智是基础，标准判断、问题发现和内在动机心智是动力，而说服传播心智则是创新产品由个体扩展到群体的保障。正是经由这样的动态机制，创新人才最终能够在某一领域做出创新性的成果。②

第一，专门领域知识心智。专门领域的知识积累在一定范围内，是与创造力成正相关的。创造力需要坚实的知识基础。在科学领域，以30位来自物理、化学、数学、地学和生命科学领域的具有创造性成就的中国科学家（多为两院院士）为研究对象，结果发现，科学创造者所具有的问题导向的知识架构是做出高创造性成就的重要基础。这种知识架构不仅包括陈述性知识，还包括程序性知识（包括研究技能与策略在内），是一种集理论知识与实践知识于一体、问题导向的知识，同时为了解决问题，还需要研究者不断更新自己的知识体系。具体而言，这些高创造性科学家的基本素质与专业功底包括数学基础、物理概念、文字基础（包括中文和外文），还有专业知识（包括理论基础知识、基本概念、原理学习和操作方法等）。

有研究还发现，发散思维随着儿童年龄的发展而整体呈现逐渐下降的趋势。个体知识的增加并不必然意味着创造力的提升。各个领域创造力的涌现都是个体通过对本领域已有知识系统的灵活加工而得到的。因此，有效的、可能带来创新的专门领域知识心智应该是兼具本领域知识复杂性和灵活性的心智。这样的心智使个体充分内化领域的知识系统和知识传统，同时又敏感地发现已有知识的缝隙，经由内在动机的指引、发现问题，从而做出创造性

---

① 王通讯. 人才成长的八大规律［J］. 决策与信息，2006（5）：53–54.

② 衣新发. 创新人才的六种心智［G］//胡卫平. 中国创造力研究进展报告. 太原：山西师范大学出版总社，2016：107–121.

的发现。①

第二，内在动机心智。内在动机指的是个体对工作和活动本身感兴趣，因为喜欢该项工作而工作，而不是为了奖品、赞赏、金钱、名声、逃避惩罚等外在因素而工作。内在动机表现在心理状态上是酣畅，表现在人格上是毅力，表现在行为上则是勇于尝试。从研究伟大的创造性人物的发现来看，不论这些人物之间从事的领域多么不同，却都有一个明显的共同特征：他们往往从事着自己喜爱的工作，全心全意地投入其中，甚至达到废寝忘食、近乎上瘾的程度；有研究者对在数学和科学方面表现出高创造力的儿童进行研究，结果发现，这些儿童的内部动机要显著地高于同龄的一般儿童。

相对于内在动机对创造力的促进效果，学术界对于外在动机的效果是有争议的。外在动机因素分为两类：一类是具有控制性的因素，例如，考试的排名、物质奖励等。此类因素会干扰当事人的注意力并损伤内在动机。另一类是具有信息性的因素，例如，建设性的意见和及时的任务效果反馈。此类因素提供信息反馈给当事人，不伤害内在动机，并且在内在动机很高的情况下对创新人才的帮助更大。此外，奖励作为一种外部动机，在对个体新异表现做出奖励时会提高个体的内部动机和创造力，而对个体常规行为的奖励则会降低内部动机及创造力。对于高创造性的个体而言，对名誉的强烈追求和对工作深入的内在兴趣是可以共存的。研究发现，有88.24%的科学创造者认为内在兴趣对他们的创造性工作非常重要。同时，具有远景驱动效应的外在动机，如明确的社会经济形式的奖赏，对于科学创造者同样重要。②

第三，问题发现心智。一般而言，相关领域的共同体是通过创新性的成果去认定创新人才价值的，这种认定带有"结果导向"和"事后追加"的意味。然而，在做出这种成果之前，个体首先要能提出一个新颖而有价值的问题、发现前人在解决问题时所遗留的缝隙。杰出的创造者几乎敏于寻找问题、创造问题或发现知识的鸿沟与矛盾。所谓"从无疑处有疑"，从看似闭合和应然的知识体系中发现缝隙，就指的是问题发现心智。这种能够在他人所忽视的地方发现或阐述问题的倾向性，被心理学家称为"发现导向"。其实，问题的形成经常比问题的解决更根本，问题的解决可能只是涉及研究方法或实验技能，但提出新问题、新可能性，或从新视角来看待旧问题，则需要创造性的想象，而且标示科学的真正进步。

缺乏问题发现能力则很难有创造性的成就。这是因为从思维过程来说，创造性需要某种形式的跳跃。这种跳跃就是问题发现的关键所在，而问题发

---

①② 衣新发. 创新人才的六种心智 [G] //胡卫平. 中国创造力研究进展报告. 太原：山西师范大学出版总社，2016：107 - 121.

现能力发展受阻的人则缺乏这种必要的思维跳跃，致使创新过程遭遇瓶颈。问题发现还需要对原问题进行重新界定和重构，在此过程后，个体往往能立刻（而不是逐渐地）顿悟出问题的创新性解决方法，而问题发现能力受阻的个体很难实现问题重构，并较少体验到顿悟。有研究发现，儿童在成长的过程中，如果收看过多的电视节目和动画片，会严重阻碍他们的创造性发展。这是因为电视节目和动画片呈现太多的细节，画面和构图想得面面俱到，且不同画面之间过渡很快，缺乏儿童展开想象和问题发现所必需的内容及时间空隙，从而使他们大大减少自主构建对相关素材解释的机会。①

　　第四，领域标准判断心智。创造力心理学研究认为，"新颖性"与"价值性"是两个定义"创造力"的必要维度，两者缺一不可。因此，创造性产品可以说是"发散性思维"和"批判性思维"交互作用的结果，其中，"批判性思维"是根据某些领域内的原则与判断标准所进行的评价性思维活动。对所在领域的知识长期学习和系统掌握之后，个体会见识不同水平的知识状态，从而构建起对该领域从业人员素质和作品表现高低的判断标准。当然，任何的知识系统都内设这样的判断标准，这是各个领域的创新人才及其创新性成果长期博弈的结果。在量化的标准上，这些标准会体现为论文或研究报告的引用率，理论或实验进入教材中的比例，某种标准是否成为国家或国际标准，某种模式的普遍应用程度等。

　　创造性成就有个别差异，原因之一是个体是否能将领域内的选择判断标准内化，或所内化的判断标准与本领域高级专家所使用的判断标准是否一致，这是他提出的创新人才在"选择性保留"阶段最重要的心理特质。个人生产的各种新颖产品，必须经过该领域群体的判断与选择，才可能变成所谓的"创造性产品"，并受社会文化所保留；反之，某项新颖的作品或成果，如果一直通不过该领域的选择，仍然不可能被视为创造性产品，自然会被淘汰。当然，个体所内化或建构的标准可能超越了所在的时代，标准经历了一个较长时间的判断与选择的过程。由此，领域内的判断标准是存在的，但又并非静止不变，会随时代的演进、时代精神的变迁和创新人才的突破性贡献而调整。创新人才在成长中首先应该掌握这套领域内的判断标准，然后做出自己的独特贡献，这种贡献有可能是打破现有的标准，也有可能是在既定的标准内完成的，总之，领域判断标准心智是奠定个体创新性的基本格局。②

　　第五，说服传播心智。个体自己觉得新颖、有创意的东西是怎样被学术界或社会其他领域接受的呢？科学哲学家费耶阿本德（P. Feyerabend）曾以伽

---

　　①②　衣新发. 创新人才的六种心智［G］//胡卫平. 中国创造力研究进展报告. 太原：山西师范大学出版总社，2016：107 – 121.

利略为例，强调"说服人的技巧"的必要性。正是伽利略所具备的传播和说服能力非常高超，使其理论得到广泛和迅速的传播。由此可见，当创新性的成果产生之后，"说服人的技巧"高明，说服的工作取得成功，其成果就更容易为人所接受。例如，爱因斯坦的说服力则表现在逻辑清晰、推理严密、语言简洁的论文当中，无论从数量还是质量衡量，他都是说服和传播的高手。一位有创造性的优秀人才，也应该是一位卓越的沟通者，能够以某种有效途径把自己的创新型想法或产品传播出去，影响并感染受众。说服传播心智使创新力变为影响力。

创造力是创造者和受众交互作用的产物，承载创造力的产品并不仅仅依赖于其自身的品质，还依赖于它对其他人产生的影响。创造者如果缺乏传播自己产品的心智，就无法说服评判者接受自己的创造力，也就无法实现这种必要的交互作用。个体的产品无法进入社会文化系统，所谓的创新势必会遭到流失的命运。在本体论和认识论上，创造力与说服力是无法分割的，这两者相辅相成。如果创造者不能让世人承认他有一个创造性的想法，世人怎么能知道他是否真的有呢？说服传播心智表现为相关的沟通表达技术，这种沟通表达技术不单是言语层面，也包括了非言语层面的技术。艺术表达能力与科学创造力有一定的关系，艺术和表达能力欠缺，就很难表达出其创造性的想法。①

第六，多元文化经验心智。在全球化程度日益加深的今天，人们越来越看重多元文化经验对于不同文化之间沟通、理解和建立信任的重要作用，也越发意识到多元文化经验心智对丰富创新人才心理空间有着特殊影响。这一背景反映多元文化与创造力关系的心理学等领域实证研究的最新进展。

广泛的多元文化经验与创造性的表现（顿悟学习、远距离联想与观念产生）及支撑创造力的认知过程紧密相关。多元文化经验与有助于创造力的支撑性过程（如非常规观点的产生能力）呈积极相关，同时，这种经验还与对外国文化的接受能力密切相关。

双语者在创造力方面的优势，可能基于下列几方面的原因：第一，某种特定语言作为文化整体中的一部分可能限制人们创造性地表达一个问题的方式，而双语者能够用一种更加灵活的方式（至少有两种语言的视角）去感知世界，双语者对同一概念或问题情景有可能产生更多的联想，其所可能提出的解决方案更多，也就包含了更多创新的可能性。第二，相对于单语者，双语者对模糊性的容忍性会更强，容忍模糊性这种习惯是一种比较重要的创造

---

① 衣新发. 创新人才的六种心智 ［G］//胡卫平. 中国创造力研究进展报告. 太原：山西师范大学出版总社，2016：107－121.

性人格特征，而双语者更能包容出现相互矛盾或界定不清的探索过程。第三，由于语言不通，单语者很难参加以其他语言和文化为载体的群体活动，一般单语者的活动本质上会集中在一种文化群体内，他们的生活条件和活动范围决定了可供其创意表达材料的来源相对单一。①

（三）创新人才的心理结构

创造性人才＝创造性思维（智力因素）＋创造性人格（非智力因素），这就是创造性人才的心理结构，也是创造性人才成才的内因。

在创造性思维或创造性智力因素方面。要创造或创新，就离不开创造性的智力活动，即创造性思维，创造性思维在人类创造性活动中发挥着重要的作用。被誉为美国"创造性之父"的吉尔福特过多地强调创造性思维就是发散思维，且创造性心理学研究者较多地采取心理测量学取向研究发散思维，似乎创造性思维等同于发散思维。实际上，创造性思维的形式十分丰富，发散思维仅仅是其中的一个组成部分，还有诸如辐合思维、类比思维、创造性想象、言语创造、顿悟或灵感、直觉、酝酿效应等。

一是新颖独特有意义的思维活动。创造性的首要特点是创新性，"新颖"是指"前所未有"；"独特"是指"与众不同"；"有意义"是指"对社会或个人的价值"。

二是思维加想象，即通过想象，加以构思，才能解别人未解决的问题。创造性想象的水平高低，取决于表象基础、形象言语的水平和意识倾向特征。在教学实验中要丰富学生有关的表象，教师善于运用生动的、带有情感的语言来描述学生所要想象的事物的形象，要培养学生正确的、符合现实的想象，要指导学生阅读文艺作品和科幻作品，以此来培养学生的创造性想象。

三是在智力创造性或创造性思维的过程中，新形象和新架设的产生带有突发性，常被称为"顿悟"或上升为"灵感"。灵感是长期思考和巨大劳动的结果，是人的全部高度积极的精神力量。灵感跟创造动机和对思维方法的不断寻觅联系着，"原型"启发就是最好的说明。灵感状态的特征，表现为人的注意力完全集中在创造的对象上，所以在灵感状态下，创造性思维的工作效率极高。小学生没有灵感；在中学阶段，灵感也只是一个萌芽，还很不明显；18岁以后，灵感获得较迅速的发展，所以要十分重视中小学生有意注意的培养。

四是分析思维和直觉思维的统一。分析思维就是按部就班的逻辑思维；而直觉思维则是直接领悟的思维。人在进行思维时，存在着两种不同的方

---

① 衣新发．创新人才的六种心智［G］//胡卫平．中国创造力研究进展报告．太原：山西师范大学出版总社，2016：107－121．

式：一是分析思维，即遵循严密的逻辑规律，逐步推导，最后获得符合逻辑的正确答案或做出合理的结论；二是具有快速性、直接性和跳跃性思维（看不出推导过程）的直觉思维。从表面看，直觉思维过程没有思维"间接性""语言化"或"内化"的表现，是高度集中地"同化"或"知识迁移"和概括化的结果。难怪直觉思维被爱因斯坦视为创造性思维的基础。所以，在教学中对学生直觉思维，要保护，要引导，尤其是初中二年级以后，逐步引导学生学会"知其然，又知其所以然"。分析思维和直觉思维是处于相互补充、彼此统一的状态，按概念—判断—推理—证明逻辑规律的分析思维，被人概括化和内化形成直觉思维的基础，而直觉思维的出现，促进人类对问题无意而简便、突破性地获得解决，两者统一就促进创造性思维的产生和发展。

五是智力创造性是辐合思维和发散性思维的统一。辐合思维与发散性思维是相辅相成、辩证统一的，它们是智力活动中求同与求异的两种形式，前者强调主体找到对问题的"正确答案"，强调智力活动中记忆的作用；后者则被吉尔福特团队界定为有流畅性、灵活性和独特性的创造性思维，它强调主体去主动寻找问题的"一解"之外的答案，强调智力活动的灵活和知识迁移。前者是后者的基础，后者是前者的发展。在一个完整的智力活动中，离开了过去的知识经验，即离开了辐合思维所获得的一个"正确答案"，就会使智力灵活失去了出发点；离开了发散思维，缺乏对学生灵活思路的训练和培养，就会使思维呆板，即使学会一定知识，也不能展开和具有创造性，进而影响知识的获得和辐合思维的发展。因此，在培养智力灵活性的时候，既要重视"一解"，又要重视"多解"，且能将两者结合起来，可以称它为合理而灵活的智力品质。

在创造性人格或创造性非智力因素方面。创造性人才更需要创造性人格（或个性）。所谓创造性人格，即创造性的非智力因素。美国心理学家韦克斯勒曾收集了众多诺贝尔奖获得者青少年时代的智商资料，结果发现，这些获得者大多数不是高智商，而是中等或中上等智商，但他们的非智力因素与一般人有很大差别。

经研究，吉尔福特（1967）提出八条关于较优秀的创造性人格品质：一是有高度的自觉性和独立性；二是有旺盛的求知欲；三是有强烈的好奇心，对事物的运动动机有深究的动机；四是知识面广，善于观察；五是工作中讲求条理性、准确性、严格性；六是有丰富的想象力，敏锐的直觉，喜好抽象思维，对智力活动与游戏有广泛的兴趣；七是富有幽默感，表现出卓越的文艺天赋；八是意志品质出众，能排除外界干扰，长时间地专注于某个感兴趣的问题。

经过多年研究，林崇德将创造性人才的非智力因素或创造性人格概括为五方面的特点及其表现：一是健康的情感，包括情感的程度、性质及其理智感；二是坚强的意志，即意志的目的性、坚持性（毅力）、果断性和自制力；三是积极的个性意识倾向，特别是兴趣、动机和理想；四是刚毅的性格，特别是性格的态度特征，例如勤奋，以及动力特征；五是良好的习惯。与此同时，强调不论是基础教育阶段，还是在大学时期，应把创造性的非智力因素或人格因素渗透到日常教育教学中，并着重从兴趣、志向、毅力、质疑精神、信心和社会责任感入手作为培养学生创造性人格的突破点。[①]

（四）创新人才的成长进程

创造才能的发展是一个连续的过程，具有阶段性，每一阶段都涉及情感与认知的发展，经历一些重要的生活事件，不同的发展阶段会有一个或几个重要的他人在发展中起到重要作用。创造者最终的创造成就是以前各个阶段发展的最终体现，但是每个发展阶段都有特定的发展重点，涉及各种关系，其中关系的性质对发展的作用极其重要，每一阶段链条的断裂或发展不完善都会使创造人才成长中止。通过对我国科学创造人才资料的分析，将科学创造人才的发展大致分为自我探索期、才华展露与专业定向期、集中训练期、创造期和创造后期五个基本阶段。

第一，自我探索期。这一阶段以当事人从事各种各样探索性活动为出现标志，以确定自己的兴趣点以及在某一方面有突出表现为这个阶段的结束标志，年龄大约为从出生到小学毕业。这一阶段对科学创造人才成长起作用的人，主要是父母与小学教师，起作用的方式是创造宽松的探索环境，创造条件让他们接受好的教育，使当事人能够从事自己喜欢的活动，在从事活动的过程中发现自己可以在哪里获得成功的乐趣。同时，也包括帮助他们养成良好的学习习惯，引导或鼓励探索，激发好奇心，特别是以极其简单、朴素的语言奠定人生价值观的基础，那就是"做一个有用的人"。这一时期的自我探索，是以游戏的形式出现的，学习也是游戏。表面上是探索外部世界，其实是一个探索自己的内心世界、自我发现的历程。成人提供的指导是个别的、非正式的和娱乐性的，早期努力往往伴随着热情与鼓舞。这一阶段的探索不一定与日后从事学术创造性工作有直接关系，但是却为后来的创造提供重要的心理准备，是个体主动性形成的重要阶段。

第二，才华展露与专业定向期。在这一阶段，经过前一时期的广泛探索，被训练者逐渐地将兴趣集中于探索某一方面。之所以将研究的兴趣集中于某一方面，是由于他发现这方面的学习能给他带来更多的快乐，这与他学习的

---

① 林崇德. 拔尖创新人才成长规律与培养模式研究 [M]. 北京：经济科学出版社，2018：22 – 24.

进展速度有关。如果学习进展较快，就是一个极大的内部奖赏。有时内部兴趣也与偶然发生的事件有关，比如，被训练者做的某件事得到了意外的奖赏，使得他发现自己有这方面的才华，而这种才能他人不具备，这种才华使他与众不同，并且反应是积极的，给他带来正向的强化。愉悦的情感与对自己优势才能的发现共同促使当事人确立自己的主攻方向。

第三，集中训练期。经过上一阶段，被训练者发现自己特别喜欢某一学科，或者在某一方面展露出特别的才华，以至于他们决定将这一领域作为自己终生奋斗的方向以后，他们就投入到集中学习与训练的阶段。在老师的激励下，他们大多勤学苦练，加上个人的聪颖，学习进展很快。学业上的进展反过来也激发了他们进一步学习与探究的兴趣，职业兴趣和专业方向更加坚定，特别是到了硕士研究生或博士研究生阶段，他们大多数考入著名的大学，拜专业领域里顶尖的学者为师。有的已经参与到导师的研究工作中，有的已经开始了自己喜欢的课题研究。这期间的主要收获体现在两方面：一是获得了扎实的专业基础知识，掌握了基本的研究技能，通过与导师的合作研究或做导师的研究助手，了解了进行科学研究的一般策略，开始进行一些有意义的研究工作；二是通过学习和研究工作，更加坚定了专业方向，热爱自己的研究工作，研究工作中的一些进展使得他们相信自己可以做得比较好，以至于最终能够实现自己的人生价值。

第四，创造期。这一阶段以发表一系列高质量的研究论文或研究成果为标志，最后做出了具有代表性的创造性研究成果。在前一阶段的基础上，被训练者形成了对本学科研究的整体把握，形成了对自己所在学科的品位、学术理想和学术追求。这一阶段如果研究者来到一个适宜的学术环境中，在著名导师或研究者的指导与影响下，创造性的研究成果就会出现。在创造性的成就中，确立正确的研究方向很重要，有些人的研究方向是导师确定的，但是具体的研究课题、研究思路都是由自己在研究过程中根据学科发展和自己的特长确定的。

第五，创造后期。这一时期研究者的工作精力大不如前，但是对科学研究有丰富的经验，有人经过短暂的调整之后，还可以继续做出创造性的成果，但是大多数人把主要精力投入到培养学生上，或将自己的研究成果转换成实际的产品，从事研究成果的产品开发工作。[①]

（五）国外创新人才培养经验

我国教育进入世界教育领域，开展国际合作与交流，是时代的要求，是客观发展的规律要求。在当今时代，要提高教学水平，要进入世界先进行列，

---

① 林崇德. 拔尖创新人才成长规律与培养模式研究 [M]. 北京：经济科学出版社，2018：42－45.

不放眼世界是行不通的。因此，科技人才培养要有世界眼光，要积极面向世界。

第一，美国创新人才培养。美国注重创新教育，各级各类学校在加强基础知识和基本理论教学的同时，高度重视学生创新能力的培养。在基础教育中，美国的中小学除了将创新能力的培养贯穿在整个教学活动之中，使所有学生都有机会提高其创新能力，还设立专门的天才班级和天才学校。

中小学教育在创新人才培养方面的具体做法和特点是：①教学内容丰富，重视培养学生的实际动手能力；②学校与社区密切联系，强调学生的社会责任感；③师生平等交流，鼓励学生的参与意识；④课堂教学活动除了教师教，还有同学互教、小组讨论或团队协作等形式；⑤教师通常作为协调人和协作人的角色出现在课堂；⑥学生不仅是为了教师，而且是为了教师以外的现实社会而完成作业；⑦课内外活动丰富多彩，为激发学生开发和发挥其想象力和创造力提供机会；⑧强调理解并掌握新知识，坚持重温所学内容；⑨不定期测试与评估。实行定期或不定期测试与评估。

第二，英国创新人才培养。英国是创造力研究的发源地，20世纪80年代以来，英国实施了国家课程，强调学生创新精神和实践能力的培养，特别是科学领域创造力的培养。英国在《学校课程框架》中提出了发展创新思维、了解世界群体和个人、养成正确道德观念等教育目标要求。具体来说，创新人才具有这几方面素质：①创新意识，包括追求创新，推崇创新，乐于创新等。②创新思维，包括创造性想象，积极的求异思维；直觉思维、敏锐的观察力，敏捷而持久的记忆力、良好思维品质等。③创新技能，包括获取、处理信息的技能，动手操作、与他人合作，善于捕捉灵感技能等。

英国教育部担负创新人才早期培养的主要责任，并且特别重视加强小学、中学和大学之间的联系，指定牛津布鲁克斯大学"高能儿童研究中心"为中小学校的超常人才计划协调人进行培训。同时，鼓励地方企业、公司资助超常学生，为超常生的长期培养奠定基础。

第三，澳大利亚创新人才培养。在澳大利亚英才教育过程中，教师对每个学生都有充分的了解，学校专门存放这些学生的档案包，记录着对其学习兴趣、认知风格的详细分析。教育重点是教会学生用辩证的眼光、批判的思维来学习和思考，教师经常采用诸如辩论的方式，培养学生独立学习、合作学习和研究性学习的能力。

澳大利亚鉴别创新人才的标准，可以归纳成几方面：全面的综合智能、特殊的学术能力、创造性思维能力、领导能力、艺术表现能力、体育运动能力等。具体鉴别的方法是，先由学生主动申请，通过教师评估、水平测试、IQ测试后，综合三方面判断这个学生的学习潜能——学习和思考的能力。当学生被认定为天才学生后，学校将与学生及家长签订一份特别教育协议，明确规定发展要求、预期成就以及所需时间等。

澳大利亚各地教育部门都在研究英才教育，众多高校纷纷建立了英才教育研究中心。1997 年，新南威尔士大学成立的英才教育研究、咨询和信息中心成为南半球的第一个英才教育研究中心，先后有 60 多名教师拿到了英才教育硕士学位，600 多名来自澳大利亚以及新西兰、中国香港等地的教师在此完成了关于英才教育课程的学习。

第四，日本创新人才培养。日本人提出教育要成为"打开能够发挥每个人的创造力大门的钥匙"，"教育要适应新时代技术和提高学生的人格品位，发展学生的想象力、谋划能力和创造性智力以及为创造而进取的不屈不挠的意志力"，使受教育者成为"面向世界的日本人"。日本心理学教授宫城音弥认为创新素质应包括四方面：活力（精力、魄力、冲动性、行为性）；扩力（发展力、思考力和探索力）；结力（组合信息能力、灵感、感知能力、联想力、构成力）以及个性。创新首先要通过活力即身心的精力，使扩力发挥作用，扩力扩散出来的东西又依靠结力而结合。个性能调控活力、扩力和结力。

坚持个性化是促进创新的必不可少的条件。可以这样说，没有个性化就不会有创新。日本第三次教育改革为了实现培养创新人才的教育目标，把实行个性化作为基本价值指向和最重要的原则，并贯彻于整个教育教学过程中。坚持个性化原则，首先要实行教学民主化，师生之间必须建立真诚、平等、共融的密切关系；其次要尊重学生的人格，提倡学生在共同前提下的独特性；再次，废除给予性学习，实行自主的解决问题学习，实行知识、技能与培养创造力三位一体的教育；最后，必须使教育环境"人性化"，创造有利于个性发展的环境。

第五，法国创新人才培养。法国的教育改革高度重视培养儿童的创造性或创造力，强调帮助儿童树立正确的观念，认识到学生是学习活动的主体和主人，使其充分得到自由发展；启发学生的求知欲望，培养学生的学习兴趣，尊重学生的人格；通过创新构思、造型艺术、素描、绘画等各种实验活动，培养学生的创造力。在教学时间上，分成创造时间、吸收时间、对话时间、探索时间、自学时间等。

第六，新加坡创新人才培养。《新加坡教育法》（1993）明确规定：使学生具备活跃的和具有探索精神的思维方法，使他们能够理性地思考和提出问题，讨论问题和争论问题并具备解决问题的能力。新加坡发表的《理想的教育成果》提出了新加坡 21 世纪的教育目标，规定了应达到的八大成果：人格发展、自我管理技巧、社交与合作技巧、读写与计算技巧、沟通技巧、资讯技能、知识应用技巧、思维技巧与创意。

新加坡实施创新教育的主要手段：①营造创新环境。鼓励教师培养学生的创新思维、创新能力，地铁站、街道口等人来人往的地方都悬挂大幅标语，宣传创意，鼓励创新。②推行课程改革。为了培养学生的创造性，新加坡教育部自1987年起，开始试行"思考"课程。1997年，新加坡教育部将思维技能、资讯科技与国民教育规定为各个学科中必须融入与落实的"三大教育创导"。③课堂教学改革。创新教育要求创造自由、安全、和谐和无拘无束的情景与气氛。新加坡教育部要求教师在课堂上少讲一点，把更多的时间交给学生。新加坡的"少教多学"取得了良好的效果。④改革评估办法。教育评估重点包括对学校、教师、学生的评价，特别是国家对人才的甄别制度的改革是创新教育能够顺利实施的关键。⑤搭建展示平台。各中小学纷纷搭建了不同级别、不同形式的平台来展示学生的创新才能。新加坡各校在发展学生的创新意识上都制定了相关的计划，开辟了专门的场地，设置了专门的创新校本教材，安排了专门的教师来引导学生发挥创意。⑥加强教师培训。为了发展教师的创意，新加坡政府主要采用了三种方法：一是扩大教师的资讯信息；二是有计划、有目的地把教师送到企业、银行、工厂等部门工作、学习，开阔眼界，了解企业的创新制度、方案、技术等；三是分层次培训教师的创意思维和创意教学法。[①]

二、遵循科技发展规律

当今世界，创新是第一动力，是民族进步之魂。创新，指以现有的思维模式提出有别于常规或常人思路的见解为导向，利用现有的知识和物质，在特定的环境中，本着理想化需要或为满足社会需求，去改进或创造新的事物、方法、元素、路径、环境，并能获得一定有益效果的行为。科技创新，是经济社会的第一驱动力，是决定一个国家、一个民族竞争力的标配。科技创新的根本任务是探究和发现客观物质世界的基本规律，科技创新的发展本身也有其内在规律，青少年科技活动设计必须遵循科技创新发展的基本规律。

（一）创新竞争律

科技创新的竞争格局难以在短期内打破。科技创新的发生在时间上是非线性的、脉冲式的。科技创新的优势地位一旦确立，会通过循环累计因果效应得到强化，从而使得科技创新的国家竞争格局成为一种超稳态结构。

从科技发展史来看，科技创新的重大成果在时间序列上不呈现平均分布态势，而是经过一段时间的积累后，以革命的形式在一个短促的时间点脉冲式爆发。科技革命带动产业革命，极大提升了所在国的经济发展水平，进而

---

① 林崇德. 拔尖创新人才成长规律与培养模式研究 [M]. 北京：经济科学出版社，2018：6-9.

为新一轮科技创新奠定坚实的物质基础，这种循环累计因果效应会持续强化科技革命发生国的优势地位。当今世界重要科技强国如美国、德国、英国、法国、北欧国家等都曾是科技革命发生的核心区域。特别是始于1920年的美国科技繁荣，在100年后的今天依然保有优势。这说明国家间科技创新的竞争格局难以在短时间内打破。

中华人民共和国成立后，我国虽然取得以"两弹一星"为代表的国防重要科技成果，但是我国科技创新真正的高强度投入、全面发展阶段从20世纪末、21世纪初开始，到今天也就21年左右时间。这是造成我国科技发展水平特别是关键核心技术创新能力落后于国际先进水平的根本原因。起步晚、基础薄、积累短是中国科技创新发展的底色。我国要在21世纪中叶建成世界科技强国，就一定要牢牢抓住当前正在兴起的新一轮科技革命。

抢抓新一轮科技革命要坚持有所为有所不为，聚焦具有相对比较优势的领域。虽然我国的科技投入总量已经位列世界第二位，但是仍然不足以支撑我国在各个领域全面出击，一揽子解决所有关键核心技术问题。我们依然需要坚持有所为有所不为的原则，大幅减少跟随性、重复性研究，将资源集中在具有比较优势的前沿开创性领域。加强前瞻性基础研究，补齐原始创新能力弱、原创理论少的短板，努力以基础研究带动应用技术群体突破。

（二）重点突破律

从历史来看，每一次科学革命都是围绕宇宙演化、物质结构、生命起源、意识本质等客观世界重大科学问题展开。如果说前几次科技革命主要集中在人类对外在物质世界规律的认识和对物质世界的改造，那么新一轮科技革命将集中表现为人类对自身认识的深化和对生命个体的改造。从这个意义来看，生命科学与技术、智能科学与技术将是新一轮系统性关键技术最可能集中产生的领域。目前我国在这些领域已经占有一席之地，并且具备市场、数据的优势。我们要找准方向、扭住不放，从国家层面超前谋划布局，善于把市场优势转化为创新优势，不断提高对全球创新资源的配置力，勇于创造引领世界潮流的科技成果，掌握未来技术竞争新赛场的规则制定权和主导权。

（三）创新通吃律

科技创新是世界发展的决定变量，创新通吃指在当今世界，一旦全面或某一领域拥有科技创新优势之后，再有其他的国家、地区或企业想要进入这个领域就会变得困难，因为先行者已经先入为主了。形成赢者通吃这种局面，还有一个原因就是这种领域存在"锁定效应"，因为他们拥有绝对的话语权，那么其科技产品就成为同类产品的标准，并且用户已经形成了习惯，很难改变现有状态。例如，专利池是一种由专利权人组成的专利许可交易平台，平台上专利权人之间进行横向许可，有时也以统一许可条件向第三方开放，进行横向和纵向许可，许可费率是由专利权人决定的。为了保护本国利益，争夺国际市场，一些发达国家除了设置技术壁垒，还以自己所拥有的科技创新先发优势，以专利池为武器对中国企业发起了标准和专利战，已经对我国一些产业造成了严重危害。要成为世界强国，必须首先建设世界科技强国，成为世界主要科学中心和创新高地。

（四）创新英才律

在大科学时代，领域的突破和发展仍然高度依赖极少数顶尖的精英科学家，以及精英科学家背后的高效团队和最先进的技术设备。在大科学时代，科技创新成为一种专门的职业，科研人员的数量呈现指数式增长。但是，英国学者德里克·普赖斯认为，处在科学家金字塔最顶端的、贡献该领域绝大部分成果的精英科学家群体在一个领域最多不超过 100 人。2017 年，汤森路透统计的"高被引科学家"（所属领域该年度他引频次在前 1% 的论文进行排名统计后得出）我国入选数量达到 249 人，占总入选人数的 7%，位列世界第三位。同样，在 H-index 指数中，我国越来越多的科学家进入领域前 1000 名，但是进入领域前 100 名的科学家还非常稀少。这说明我国在引领领域发展方向、改变领域发展格局的最前沿科学地带研究能力依然薄弱。

高级人才和顶尖人才队伍建设要从培养和引进两方面努力。人才培养关键在于现代教育体系的构建。我们要把优势资源集中在新兴学科领域，通过科技融合让青年学生在创新最活跃的领域中学习，把握好个人创新的黄金时段。人才引进要完善团队引进政策，加大"领军人才＋团队"引进力度。支持领军人才自主联系、自行组建创新团队。从政策制度、资源配置等方面支持科研团队建立完整工作链条，建立分工明确的科研组织模式。[①]

具有创新性的人，应具备四个基本特点：一是拥有创新的意识。这是创新的前提。二是拥有智慧的力量。智慧是感悟、领会、联想等能力的综合，是创新的内在推动力，而拥有智慧的人才是创新时代的主人。三是高尚的精神境界。在创新过程中，为社会的发展奉献自身的智慧和才干，为人类文明和社会进步创造财富，并在这一过程中实现自身的社会价值、经济价值和人格价值。四是较高的知识素养。科技工作者的知识素养是持续不断创新的基础，知识素养主要是通过科技工作者的思维能力、研究视野及对自然界的认知能力等方面表现出来的。

三、遵循科学学习规律

人们对科学学习的改革已经做出了很多努力，但弊端或问题依然很多。科

---

① 钟少颖. 从创新规律看当前中国科技创新的政策取向 ［N］. 学习时报，2018 - 09 - 19（6）.

技的本质是创新，科学学习是形成创新人格、创新思维、创新能力，其本质是一种深度学习。5E 教学法是美国科学课堂的主流教学方法，包括参与（engagement）、探究（exploration）、解释（explanation）、详细说明（elaboration）、评价（evaluation）5 个学习阶段。[①] "5E"教学法与深度学习的理念有着异曲同工之妙，给予科学教育实践以启发和借鉴，是能够提供解决科学学习中诸多问题的途径和办法，是使科学学习的改革创新走向深入的必需，是开展青少年科学活动的重要遵循。

（一）科学的参与式学习

激发学生参与和探究兴趣，是"5E"模式的起始环节，类似于教学导入或者暖场铺垫。目的在于激发学生对学习任务产生兴趣，驱动学生主动进行学习和探究，并提出所要学习的关键知识，与已有的知识和经验发生联系，为探究做好准备。

教师的主要任务是创设问题情景来激发学生的学习兴趣。这里的问题情景要坚持三个联系：与学生的现实生活联系起来，与课程内容和教学任务联系起来，与原有的知识和概念联系起来。情景中的问题能够吸引学生，引起认知冲突，从而激发学生主动探究和认知思维，主动建构知识的兴趣。这样的问题通常是基于现实世界的问题、复杂的问题或者开放型的问题。

学生的任务是专注倾听，并对新知提出问题，指出自己感兴趣的地方，并通过对于教师问题的回应和对自己问题的确证找到自己的理解切入点。[②]

（二）科学的探究式学习

深入持续开展探究，是"5E"模式的中心环节，知识的获得、技能技巧的掌握都在本阶段完成。在探究的过程中，学生是主体，教师的作用是引导和帮助。此环节的主要目的是使学生开展真实和有效的探究，经历和学习关键概念，习得新的技能，并获得研究、探寻和提问的体验，还在反馈和检查中掌握知识内在的关系，获得理解性的发展。实验研究、场景研究、动手操作是此环节中经常出现的教学任务。[③]

教师的角色是学生学习的促进者和观察者，教师要能够倾听学生的声音，分析学生的行为，并及时提出针对性的问题反馈、跟踪和调适，确保学生能够有效、正确地开展探究。教师要为学生提供思考和反馈的时间，促进学生思考和学习并真实、高质量地完成任务。教师还要设计和鼓励学生开展合作式学习。学生只有不断把自己的经验与他人的经验相互印证，观点才能不断丰富，判断才能延伸，思维才能逐渐清晰。

---

①② 郑钢. "5E"课堂教学：促进学生深度学习［第一教育公众号］. 2020 – 08 – 01.

③ 郑钢. 如何避免浅层学习？"5E"教学法让课堂教学走向深度［思维智汇］. 2020 – 08 – 04.

在此环节中，学生要针对特定的内容进行探究活动，他们要观察和分析现象、建立事物之间的联系、概括规律、识别变量，这是引入新概念或术语的重要前提。他们首先要成为一个好的倾听者，能够分享彼此的观点，而不是贸然地评判。

学生要像科学家一样，记录活动过程和数据，并不时归纳总结。学生还要测验预言和假设，并在学习过程中不断形成新的预言和假设。一旦活动出现偏差，要调整修改，提出替代方案。由于学生进行了具体的探究活动，学生的原有概念、技能、方法等逐渐被暴露出来，为之后的学习创造了便利的条件。①

（三）科学的理解式学习

检验是否真正理解所学内容，是"5E"模式的关键环节，主要目的是进一步帮助学生在新的学习场景下理解关键知识和概念，巩固新旧知识和概念间的联系、理解，进一步将学习的知识转化为学生个体内化的经验和认知。这是使新概念、过程或方法明确化和可理解化的过程。此环节通常体现在小组内个体交流发言和小组代表交流汇报中。

教师要提供充分的机会让学生描述和解释他们观察到的东西，并解释为什么会这样。要知其然，还要知其所以然。在此之前，教师通过各种指导，向学生解释如何对观察到的现象进行科学解释。教师要引导学生在解释时将这些科学解释与学生从参与的探索活动中获得的证据联系起来，并且还要与学生已经形成的解释联系起来，形成充分的证据链和逻辑关系。教师还要引导学生用科学术语来解释说明探究过程和结果，从而促使学生深刻理解科学概念。

解释是促进或者检验学生理解的重要方式。解释是恰如其分地运用理论和图示，有见地、合理地说明事件、行为和观点。换句话说，学生能够解释事物是如何运作的，它们反映了什么，在什么地方相互联系，为什么会发生。也就是说在教学时要求学生对一些问题给出自己的理解和解释，基于问题去学习。

无论是组内交流还是小组汇报，学生能够学习到他人思想中正确且精华的部分并内化到自己的思维中，尽可能地尝试根据自己的理解表达原理或概念；运用探究过程和结果，解释问题现象，分析结果原因；对探究的问题做出结论。教师能够从解释中了解学生对于概念和知识的掌握程度，并帮助解决问题，引导学生不断深入和正确理解概念。②

---

①②　郑钢．"5E"课堂教学：促进学生深度学习［第一教育公众号］．2020 – 08 – 01．

（四）科学的延展式学习

学以致用促进知识和概念转化，是"5E"模式的延伸环节，主要目的是促进学生将新学习的内容用在新的或相似场景中，发展学生对概念的理解和应用技巧，使学生扩充概念的基本内涵，并与其他已有概念建立某种联系，并能够用标准和正确的科学术语交流解释新的情景或新的问题。

在建构概念的过程中，学生的观察、实验、操作、测量、记录等技能得到了训练，学生的推理、预测、分析、解释、应用的能力得到了提升，这些都是传统的、讲授式的教学模式中无法实现的培养目标。

在这个环节中，教师要创设和提供新的知识和概念应用场景，引导学生在知识理解和技能使用的基础上，能够运用知识、技能解决新的问题，获取和应用新概念和新技能，并与其他的知识、技能之间建立联系，构建知识网络。

学生能够充分利用先前学习到的知识和概念，在新的、近似的情景下运用、解释和解决问题。学生能够提出解决方案、做出决定、设计实验，并从证据中总结出合理的结论，并解决问题，从而在新的环境和新的问题情景中去实践、验证、应用和巩固。这是一个新概念不断获得深入理解、精致、内化和应用的过程。

（五）科学的反馈式学习

多元评价真实反馈学生学习，是"5E"模式的总结环节或者说是学习某个科学主题后的结束环节。主要采用多种评价方式，如教师评价、学生自评、小组互评等。从性质上来说有过程性评价和终结性评价。过程性评价旨在发现学生是否掌握所学的知识和概念，具有诊断性和增值性的功能。终结性评价旨在评价学生是否达到教学目标的要求，它所覆盖的范围是综合性的。因此评价的内容不局限于考试或测评结果，应该更加重视探究的过程、学生的参与程度。

这一环节中，教师需要观察学生如何应用新的概念和方法来解决问题，并提出开放性的问题评估学生对新概念和方法的理解以及应用情况。教师还要通过提问、小组讨论、记录学生的动手操作能力、实验结果、展示报告和纸笔评价等形式，收集学生已经改变了的思维和行为的证据对学生进行综合评价。教师还要鼓励学生对自己的学习进行自我评估。教师应该根据学习内容和方法设计量规评价标准，从而更加客观、全面和真实地反映学生的学习情况。①

---

① 郑钢. "5E"课堂教学：促进学生深度学习［第一教育公众号］. 2020 - 08 - 01.

第二节　青少年科技活动设计要领

青少年科技活动设计，将青少年对其活动的期望、需要、动机，以及活动的形式、内容、行动等变为可行、可企、经济、有效，并赋予价值和意义。青少年科技活动设计，是一项具有创造性、挑战性的工作。

一、活动基本理论及实践

青少年科技活动是一个系统工程，为学而动，是非正规情景下的科学学习活动，既遵循科学教育规律，也遵循活动理论的基本规定。遵循活动理论，对青少年科技活动而言，活动即行与知的过程中行为的总和，是青少年对客观事物认知与知识、技能发展的总和。

（一）活动的基本理论

活动理论起源于康德与黑格尔的古典哲学，成熟于苏联心理学家列昂捷夫与鲁利亚。活动理论关注的是实践过程而非知识本身，是人们在发展过程中使用工具的本质、不同的环境作用、社会关系、活动目的与意义，最终达到对主体或客体进行改变的结果。我国活动理论的研究，可追溯至 20 世纪二三十年代陶行知的"生活教育"实验和陈鹤琴的"活教育"实验。经过长期探索，我国不少中小学在活动育人方面积累了很多经验。20 世纪 90 年代初，国家教委正式将活动课程纳入九年义务教育课程计划，活动及其认识发展得到应有的重视，活动理论的研究和时间逐渐形成高潮。青少年科技活动也遵循活动理论的基本规定。

（二）活动的基本要素

活动理论认为，活动系统包含有三个核心成分（主体、客体和共同体）和三个次要成分（工具、规则和劳动分工）。次要成分又构成核心成分之间的联系。

一是活动的主体。在青少年科技活动中，主体即为学生，是青少年科技活动设计的执行者。活动理论中对主体的分析也就是学习者分析，应调查学习者具有的认知水平、情感、技能水平等特征。对学习者分析有利于教学设计中给出合理的教学目标，组织更有效的科技活动等，是后继工作的保障。

二是活动的客体。青少年科技活动中，客体即活动目标，或学习目的，是主体通过一定的活动受到影响改变的东西。客体的分析与设计方向根据主体的情况因人而异，同时又要达到一定的要求，所以客体既具有主观性，又具有客观性。青少年科技活动中的目标分析与准确定位，也是活动顺利有效进行的前提。

三是共同体/群体。在青少年科技活动中，共同体指除学习者自身外其他共同学习者，如教师及其他工作人员等。这里的共同体是指与学习者共同完成学习过程的参与者。共同体在整个过程中起重要作用，有时为引导，有时为参与，在活动过程中，共同体不断影响主体，为主体提供所需的资源或资助，所以活动有时属于个体，有时属于共同体。

四是活动的工具。活动工具在青少年科技活动中可以理解为活动环境，包含活动过程中使用的硬件与软件。活动理论认为，活动是离不开工具的，学习也一样。笔墨纸砚是古代学习的必备工具，而现代的教材、计算机等是学习需要的硬件。和谐的同学关系、愉悦的心情、良好的网络等都是软件工具。良好的活动环境设计可以使学习事半功倍。

五是活动的规则。规则是用来协调主体与客体的，是青少年科技活动过程中的一种制约、约定。例如，大多数情况下，学生要听从老师的安排，科技课上老师与学生互动时，二者必须保持某种关系，参加角色扮演时，参与者必须遵守对角色的安排等。

六是劳动的分工。在青少年科技活动过程中，不同的成员在活动过程中都要完成不同的任务。科技教师是引领者，青少年为学习者，活动技术保障人员做辅助人员。完成青少年科技活动过程是需要不同成员完成不同任务，以使活动可以正常进行下去，在青少年科技活动中，有些角色某些时候会发生变化，但每个人都要完成自己应该完成的任务，否则活动将不能良性地进行下去。

（三）活动的基本要领

青少年科技活动与其他活动一样，需要遵循包括以目标为导向、具有层级结构、内化和外化结合、具有工具中介和发展 5 个要领。

一是目标导向。以目标为导向是指青少年科技活动是指向目标的，无论采用什么样的活动形式，什么样的活动过程，他的目标是一定的。列昂捷夫认为活动反映的是学习主体的需要，当学习者满足了学习需要，目标也就达到了。在教学活动中，目标可以改变形式，但不能改变其性质，也就是教学目标在教学过程中应该是确定的。

二是层级结构。列昂捷夫认为，活动存在三个等级：活动、行动和操作。操作是在活动中的动作单位，具有较小的目标性，是比较低级的活动层次。行动则是在一系列操作下的活动单元，行动完成一个比操作更大的目标，更靠近一个活动。活动是最高层次的结构，活动的目标是固定的，行动用以完成活动。青少年科技活动的形式是多种多样的，对应的行动也是更加复杂的，但目标相对于时间、地点与学习者是不变的。

三是内化外化结合。内化和外化是指青少年科技活动对人影响的两方面。内化是将活动中的知识、技能、理论等内化到人的头脑之中，是学习者对外在世界认识的改变。外化则是因内化而改变学习者行为，改变学习者行为方式的表现。在活动理论中，活动由内化转向外化，由外化再影响内化的一个过程。外化与内化相互影响，相互作用。

四是工具中介。青少年科技活动需要工具中介的介入，有基于人类文化的，如符号、语言等，也有物理的活动工具，如机器、自然环境等。这些工具是活动的基础。对于网络学习，网络教学平台也成为活动学习的基础工具。

五是创新发展。发展是青少年科技活动的基本要求，是对青少年学习科技的基本意义。在青少年科技活动中，关键的一点是内在和外在的融合统一，内在是青少年科技活动灵魂所在，而其外在的表现形式，是其活动形式设计的表现，新时代青少年科技活动已走向个性化、终身化方向延伸，让活动的灵魂与网络的形式结合起来必将为青少年科技活动带来一阵清新春风。[①]

二、青少年科技活动的设计原则

青少年科技活动设计是创造性劳动，要求活动设计者付出相当的心血。要求活动设计者根据青少年科技活动的实际需求，遵循科技教育、青少年成长、科技活动等客观规律的原生规则，确定活动内容和形式、明确活动目标等。因此，只有遵循以下青少年科技活动设计的原生原则，才能依据自身的努力，通过提出问题、分析问题和解决问题等相关设计过程，顺利完成青少年科技活动设计任务。

（一）科学性原则

在青少年科技活动设计特别是最终形成的青少年科技活动设计方案中，要自始至终体现科学性原则。这就是说，设计者要结合公众中不同群体的社会角色、受教育程度、心理和生理特点，选择设计恰当的青少年科技活动内容和形式，向他们传播反映客观真理的科学知识，要帮助他们掌握最优化的技能和科学方法，要引导他们树立有益于社会发展的科学价值观，以争取得到最佳育人效果。

第一，选题内容的科学性。就青少年科技活动设计者而言，为参与活动的目标群体选择合适活动内容，亦是其首要任务之一。而要完成这一任务，设计者必须搞清楚什么是科学，这样才能保证选择的活动内容不脱离科学的范畴。

人们对科学的认识是随着时代发展而不断深化的。如果从静态角度看，

---

① 活动理论. 百度百科. https://baike.so.com/doc/2934251 – 3096113.html.

可以说科学是一种知识，但这并不意味着任何一种知识都是科学。科学是关于客观世界各个领域事物现象的本质、特征及运动规律的知识体系。它是建立在人类社会实践活动的基础上并已经通过了实践检验和严密逻辑论证的知识。如果从动态角度看，科学又是一种社会活动，它是以事实为依据，以发现规律为目的的社会活动。这种活动是通过各种手段去感知客观事物，在大量感性经验基础上，再运用理性思维去把握事物本质。

对青少年科技活动设计者来说，加强自身学习，依靠科学家和技术专家队伍支持，是为目标群体选择合适活动内容的有效途径。这是因为，随着科学技术的不断发展，需要及时向公众传播哪些科学知识、技能、方法和观念，这是时代赋予科学家和技术专家的任务。

第二，科学内容的适宜性。如果从整体看，科学包括自然科学、数学、社会科学、思维科学、技术和工程学等，我们在这里所指的科学，正是上述广义的科学。实际上，即使科学教育，传播和普及主要是涉及自然科学的认知活动，社会科学与人文学科的作用也是不可忽视的。这是因为，科学教育、传播和普及的任务就是在作为方法的科学与作为人类生活和行动目的的价值观之间建立平衡。正如拉伯雷所说，没有良知的科学只会是灵魂的废墟。毫无疑问，承担青少年科技活动设计的各级科学教育、传播与普及工作者自身必须对科学有一个较为全面理解，这是正确诠释科学以及通过青少年科技活动这一载体引导目标群体理解科学的必要条件。选择活动内容还要符合公众的受教育程度、年龄特征和兴趣爱好。由于不同年龄段的公众心理状态和知识水平不同，他们对科学活动内容的兴趣也不会相同。即使是选择相同科学内容，针对不同年龄段的公众，安排上也要有目标、层次和要求上的区别。

第三，活动方式应用的适宜性。青少年科技活动的方式，主要包括展示类、宣讲类、体验类、竞赛类、培训类和大型综合类6种基本方式。当然，每种基本方式中，又可以细分为诸多具体活动方式。例如，在宣讲这类青少年科技活动中，就可以细分为讲座式、授课式、沙龙式、表演式（戏曲、小品、歌曲等）等。因此，在青少年科技活动设计时，设计者应依据活动对象特征、活动内容要求、实施条件与可行性，以及最终实现的目标等各方面因素，科学、合理地选择并有效地运用活动方式。

活动方式的适宜性，主要体现在运用方式的效果上。这是因为，青少年科技活动的目标，主要是使广大公众感受科技进步所带来的实际成果，以及全面提升他们的科学素质。而科学、合理、高效地选择和运用适当活动方式，是实现上述目标的捷径。例如，在社区开展青少年科技安全活动，是采用宣讲类活动方式效果好，还是采用培训类活动方式效果好，或是采用其他类型活动方式效果好？在北京市朝阳区小关街道的社区安全馆工作过的经验告诉我们，开展安全青少年科技活动，以体验类活动方式效果最好。①

（二）教育性原则

科技活动的教育性原则，就是要充分利用科技活动的特点和优势，坚持对青少年进行教育，使他们在德、智、体等方面生动活泼、主动地发展，为提高全民素质，培育社会主义现代化建设的各类人才奠定基础。教育性，首先要对科技活动在德育、智育、体育、美育和劳动教育方面的功能有所设计，在组织科技活动时充分发挥科技活动的教育功能。此外，还要对受教育者的现状有所了解，教师只有了解了学生，才能实施有效的教育，科技活动尤其如此。因为科技活动的首要任务是使学生活动起来，教师如若不能打开学生心灵的大门，不会激发学生的兴趣，是无法诱导学生活动的。②

（三）兴趣性原则

兴趣是积极探究某项事物或从事某项活动的意识倾向，是人的个性带有趋向性的特点。它是构成青少年学习积极性的最重要的心理因素，是推动人们认知活动的内部机制。爱因斯坦说："兴趣是最好的老师。"在科技活动中贯彻兴趣性原则，既要从兴趣入手，吸引青少年到活动中，又要在科技活动中有效地提高他们的兴趣，培养青少年形成良好科学志向。

科技活动由于摆脱了追求分数的约束，解除了大纲的限制，把学生的手和脑从教室中解放出来，学生凭自己的兴趣选择科目，这样就创造了学生心理可自由发展的环境。在这种环境里，学生的智能会得到良好的发展。苏霍姆林斯基说过，"没有符合学生兴趣的课外活动，就培养不出全面发展的人才"。正因为如此，义务教育教学计划中，科技活动是兴趣活动的一部分，兴趣性是科技活动的一条原则。对各地爱好者和科技人才的追踪调查发现，已有成就的人才大多经历了这样的发展过程，即由好奇和兴趣参加某些活动，逐渐在活动中产生了学科兴趣，开始热爱这门学科（或技术），主动钻研这门学科，进一步对这门学科的发展前景产生兴趣，对未解之谜或科技设想产生追求，于是形成学科志趣，这种志趣又和祖国及人类相联系，便形成了科学志向、科学理想。

小学低年级和幼儿的科学启蒙活动，主要是生动，要从儿童情趣出发，诱导儿童广泛地接触大自然，接触科学技术。低幼阶段的科技活动重在启蒙，让儿童在游戏式的活动中，扩大眼界，激发好奇，鼓励他们观察、提问、探

① 任福君，张志敏，翟立原. 科普活动概论［M］. 北京：中国科学技术出版社，2013：35－48.
② 陈树杰，郭治. 青少年科技活动的特点、原则和要求［EB/OL］. (2018－02－12)［2020－12－30］. https://www.jinchutou.com/p－32716979.html.

索、幻想。小学中年级是培养科技兴趣的最佳年龄段，对 144 名小发明、小论文获奖者的调查表明，26% 的人是从小学中年级产生兴趣的；对初中生科技活动的心理调查表明，初中阶段是由兴趣转向志趣的重要阶段，他们参加科技活动不再单纯是为了好玩，更多的回答是"为了开阔视野（71%）""为了培养自己的多种能力（69%）"。对北京市 171 名小发明小论文获奖者的调查表明，有 54% 的学生在初中阶段已经形成了对某门学科或技术的志趣。对北京市 914 名科技爱好者的调查表明，在高中阶段的学科爱好者往往形成学科志向，如生物"小协会"的成员有 43% 考入了大学生物科系。在科技活动中尤其注重激发学生的科技兴趣，引导他们形成科学志趣和科学志向，这就是科技活动的兴趣性原则。①

（四）个性化原则

从心理学的观点看，"个性"和"人格"是两个具有同样含义的概念。良好的品质是促进能力发展的重要条件。现代教育的价值观认为，教育就是充实青少年的个性，使其获得健全和谐的发展。科技活动要实行个性原则，目的也全在于此。

自愿性的特点为在科技活动中实行个性原则创造了先决条件，然而要把原则化为现实，只有青少年都积极主动地投入活动的时候才有可能。这就要尊重他们，把她们真正当成活动的主体，坚定不移地把活动主动权交给他们。要鼓励青少年自主、自治的意识，强化自我管理的措施，充分调动他们的主动性和积极性。

鼓励学生自主、自治、自理，绝不是放任自流。科技活动中教师的主导作用，就是牢牢地把握活动的方向，不断地提出新的课题和奋斗目标，激发青少年的主动性和积极性，并鼓励他们进行组织工作。

贯彻个性原则，要使青少年兴趣、志向、能力、性格等方面的差异性都能充分地发挥和健康发展，就必须因材施教，即使在同一科技活动小组内，除共同的选题和相同的活动方法，还要针对青少年不同的特点，分别提出不同的标准和要求，鼓励他们根据自身的情况选择主攻方向，提倡发表不同见解，激励创新精神，千方百计地引导青少年生动、活泼地主动得到发展。②

（五）创新性原则

所谓创新性原则，就是在科技活动中，始终把提高青少年的创造能力放在重要地位。科技活动的灵活性和探索性，为贯彻这一原则提供了条件，然而要实施这一原则，还必须付出艰苦的努力。

---

①② 陈树杰，郭治.青少年科技活动的特点、原则和要求 [EB/OL].(2018-02-12)[2020-12-30].https://www.jinchutou.com/p-32716979.html.

　　任何人都有创造的禀赋，问题在于发现天赋并促其发展。在科技活动中培养青少年的创造性，尤其要注意引导学生自己发现问题、提出问题、解决问题，通过独立思考获取知识，发现规律。要使每一个青少年懂得自我的价值，培养他们勇敢地提出自己的想法和看法，要使每一个青少年具有创造成就的勇气和信心，并给予他们创造的机会和条件，应当鼓励青少年大胆地想象和新颖的设计，并把它引导到符合科学原理的轨道，应当鼓励青少年去探索、选择、发现新的途径。①

三、青少年科技活动模式迭代

　　随着时代的变迁和教育的发展以及理论研究的深入，青少年科技活动在不断地发生着变化。在我国，科技活动的发展大体可分为三个阶段，即"以课外、校外活动为主，培养有创造能力的科技后备人才为目的"的阶段；"进入学校课程，课内外、校内外相结合，以培养学生科学素养为目的"的阶段；"作为科技教育的一部分、成为学生学习科学的一种方式"的阶段。② 这种发展的迭代，推动青少年科技活动不断发展。

（一）课外型科技活动

　　即以课外、校外活动为主，培养有创造能力的科技后备人才。以课外、校外活动为主，培养有创造能力的科技后备人才。青少年科技活动最早是由中国科协在"1979 年全国青少年科技作品展览"后正式提出的。当时对青少年科技活动的认识是："青少年科技活动是整个青少年教育事业（包括学校教育、社会教育和家庭教育）和科学教育事业的组成部分，是培养科技后备人才的重要途径。""青少年科技活动是在课外、校外向中小学生进行科技教育的活动，是传播科技信息的一条重要渠道，是培养有理想，有创造精神、创造能力的科技后备人才的一种手段。"

　　在这一时期，科技活动主要以课外、校外为主，学校的兴趣小组、校外的少年宫、少年之家、青少年科技活动中心、青少年科技辅导站等，是青少年科技活动的主要组织者。科技活动的内容，主要包括传统的三模一电的制作、作物栽培、动物饲养、组织培养、遗传育种、地震测报、气象观察、摄影、收音机装配等项目。

　　科技活动的基本形式，有群众性活动、小组活动、个人活动三种。群众性活动，除了包括科技表演会、游艺活动、节假日活动、科学月、团队活动、

---

　　① 陈树杰，郭治. 青少年科技活动的特点、原则和要求［EB/OL］.（2018 – 02 – 12）［2020 – 12 – 30］. https://www.jinchutou.com/p – 32716979. html.

　　② 张才龙. 高中科技活动方案设计指南 ［M］. 上海：上海科技教育出版社，2003：1 – 11.

夏令营活动、科技题材的报告会、演讲会、讨论会、故事会、讲座、班会等，还包括各种学科竞赛、智力竞赛、科技活动单项竞赛，以及小制作、小发明、小论文的评比等。小组活动的形式，主要有学科小组、科技小组、科研小组、校内外的爱好者协会、学会等。学科小组的活动主要以理科课程的拓展为主；科技小组的活动内容比较丰富，包括三模一电的设计制作、计算机编程、摄影、泥塑、编织、金属加工、五金修理、气象观察、养殖、种植等方面。个人活动是青少年独自在校外开展的科技活动，包括小发明、小设计、小制作、小实验、小饲养、小种植、小编织、小采集和小咨询等。

在这一时期，科技活动的目标与 20 世纪 60 年代国际科学教育培养科学家的目标基本一致，主要是面向全体学生和部分有专长的学生相结合，以培养科技的后备人才。其中，群众性活动是面向全体学生的，而少数有科技专长的学生则利用校外教育阵地进行。[①]

（二）融合型科技活动

融合型科技活动是指进入学校课程，课内外、校内外相结合，培养学生科学素养的活动。20 世纪 80 年代我国进行的课程改革，将信息技术、劳动技术等内容纳入学校的正规课程中，使原来的一些科技活动内容，如动植物标本制作、模型制作、种植、养殖等成为学校课程的内容，或被列为学校选修课的内容。虽然科技活动被学校课程所吸纳，但从教学形态上看，科技活动那种以兴趣为主、任务明确、小组合作的活动方式，在课堂教学中并未起到主导作用。大家关心的是，当科技活动与课程出现交叉时，校外科技活动的主要任务和形式是什么，20 世纪 80 年代在农村科技活动中引人注目的是"小星火"计划，定位依然是课外科技活动。它与国家实施的"星火计划""燎原计划"相呼应，鼓励学生结合农业生产和农村经济发展的需要，开展科学研究和科学试验；引进、推广农业新技术、新品种；开展技术培训，进行乡土自然资源调查和土壤分析；开展技术咨询和技术服务，普及推广种植、养殖、植物保护、病虫害防治、农产品加工、农机维修等实用技术。很多地方编制了乡土教材作为正规课程的补充。

1992 年，国家教委颁布的《九年义务教育全日制小学、初级中学课程计划（试行）》，把活动课程与学科课程并列为学校的课程形态之一。科技活动被纳入学校活动课程之列。这意味着科技活动从面向少数学生兴趣的培养、特长的培养和科技后备人才的培养转向面向全体学生的科学素养的培养。科技活动在这一时期有了很大的发展。

科技活动成为学校课程之后，向着有计划、有目标的方向发展。科技活

---

① 张才龙. 高中科技活动方案设计指南［M］. 上海：上海科技教育出版社，2003：1-11.

动的形式非常多，内容也很丰富，但到某一所学校具体实施时，往往会受到师资及其他资源的限制。特别是当科技活动仅作为兴趣小组活动或选修课存在时，科技活动对教师特长的依赖非常大。如果某所学校有一位擅长模型制作的教师，那么该校的科技活动会以模型制作为特色。当科技活动被纳入学校课程之后，科技活动的开展仍受到以下三方面的影响。

一是社会活动影响。社会各部门举办的大型科技活动，例如：青少年科技创新大赛（青少年发明创造活动和科学论文撰写活动），生物和环境科学实践活动（生物百项），国际奥林匹克学科竞赛，海模、车模、建模、航模比赛等。这些竞赛活动通过校外热衷于科技活动的部门组织学校学生参加，由于这些活动的形式和内容比较固定，一段时间以来，已形成一个组织、培养、参赛的网络，学校只需组织学生参加相对应的活动项目即可，正由于如此，这些项目成为很多学校科技活动的主要内容。

二是学校师资及其他资源的影响。科技活动的项目很多，学校到底开展哪些活动项目在很大程度上受到师资和资源的限制。因此，学校往往发挥自己的师资优势、设备场地优势开展具有自己的特色项目，比如航模制作、环境教育、发明创造等。

三是科技活动实验教材的影响。科技活动作为活动课程的重要内容，形成了不同类型的科技活动教材，这些教材的使用对于学校科技活动的发展起到了导向作用，它们将科技活动从兴趣性和随意性引向了以培养学生的科学素养为目标的、结构化序列化的课程。通过有目的、有计划的课程实施，保证学生科学素养的养成。

这一时期科技活动的主要特点是以培养学生的科学素养为目标，使科技活动成为学校正规课程的一部分。活动内容更加丰富，从传统的科技活动形式向综合性的科技教育拓展。重视科学、技术、社会的结合，引导学生关心科技的发展及与科技相关的社会问题。活动形式多样化，课内外相结合，属于普及、提高相结合的多层次教育活动。[①]

（三）发展型科技活动

发展型科技活动作为科技教育的一部分，成为学生学习科学的一种方式。随着新一轮课程改革的深入，人们对科技教育的认识也在发生变化。科技教育面向全体学生，以培养学生的科学素养为宗旨，学生主体性活动成为学习的重要方式。特别是新的学习理论认为，学习只有在真实的情景脉络中才是有意义的。1987年，雷斯尼克正是在分析了校外学习和校内学习的区别后，才提出校内学习存在着个体化、抽象性的问题，而校外学习的合作性、情景

---

① 张才龙. 高中科技活动方案设计指南 [M]. 上海：上海科技教育出版社，2003：1-11.

化、具体性的特点更有利于人的学习。对于学习的重新认识见之于建构主义的各种流派。总体来说,理想的、有意义的学习应该具有如下特征:一是学习者在界定意义中处于中心地位。二是学习是需要意志的、有意识的、积极的、自觉的、建构的实践,该实践包括互动的"意图—行动—反思"活动。三是要为学生创设一个情景化的、真实的情景脉络,使学生能够将他们完整的经验、学习任务和在学习中的身份回归到融合的状态。

正是基于这样的理论认识,对科技教育和科技活动有了重新认识。过去校外科技活动的很多做法,包括它的活动形式,正是新的学习理论所提倡的。因此,目前我们面临的问题是,如何使我们目前的学校科技教育向着为学生提供具有情景脉络的学习发展,使学生能够更加主动地在以任务为驱动、以问题为导向的活动中学习科学。在这种情形下,科技活动的特点如下。

一是科技活动是整个科技教育的重要形式,是学生学习科学的有效方式。科技教育以培养人的科学与技术素养为宗旨。科技教育需要课内外、校内外的结合,科技教育在学校中既以显性课程(科学、综合实践活动、研究性学习、地方课程、校本课程)存在,也以隐性课程(校园文化、各种科技节、竞赛、科技俱乐部、科协等)存在,无论在哪种课程形态中,科技活动都是重要的、有效的学习方式。

二是科技活动的内容和形式在课内外日益融合。原来的课外活动内容已成为学校课程内容的一部分,校外活动和竞赛成为课内活动的延伸和拓展。比如创新大赛、科学论文等过去是课外活动的内容和形式,成为研究性学习、科学课、综合实践活动的内容和形式。课程中强调探究、活动、体验、解决问题、创造。课外活动和竞赛在某种意义上成为课程学习的延伸和深化。因此,我们已经很难在内容和形式上把课内外划分得非常清楚了,它们仅仅是组织者和实施者的不同。而教育观念的变化使我们越来越认同大教育的观念,课程也在时间和空间上越来越开放,加之学生学习方式的变革,使得原来具有鲜明特色的课外校外科技活动不再特色鲜明了,而是与课程教学有了很多的融合。

三是科技活动的开展更加重视过程性和教育性。原有的科技活动特质(重视兴趣技能的培奇)正融入新的教学理念(重视过程、提供学习工具的支持)。科技活动作为科技教育的有效学习方式正在使科技教育发生着融合,即回归自然状态的教育与计划性、有序性、结构化的教育相结合,真正实现给学生提供既有真实的情景脉络,又有自主探究的学习空间,学生教师之间形成学习的共同体,注重学生的原有经验,为学生的学习提供必要的学习工具支持。①

四、青少年科技活动的策划

青少年科技活动的组织与策划是一项有目的、有计划、有步骤地组织策动青少年多人参与的社会协调活动。青少年科技活动都应有计划，大型青少年科技更不例外，还要求有严谨周密的计划。从程序上说，青少年科技活动策划的组织和实施，要完全按照以下四步工作法的要求执行。

（一）活动筹划

活动筹划就是把青少年科技活动作为一个项目确定下来，在立项阶段把活动要不要做，为什么做，一定要调研清楚。在青少年科技活动组织策划中，假如参与的工作人员不了解全局的策划意图，他们就不能为青少年科技活动策略实施提供建设性的帮助，因而需要对工作人员进行策划培训，只有知情才能出力。

（二）可行性调研

可行性调查就是青少年科技活动可行性的研究及调查，要考虑青少年科技活动策划调查有其特殊性，国家关于青少年科技活动方面的政策和法规、青少年关注的焦点、科技发展的热点、社会发展的热点、场地状况和时间的选择性等，都是调查的内容。可行性研究，是青少年科技活动组织策划中十分重要的工作步骤。研究范围包括青少年科技活动的适应性，包括其活动行学目标和青少年的适应性。人财物的条件适应性、效益的可行性，以及应急能力的适应研究性。例如，户外活动要考虑天气的情况，野外活动要考虑安全设施问题，这些都是可行性研究的范畴。

（三）主题创意

主题创意就是提炼青少年科技活动主题，进行其活动内容和形式的创意。除了个人创意，还要特别强调群体创意；要把一个人做一个青少年科技活动整体策划书，变成以一个小组做一个青少年科技活动整体策划书的方式。作为做一个青少年科技活动的现代策划，需要的是多个学科的综合和集体的智慧，而不是某个老师的杰作。

（四）方案论证

方案论证应该非常重视青少年科技活动方案的操作设计，避免一些单位组织的青少年科技活动，甚至专业机构承接的活动。因为这些创意虽然很好，但缺乏操作设计，以致实施中出现很多问题，违背初衷的问题。在主题创意以后，要进一步进行操作设计，操作设计必须包括准确细致的活动对象、内

---

① 张才龙. 高中科技活动方案设计指南［M］. 上海：上海科技教育出版社，2003：1-11.

容、形式、流程，以及财务预算等。青少年科技活动的方案不仅要有论证，而且是科学的论证。必要时，青少年科技活动要到上级管理部门或单位去履行审批手续，不要觉得办审批很烦琐，怕麻烦，在实际工作中证明非常必要。

五、活动方案编制要点

青少年科技活动方案，指为某一具体的青少年科技活动所制定的书面计划，包括行动的规则、步骤、过程、要素配置、评价管理等。活动方案是对未来的活动或者项目进行的策划，并展现给活动主题或活动管理者、参与组织的文本，是目标活动的计划书，是实现活动目标的行动指南。活动方案设计必须基于现有的知识，开发想象力，在可以获得资源的现实背景下，做最可能、最快达到目标的选择。活动方案设计，对每个步骤的详细分析越深入细致，对确定活动计划越有利，实施中越顺利圆满，实施成效越显著。

（一）背景与名称

青少年科技活动背景，包括活动基本简介、主要执行对象、近期状况、组织部门、活动开展原因、社会影响，以及相关目的。此外，还应说明活动的环境特征，如主要考虑政治、经济、社会，以及国内外、当地科技经济社会、青少年科技教育等环境的内在优势、弱点、机会及威胁等因素，对其做好全面的分析（SWOT 分析），选择涉及活动相应的重点背景问题进行分析，对过去现在与活动相关的情况进行详细的描述和论证，对未来的情况进行预测和预期，得出相应的对活动开展的有利与不利、可行与不可行的判断。

了解一项青少年科技活动，通常从活动名称开始。活动名称简单明了、好理解，便于活动营销和向社会大众宣传介绍，也利于提高活动的影响力。青少年科技活动名称的设计，必须让所有涉及活动的人，通过活动名称就能知道活动的意义价值、活动内涵与外延、对象主体、内容范畴、形式特点等。例如，从"2019 年全国青少年科技创新大赛"的名称，就可以清楚地了解到该活动"2019 年举办""全国的活动""活动主体是青少年""活动范畴是科技创新""活动特点是比赛"等。

（二）主题与目标

青少年科技活动主题，是其活动所要学习的内容。活动主题的不同，这恰恰造就了丰富多彩的青少年科技活动。任何一项青少年科技活动，都应该有一个科学而鲜明的主题。活动主题要与活动内容、形式等密切结合，与青少年年龄相适应，主题可大可小。确定一个好的活动主题，可以增加青少年对科技活动的关注，提升青少年的主动参与热情；同时，明细其活动方向，确定活动的核心内容，延展活动的效应。活动主题的设计，是青少年科技活动设计者的首要任务。

青少年科技活动的目的与意义，应用简洁明了的语言将其要点表述清楚。在陈述目的时，核心围绕拟开展的本项青少年科技活动的具体情况，实事求是凝练其活动要领、所能达到的实际目的或目标。活动目标要具体化，不能太抽象，更不能无限拔高，并需要满足重要性、可行性、时效性等。

（三）组织与参与

青少年科技活动组织者是指动议、首倡、鼓动、发起、实施、执行有青少年科技活动目的的行为组织机构或个人。青少年科技活动组织者是青少年科技活动的动机激发、活动维持的执行主体和行为主体。青少年科技活动组织者应具备组织青少年科技活动行为的能力和条件，如公信力、号召协调能力、组织资源（人力资源、科技资源、经费支持等）、谋划与实施能力等。青少年科技活动组织者的主要职责是把与青少年科技活动相关的参与者、信息资源、环境支持等要素进行合理的配置、建立有效的互动关系、设置互动的活动情景，同时保障其活动的效能和效率。

青少年科技活动主体，也称其活动对象，是活动的特定参与者，这个特定对象就是青少年。青少年在其科技活动的主体地位，决定其活动的一切均要考虑青少年的感受，均要考虑具体参与活动青少年群体的动机和活动效果。不同年龄段、不同主题、不同区域、不同场所、不同形式等的青少年科技活动，其特定参与者的群体特征、个性特点等都会不同。这就要求在青少年科技活动设计时，必须充分考虑本项活动的青少年共性特征，在活动内容、活动形式上最大化地符合他们的需求。

（四）时间与地点

青少年科技活动作为以课外校外为主的活动，其举办时间，必须以青少年群体的学生身份，以及学校教育的时间安排为前提，不得与学校课堂教学、学校教学活动的时间发生冲突，一般采取时间错位的方式进行安排设计。由此，青少年科技活动的举办时间，一般安排在青少年的放假、周末、放学等时段。

青少年科技活动，被称为科技教育的第二课堂，作为课外校外为主的活动，不同于课堂教学，其举办地点，主要根据活动目标，因地制宜选择。根据具体一项科技活动的内容需要，可安排在本校内、社区、农村、企业、科技馆、科普教育基地、高校、科研院所、青少年活动中心、青少年宫、儿童活动中心、自然保护区、旅游景点等各种适宜的场所。

（五）内容与形式

青少年科技活动内容，是指其活动所包含的具有实质内涵和意义，是构成其活动一切的一切。广义的青少年科技活动内容，包括其活动的时间因素、地点因素、空间因素、科技元素、活动共同体、活动过程等，都是活动的内容。狭义的青少年科技活动内容，主要是指其活动中的科技元素，包括传授的科技知识、科技方法、科学思想、科学精神等。青少年科技活动的内容至关重要，它是直接检验青少年科技活动成效、成败的试金石。

青少年科技活动形式，是在其活动中为实现活动目标，而采取的符合活动内容需要的表现方式。青少年科技活动可采用的具体形式多种多样，如科技展览、科普讲座、科技游艺、科技绘画、科普游园、科技模型、智能机器人、无线电、发明制作、课题研究、科学调查、科学营、科技考察、科技研学、科学报告、科学访谈、科学家见面会、科技竞赛、科学表演、头脑风暴等。只要符合青少年科技活动需要、青少年喜闻乐见的活动形式都可以选择。

（六）日程与步骤

青少年科技活动日程，是指对其活动中时间、地点、内容、各类参与者角色、规则等的编排和规定，是活动共同体的基本遵循和操守。青少年科技活动日程设计，一般以活动日程表或活动指南方式，呈现给所有与活动有关的人员。

青少年科技活动步骤，是指对其活动中进行的程序、顺序、次序等。少年科技活动步骤设计，依据国家规定、社会常理、活动规则等，一般以活动内容的重要程度、活动单元的逻辑关系、各类参与者的地位和角色等进行顺序的设计安排，核心是减少活动中的时间、角色、逻辑等冲突，保障活动的有序、顺利和高效。

（七）保障与收效

青少年科技活动的保障，是指其活动中，为活动正常开展所需要的物质资源支撑、人力资源支撑和场景氛围营造，以及为活动参与者所需要的安全防护等。在青少年科技活动保障设计时，必须充分考虑其活动管理与人员、设施设备与活动场景搭建、安全防护与保卫等方面的投入，将这种投入以货币和投入人力等形式表现出来，并提出解决货币投入和投入人力等可行方案。

青少年科技活动的收效，是指其活动结束后，其活动目标的实现情况、所取得的实际成效，以及活动共同体、活动支持者、社会各方等的评价。活动收效设计，是青少年科技活动设计不可或缺的重要内容，应针对活动目标的实际情况，设计出与活动目标匹配、可评价、可检测的评价方法和定量定性评价指标。

第三节　青少年科技活动场景设计

青少年科技活动有其自身的结构、功能和范式，同时作为开放系统，也受到所处社会环境的深刻影响。青少年科技活动涉及社会的诸多方面，其中青少年科技活动的组织者、参与者、交流内容、交流形式和交流情景等共同构成青少年科技活动的场景。

一、青少年科技活动场景设计策略

情景教育不仅奠定青少年科技活动坚实的理论基础，而且为青少年科技活动场景设计提供了具体的操作策略，是科学设计和优化青少年科技活动过程的主要依据。情景教育是运用认知活动与情感活动相结合的核心理念，优化的情景，开发情景课程，实施情景教学，激发青少年高效的科学情景学习，全面提高科学素质的教育范式。[①] 为此，青少年科技活动场景设计有解放性、融合性和体验性等基本策略。

（一）解放性策略

青少年科技活动作为非正规教育情景下的科学学习活动，就要把其活动的自由和创造性发挥到极致。创造力是人类通过长期进化而积淀下来的遗传信息，是人内在的本质力量。陶行知认为，只有实施"六大解放"，才能开启这种原始生命力。在青少年科技活动场景设计中，要基于当下教改要求和情景教育理论，赋予其新内涵：一是解放学生的大脑，突破思维定式，培养创造性思维；二是解放学生的双手，开展项目式学习，提升解决问题能力；三是解放学生的眼睛，摆脱"唯书""唯师"，倡导批判性思维；四是解放学生的嘴巴，巧用合作学习，促进沟通交流；五是解放学生的空间，拓展研学旅行，丰富探究体验；六是解放学生的时间，杜绝违规补课，发展兴趣特长。总之，解放的本质就是呵护和释放青少年的创造天性，使每个青少年都能自主成长。[②]

（二）融合性策略

青少年科技活动作为非正规教育情景下的科学学习活动，就要打破一切限制因素，把开放、开源的融合优势发挥到极致。在青少年科技活动场景设计中，一是学科间的融合，要将青少年的创造性活动与创造力培养有机融入青少年科技活动中，首先是在青少年科技活动中融入多门科学学科，形成融合的多模态；其次是在青少年科技活动中融入某门科学学科，形成融合的单模态；最后是在青少年科技活动中融入某门学科的某一模块，形成融合的块模态。[③] 二是课内外、校内外的有效融合，强化科技课外活动，要针对以往科技课外活动目标培养上的盲目性、活动内容上的随意性和活动管理上的散乱

①②③　胡卫平. 中国创造力研究进展报告（2017—2018）［M］. 西安：陕西师范大学出版总社，2019：84－85，88－90.

性，将课外、校外科技活动纳入科学课程体系，时间上充分保证，开好第二科学课堂。三是线上线下的开源融合，随着信息社会的到来，信息技术和青少年科技活动深度融合势在必行，要在日常的青少年科学学习活动中充分发挥信息技术赋能的作用，改变传统的青少年科技活动模式和学习方式，促进活动效率和科学学习效果的不断提高。

（三）体验性策略

创新是情景体验的本质，青少年科技活动作为非正规教育情景下的科学学习活动，就要充分发挥其体验性的独特优势。贯彻体验性策略，主要是在青少年科技活动中，通过情景的合理建构，让青少年体验科技及创新乐趣。作为教师，可以基于现实生活中存在的真实场景、真实事物或真实过程而优选真实情景，使青少年能够通过真实情景的探究体验，获得创造性的行为训练；也可以通过虚拟现实技术建构虚拟桌面情景、虚拟教室情景和虚拟实验室情景，使青少年在虚拟情景体验中展开创造性想象；还可以基于视觉艺术、听觉艺术和视听艺术而创设科学情景，以开放自由的科学体验来熏陶、激励和启发儿童的创造潜能。实践证明，将情景体验的真实性、虚拟性和科学性融会贯通，可为青少年创造力的发展提供源源不断的支持。[①]

二、青少年科技活动的方法

科技活动的核心是确定活动方法，包括一系列思维活动和实践活动的方法，即活动所采用的途径、手段、工具和方式的总和。生理学家巴甫洛夫说过："科学是随着研究方法所获得的成就前进的。"可见，方法是科学研究成功的必要条件。依据科技活动中所采用的科学方法，可将青少年科技活动分为观察、实验、调查、交流这四类活动。

（一）科技观察

观察法是指通过有目的、有选择地观察获取科学事实的自然信息的活动方法。科学的观察不仅仅是感觉和观看，而是有目的、有选择并能与思维相结合的观察。只有当观察的目的明确，选择的对象准确，才会使观察的注意力更加集中，使观察更加全面和典型。在观察中要注意从多方面、多层次、多角度来审视观察对象，不能以局部代替整体、以主观代替客观事实，同时还要注意抓住事物的本质特征，不能被表面现象所迷惑。对于生态考察、动物行为观察的活动常采用观察法。[②]

---

① 胡卫平. 中国创造力研究进展报告（2017—2018）［M］. 西安：陕西师范大学出版总社，2019：84－85，88－90.

② 汪忠. 青少年科技活动的三种方法［J］. 科学大众（中学版），2000（5）：24.

（二）科技实验

实验法是根据研究目的，利用一定的仪器设备，在人为控制、干预或模拟下，使某一事物或过程重复发生，从而获取科学知识和探索自然规律的活动方法。和观察法相比，实验法能够简化和纯化复杂的自然现象或自然过程，使事物的本质特征从众多非本质特征的背景中显现出来。实验法能使在自然条件下不易观察到的现象通过人为控制和引发反复再现，使事物的本质特征得到强化。所以，实验法成为人类科学研究的主要方法。①

（三）科技调查

调查法是指通过一定的途径，深入实际了解特定事物，以获得第一手资料，完成科技活动的方法。在实际运用中，调查法包括实地调查和文献调查两类。采用调查法也要讲究方法。例如，在进行农业科技、环境科技等活动时，由于自然现象复杂、人的精力有限等原因，不可能全部实地调查，常常采取从总体中抽取部分对象进行调查的"抽样法"。作为实地调查的补充，采用文献调查可以事半功倍地从历史上、发展上、全貌上更加深入地了解调查事物的本质，从而总结出一定的科学规律。在具体设计某项科技活动方案时，常常需要选用多种方法，但无论采用何种方法，都应广开思路，独辟蹊径，这是因为科技活动的核心是创造性。例如，遗传学之父孟德尔在研究豌豆相对性状的遗传规律时，摒弃了传统的生物科学研究方法，史无前例地采用数理统计的方法，在大量实验和观察的基础上总结出生物遗传的分离规律和自由组合规律，开创了现代遗传学科。再如，卓有成就的物理学家洛伦兹因为没有摆脱牛顿的"绝对时间"和"静止以太"的观念，始终徘徊在相对论的大门之外。而当爱因斯坦打破旧理论的束缚后，就取得了划时代的科学成就。可见，创新性在科技活动中极为重要。②

（四）科技交流

科学交流是指各个体、群体之间，借助于共同的口语、手势、文字等符号系统，进行科学体验、科技信息、科技知识等探讨和交流。科学交流是人类社会中提供、传递和获取科技知识，并形成有效迁移的重要途径之一。青少年科技活动中，通过科学交流方式，聚焦活动主题和内容，青少年通过与科学老师、科技辅导员，以及参加活动的青少年等之间的探讨、论证、研究、切磋、竞赛等活动，交流知识、经验、成果，切磋技术、技艺、技能等，共同分析讨论解决问题的办法，互相促进，学学相长。在青少年科技活动中，可以采用座谈、讨论、演讲、竞赛、辩论、测试、展示、实验、发表成果等各种方式进行。科学交流即信息交流，其最终目的是使科学信息、思想、观

①② 汪忠. 青少年科技活动的三种方法 [J]. 科学大众（中学版），2000（5）：24.

点得到沟通和交流。

三、青少年科技活动的形式

青少年科技活动形式丰富多彩，按照其活动的直观呈现方式，可分为以下 4 类。

（一）科技展示

展示类青少年科技活动，一般有比较明确的展示主题、相对固定的活动场地、比较固定的展品或者讲解者、受众广泛但不确定等特点。这类青少年科技活动通常在科技场馆、科普教育基地等举办或利用其他科技教育设施开展，可以面向青少年人群，也可以面向成年公众人群，可以有一个明确活动主题，也可以有系列活动主题。

展示类青少年科技活动的具体方式有：一是展板（挂图）展示。将精选出与青少年科技活动主题相关的各类图片、照片，加上适当文字说明，形成挂图或者展板，再配以声音解说、灯光配合等。二是实物展示。将最能反映青少年科技活动主题的实物（可以是实际产品、科研装置、发明成果等）在适当场所展出，加上一定的文字说明，再配以声音解说、多媒体配合等。三是实验演示。将反映青少年科技活动主题的科学实验在一定时间内和相对固定场所，由实验者真实演示实验过程，配上受众参与的互动环节以及声像等。四是影视作品展播。将反映青少年科技活动主题内容制作成影视作品或公益性科普广告，在相对固定场所定时展播，或在相对固定时段通过电视台播出。电视台、广播电台、互联网、广告牌等各类数字终端都可以成为科普影视作品展播平台。

（二）科普宣讲

宣讲类青少年科技活动一般会有比较明确的主题、相对固定的活动场地、比较明确的时间阶段和相对特定的青少年受众。举办地点可以是校园、科技场馆、科普教育基地等，也可以在机关、学校、企事业单位内。主题和内容可以与学校科学课程相结合，也可以围绕党和国家的科技政策、科技发展、重要科技事件和人物。可以应用各类科普图片、挂图、音像制品、动漫（画）作品等手段辅助内容的宣讲。

宣讲类青少年科技活动的具体形式包括：一是讲座式，包括科普讲座、科普报告和科普讲演等。二是授课式，主要表现为由科学家或专业科普人员在相对固定时间、固定地点，对青少年或公众或特定人群，讲解特定主题的相关知识等。三是沙龙式，在一定时间内，在相对固定地点，由科学家等科技人员与青少年或公众或媒体人员，就特定主题进行面对面讨论、交流等。四是表演式，由科学素质较高的艺术或科普工作人员，在一定的场所，就某一主题或一类主题，以科普剧、科学剧、科学相声、科学诗会等形式开展的科学艺术活动。

（三）科学体验

体验类青少年科技活动，一般会有比较明确的主题、相对固定的活动场地或网络平台、比较明确的时间段、比较固定的体验装置或形式，面向青少年人群或公众或特定人群开展。体验类青少年科技活动通常在科普场馆、科普教育基地等科普设施中开展。也可以利用网络平台在计算机上进行，通过体验过程，促进青少年获得科学体验、理解科学知识，提高科学素养。

体验类青少年科技活动的具体形式有：一是真实场景体验，在高等学校、科研院所实验室开放日或科学营举办期间参观实验室、到工厂生产车间、科普旅游场所、森林公园等地参观，甚至在科技人员指导下参与实验和制作活动，都属于通过真实场景获得体验的活动。二是模拟场景体验，包括利用各种模拟装置或实验装置，来体验科学实验过程等。三是虚拟场景体验，包括利用数字化网络平台来实现的科技体验活动等。

（四）科技竞赛

竞赛类青少年科技活动，是在一定时间阶段，结合某一主题或某一类主题，针对青少年或特定人群或公众开展的知识问答、学科竞赛、科技创新、操作技能、科学创意等的比赛活动。国内外对青少年科技竞赛活动都特别重视，科技竞赛活动的开展也非常广泛。

竞赛类青少年科技活动的具体形式：一是笔试型。围绕某个（类）主题、学科、领域等，组织青少年或公众或特定人群，通过笔试答题形式回答科技知识或科学方面的问题，并以笔试结果作为评定成绩的主要依据；二是操作型。围绕某个（类）主题，组织青少年或公众或者特定人群参与，让参与者通过实际操作、制作来完成特定工作；三是答辩型。围绕某一（类）主题，组织青少年或公众或特定人群，通过现场答辩形式、回答科技知识等方面问题；四是复合型。包括笔试型、操作型、答辩型等基本特征在内的综合性科技竞赛。竞赛类青少年科技活动虽然形式上重在检测参与者对科技知识、技能掌握程度，但青少年科技活动开展具有很强的带动作用。

（五）科技培训

培训类青少年科技活动，是为了让青少年或公众，了解特定科技知识和科学方法，掌握特定技能，在一定时间内和相对固定场所，开展有针对性的培训。培训类青少年科技活动最明显特点就是，青少年接受培训后，需要学到特定的科技知识和技能，并付诸实践环节。

培训类青少年科技活动的具体形式：一是讲授型。讲授型培训，是邀请专家就特定主题，以讲座与报告形式对青少年进行知识传播，特别是技能方面培训；二是研讨型。邀请专家与青少年面对面地研讨解决学习、生活中具体疑难问题的措施、方法和技巧，帮助青少年提高解决实际问题能力和水平；三是训练型。训练型活动，往往是青少年将学习到的科技知识付诸实践环节需要的活动。①

四、青少年科技活动的情景布设

青少年科技活动离不开学术信息的产生和传播，而任何信息的创造、交换和接受，都必然在一定的情景中，这种情景"一方面建立在交流的基础上，另一方面又引导了交流本身，并有助于确定交流的感觉与作用"②。因此，青少年科技活动情景伴随青少年科技活动的始终，并在很大程度上决定青少年科技活动的实质和效果。青少年科技活动情景是其交流中多种因素共同作用和影响的产物，主要包括交流所处的物理情景、心理情景和过程情景等。

（一）物理情景

青少年科技活动过程中，交流者所处的外部环境对交流者的心理效应是有影响的。例如，干净、整洁的环境会让人产生舒畅、恬静的情绪；而肮脏、混乱的环境会让人的心境变得厌烦和躁动不安。正如一些心理学家所指出的，外部环境能阻碍或促进受众对所宣传的立场、观点形成否定或肯定的态度，形成对个性有重大意义的定势或定向。因此，对青少年科技活动的表现形式、场面布置等物理环节应有严肃规范的要求，并合理地创造和使用有益的环境因素，营造有利于交流的物理情景，提高交流质量。

活动现场或物理情景是青少年科技活动的一种外在呈现，是指对青少年科技活动现场及其周边物理环境的设计、施工、安排。合适的青少年科技活动场景布置，会使参与主体身心愉悦，激发青少年科技活动的热情；不适宜的场景布置，会使参与者感到压抑、心情不舒畅，直接影响到青少年科技活动的气氛。无论是非正式的私人会晤，还是大型的青少年科技活动，适当大小的空间、整洁的环境都能加强参与者之间的心理认同，也是他们对青少年科技活动重要性和自身重视程度的一个标志，而杂乱无章的青少年科技活动环境会让交流者产生自我价值降低的感觉。学术会议涉及许多有关会场布置的环节，相对私人学术会晤，人为可控制的因素更多。

心理学研究发现，人与人的关系与人在空间位置上保持的距离有某种联系，因此学术会议的会场布置要考虑与会人员保持最佳角度和距离。例如，

---

① 任福君，张志敏，翟立原. 科普活动概论 [M]. 北京：中国科学技术出版社，2015：14 –23.
② 弗朗西斯科·卡塞蒂. 交流情景：电影与电视情景 [J]. 世界电影，2004（4）：32.

学术讨论、沙龙等小型会议通常采取围坐形式，以缩短与会人员之间的距离，形成和谐、轻松的学术氛围；大型学术会议挂横幅、设置演讲台、主席台、使用多媒体投影等，能有效渲染和突出会议主题。此外，光照的适宜、色调的运用、音响效果的控制、多媒体投影的制作质量等，都会对与会人员的青少年科技活动心理产生或消极或积极的影响。

（二）人文情景

青少年科技活动使参与者处于一种相互联系的环境。在人际接触和交往中，个体与个体之间、个体与群体之间、群体与群体之间存在着多方面、连续的相互影响和作用，并由此产生一系列的心理反应，直接影响到青少年科技活动的开展。因此，在青少年科技活动中，要注意创造参与者共同认同、互相需要的心理情景，营造交流顺畅的学术氛围。

第一，参与者认同的情景。心理认同以科技兴趣为基础、以创新为动力，无论是文本阅读，还是人际交往，在认同基础上的交流，信息传递能够更充分、更深入。职业的青少年科技活动通常在相似职业背景的学者圈内展开，这些青少年科技活动参与者在学习目标和研究领域上基本一致，并分享着共同的学科概念和行业背景，其科学兴趣有着基本的"同质性"。这种同质的科学兴趣使交流者之间很容易找到可以共同沟通的科学话题，彼此间取得心理认同。心理学研究表明，心理认同感越强的人群之间，能进行深入交流的可能性越大，效果也越好。

第二，互需互补的交流情景。青少年科技活动的参与者虽然在科技兴趣上有相似性，但在背景上有其多重性和复杂性，因此青少年科技活动也会成为追求多种多元兴趣动机的承载系统。在全球化、个人价值和追求走向多元化的当今世界，需要青少年科技活动善于营造满足多元化需求、多赢、互需互补的交流情景。青少年科技活动中，要营造活跃的交流氛围，让新思想、新理论、新观点、新知识得到充分交流。要让不同目的、不同背景的主体参与到青少年科技活动中，营造青少年科技活动参与者互需互补的交流情景，以利于资源的整合和思维的融合。

第三，互融互通的言语情景。语境与具体的语用行为、语用过程和语用活动密切联系。青少年科技活动是科技信息的传递，信息的表达者和接受者在青少年科技活动中所处的语言环境构成科技语境，统一的科技语境可以分为表达语境和接受语境。对表达者而言，只有把握好表达语境，才能够提高表达效果。对接受者来说，只有联系表达者的特定语境，才能比较准确地把握表达者的会话含义。青少年科技活动中的语境决定于交流者的科技背景，相对独立而又客观存在，表达语境和接受语境越具有相似性，交流越畅通，青少年科技活动的效率和效果就越好。

青少年科技活动的主要表现形式是口头语言和书面语言，两种语言对语境的要求既有相通性，又有不同点。书面语言的交流，尤其是阅读，面对众多的信息接收者，不同阅读者处于不同的阅读语境。这包括不同背景的人阅读同样文本所得到的收获不尽一致，甚至同一个人在成长的不同阶段阅读同样的文本也会有不同的感受。这都构成阅读语境的复杂。而典型的口头语言交际是一对一的，说者与听者相互转化，对信息的表达和接受基本相当。但青少年科技活动中常有多对一的场合，如会议报告、课堂教学等，这种交际活动是单向的，是偏离的口头语交流形式。口头语言的交流中，说者与听者处于同一特定的时间和地点中，双方的表情、动作等是对交流内容的解释和说明，这些都是书面语言所无法传达的鲜活信息。从这个角度而言，口头语言的交流语境比书面语言要更为生动和及时。

不同背景的人参与青少年科技活动，都须有一个对话的基础，寻找接受语境和表达语境的一致和相通。无论是口头还是书面语言的交流，交流者之间互相理解的基础是共同的科技背景，其科技知识构成他们互通其他信息的基础，并在交流实践中以各种正式或非正式的方式传递给对方。即使不处于同一共同体，交流者也会寻找彼此语境中其他的近似点来搭建沟通的桥梁。

（三）过程情景

青少年科技活动的过程情景，是指青少年科技活动的进程、顺序、关键环节等，是青少年科技活动全程中需要重点把握的情节。青少年科技活动是动态、顺序进行的过程，随着活动过程的展开和深入，参与者也创造和改变着活动的环境和气氛。青少年科技活动过程直接影响着青少年科技活动的成效，其成效反作用于青少年科技活动过程的进展。青少年科技活动的过程情景是一种综合情景，这需要青少年科技活动的组织者、主持者、参与者等共同控制和实现。青少年科技活动的过程情景主要包括青少年科技活动过程中的互动、平权、效率等。

第一，青少年科技活动中的互动。没有互动和思维过程的青少年科技活动，不能称为真正意义上的活动。青少年科技活动是需要调动青少年科技活动参与者的感知、注意力、记忆、思维等心理因素，使它们处于打开和积极的运动状态。这个过程，实际是一个青少年科技活动的互动过程。通过一系列的智力活动，青少年科技活动参与者才能从活动的体验中摄取知识、理解知识、巩固知识、运用知识，以至产生创新创造。有效的青少年科技活动，伴随每一位青少年科技活动参与者的互动，以及不断深入的思考活动。

青少年科技活动的互动情景是复杂的心理活动过程，这需要组织者、主持人、参与者等，根据认知过程反馈的信号来共同控制和实现。真正的青少年科技活动过程伴随着学术思想与情感的碰触，能将参与者带入逐渐深入的青少年科技活动情景中，从而获得独特的科学思想体验与能力上的提升。

第二，青少年科技活动中的平权。青少年科技活动的平权是指青少年科技活动过程中参与者在科学面前，没有权威与非权威之分，没有身份和等级之分，人格平等、话语权平等。平等是学术自由的前提，学术自由是科技繁荣的基础，青少年科技活动的平权，有利于避免老师或辅导者的先入为主、话语权失衡、阻塞青少年获取科技知识、压制创新等问题。

青少年科技活动参与者往往容易产生崇拜或心理畏惧，并奉为自己的行为楷模。在青少年科技活动中，经常会有一些资深、知名度很高的学者参与其中，同样，他们发表的见解和观点往往会对青少年产生重要影响。这种影响可能会有引导和启发效应，引起青少年参与活动的兴趣和热情；但也可能会有负面的权威效应，使青少年失去灵性和表达自己见解的机会。因此，在青少年科技活动过程中，应通过场景布置、心理暗示、议程设置等过程中的细节有效疏导、控制和利用这种心理效应，让权威能更多地发挥积极思考、勇敢探索、大胆质疑、勤于发问等可贵品质，起到激励和表率作用。同时，鼓励所有青少年积极思考，勇于发表自己的不同见解和观点。这种平权的氛围下，青少年科技活动能让所有参与者如沐春风、意犹未尽，收到良好的活动效果。

第三，青少年科技活动中的效能。青少年科技活动中的效能是指青少年科技活动过程中的效率和效果。在青少年科技活动过程中，要始终关注青少年的需求，不断提高活动的质量和效果。要给青少年的创新探究以精神上的支持、理解和共鸣，以减轻他们所受的心理压力，为新观点、新见解的自由发展创造适宜的生存和传播拓展的空间，提供适宜讨论、争辩、切磋的平台。

（四）科技情景

做出富有科技感的青少年科技活动设计，是确保青少年科技活动成功的重要保证。科技情景或称科技感，是指超越现实科技，具有未来科技、高科技、最新科技，以及前沿科技等感验的视觉表现场景。青少年科技活动的科技感，常常通过活动标识、海报、旗帜、背景板、展览、证件、服装、宣传品、网页等予以体现，渲染出青少年科技活动浓厚的科技氛围，形成科技梦幻、无限期待、催人奋进的心理感受。

青少年科技活动的科技感设计，就是根据青少年科技活动内容等需求，将活动主题的科技思想，通过青少年产生共鸣的视觉表现方式呈现出来。青少年科技活动的科技感可以分为科技和感受来设计。例如，科技，当下人们常常会联想到机器人、外太空、全息投影等；而感受的范围就更大了，所有科技感觉的事物都可以归到感受当中去。

青少年科技活动的科技感设计，需要提取出科技感中能联想到的关键词。例如，地球、地图、外太空、三维图形、蓝色、城市、写实照片、粒子、太空、机器人、全息投影、人工智能、透明玻璃、赛博朋克、游戏、电影、武器、移动设备、FUI、AR、VR 等。结合青少年科技活动的特点和特色，对其活动认知的感受进行筛选，并根据筛选后的关键词寻找或模拟相关图景，制作情绪板拟定简洁且具有品质感的主视觉风格。

第 二 篇
青少年科技活动的策划与实施

　　明天的科技人才，离不开今天青少年科学素质培养，而青少年科学素质培养又离不开蓬勃开展的青少年科学普及活动、体验活动、竞赛活动等科学学习活动的沐浴。随着科技的发展，青少年科技活动的形式和载体越来越丰富。细分青少年科技活动类型，剖析青少年科技活动经典案例，对遵循青少年科技活动基本规律、灵活运用青少年科技活动基本方法、借鉴青少年科技活动经验，精准施策，设计和实施好青少年科技活动具有重要意义。

第三章　青少年科学普及活动

　　青少年科学普及活动，是指青少年通过媒体、科学家、科技专家、科学教师、科技辅导员等传播、讲解、讲授、辅导等方式，来领悟科学知识、体验科学过程、验证科学事实、感悟科学魅力的学习活动。青少年科普活动本质上是面向青少年的、大众化的科技活动，内容须具科学性、通俗性、时代性，活动过程离不开媒体、科学家、科技专家、科学教师、科技辅导员等的参与，活动成效集中体现在青少年学习科学的兴趣激发、习得感获得感的满足程度上。青少年科学普及活动，主要包括科技传播活动、主题科普活动、科普展教活动、科普讲座活动等。

第一节　主题科普活动

　　主题科普活动，是有目的、有计划、有步骤地组织公众参与的科技普及活动，是有明确的主题、确定的活动时间、活动发动面广、参与活动公众人数众多、社会影响大的群众性活动。例如，全国科普日、全国科技活动周、科技活动月、文化科技卫生"三下乡"、健康中国行、千乡万村环保科普行动，以及世界粮食日、世界地球日、世界环境日等期间开展的科技普及活动。

一、主题科普活动概述

　　主题科普活动，是科学家、科技专家与公众沟通、交流的重要平台，是公众获取科技信息、了解科技发展前沿、获得科技问题答案和解决生产生活实际问题方案等的重要途径。主题科普活动主要有以下特点。

（一）大众性

　　主题科普活动的规模较大，参与人数众多。通常只有世界区域性、全国性、地方区域性，以及中小学全体参加的青少年科技活动，才称得上主题科普活动。这类活动的参与对象一般是不同国别和地区的青少年、全国范围的青少年、地方区域内的青少年、中小学校的全体青少年等。正因为活动的参与人数众多，因此活动的规模亦相对较大，即需要的活动场所面积要大，占用的科技或教育资源较大，活动持续的时间相对较长，活动组织管理的工作量较大，活动的影响和效果自然也较大。

（二）综合性

主题科普活动以公众和青少年乐意接受的方式进行，其活动形式类型丰富，综合性突出，通常包括展示、宣讲、体验、竞赛、培训等活动形式。这里的展示主要是将重大的有示范意义的科技新成就或应用成果向青少年进行普及，目的在于扩大成果的辐射效应，提高青少年对科技的兴趣。宣讲则主要是对体现科学、技术与社会相互关系的政策、动态、方针以及科技成果进行集中的聚焦，向青少年传递科技信息，使他们进一步形成理解科学的共识。体验主要是鼓励青少年参与活动现场的特色科技活动，模拟和演练运用科技解决实际问题的技能和方法。竞赛主要借助形式多样的竞技比赛，为科技创新后备人才的脱颖而出和相互交流搭建平台。培训是针对青少年急需了解的科技前沿知识、特定的研究方法和技能等，为他们开展的培养和训练活动。

（三）多样性

主题科普活动形式丰富多彩，公众喜闻乐见。例如，在大型综合类科技活动中，科学博览会是最早出现的形式之一。它起始于 20 世纪中叶的美国，由美国科学服务社创办，目前已成为世界上诸如美国、英国、德国、日本、澳大利亚、印度、巴西、泰国等国家所熟悉的一项活动，还有些国家有名称不同而与此类似的活动。在美国，早期最简单的科学博览会是中小学自己举办的科学研究项目（实验、课题、设计、创作）展览会，由全校各年级（或班级）学生自己提供展品，组织讲解，举办论坛、演出或研讨，以及体验相关研究过程等。以学校的科学博览会为基础，很快就出现了全市（区、县）、全州、全国以至国际的科学博览会，上述博览会通常在某个大型博物馆或体育馆举行，成千上万的青少年和公众会来参与。如 1965 年在美国举办的国际科学博览会上，曾汇集了来自美国各州和世界各国约 221 个区域（城市）科学博览会的展品。每个区域（城市）选出参加决赛的人不多于两个，通常男女学生各一个。而科学博览会所需的经费通常由企业、传媒、高校和其他机构提供。此外，在大型综合类科技活动中，科学周（日、节）活动是目前开展最为广泛的形式之一。这种形式的活动，与科学博览会相比，相同点在于参与人数同样众多，而规模亦很大，活动具体形式也呈多元化——体现出综合性；不同点在于，后者更显示出"主题活动"的特点，即体现出与时代同步的科技传播、应用和创新相关的重大议题，另外活动的时间较长，大多不少于一周。①

二、主题科普活动要领

在主题科技普及活动的组织实施中，要充分发挥群众性、自组织科普活动的特点优势，充分依托城市、农村的地缘社区，以及企事业单位、学校等单元社区，贴近公众、贴近生活、贴近实际，自发组织开展的科技普及活动。

（一）明确主题

主题科普活动因为需要在有限的时间、活动空间中，取得实施的效果，那就必须确立明确的科学主题，以达到活动的目的。主题科普活动的目的是普及科学知识、传播科学思想、倡导科学方法、弘扬科学精神，以提高公众科学素质。

（二）确定时间

主题科普活动参与组织和支持部门多，社会声势大；参与的公众多筹备时间长，参与面广；活动的包容性强，必须充分考虑各个人群的科普需要。因此，需要在事先确定明确的时间（最好每年固定一个具体时间），以便共同遵循，周密筹划，充分准备。

（三）就地取材

利用基层公共设施开展主题科普活动。公共文化服务设施是开展群众性自组织科普活动的基础。我国公共文化基础设施建设已取得显著成就，覆盖城乡的公共文化服务体系逐步建立，特别是相关重点文化惠民工程深入推进，全国文化信息资源共享工程已覆盖大部分行政村，乡乡有综合文化站的目标已基本实现，农家书屋已覆盖全国多数行政村，上千家公共博物馆、纪念馆实现免费开放。要充分利用这些公共设施，积极组织开展各具特色的主题科普活动，吸引更多公众参与。

（四）贴近受众

科技普及植根群众、服务群众、快乐群众、为群众喜闻乐见。要拓宽渠道，多开展内容健康、形式活泼、群众乐于参与、便于参与的群众性科普活动。要结合实际，依托全国科普日、全国科技活动周、文化科技卫生"三下乡"、科教文体法律卫生四进社区、送欢乐下基层、全民阅读、全民健身活动等重要主题日（周、月），以及春节、清明、端午、中秋等民族民间节日，组织群众开展科普报告会、科普培训、读书演讲、知识竞赛等各具特色的科技普及活动，丰富科学文化生活，要抓住这些契机，把活动办成社区群众自己

---

① 中国青少年科技辅导员协会. 科技辅导员学习指南［M］. 北京：科学普及出版社，2013：42－62.

的科普节日，让更多群众在丰富多彩的科普活动中切身感受科技创新和科技发展的成果。

（五）依靠受众

充分调动群众组织和参与科技普及的积极性，要完善激励措施，鼓励和支持群众在科普活动中自我表现、自我教育、自我服务。人民群众具有创造的巨大活力，特别是随着物质生活水平的不断提高、科普活动载体的广泛发展，全社会鼓励大众创业万众创新氛围的进一步浓厚，人民群众参与科普活动的热情越来越高。要精心培育植根群众、服务群众的科普活动载体和模式，鼓励和扶持群众中涌现出的各类科普人才和积极分子，为广大群众组织和参与科普活动提供广阔舞台。要顺应新形势新变化，积极鼓励和引导人民群众利用网络、手机进行科技普及文学创作，运用书画、摄影等展现美好生活，通过诗歌、散文等抒发真情实感，在主动参与中展示自己的科技才华。在科普活动中，还要大力开展以家庭需求为中心，适合家庭集体参与的社区科普活动，发挥家庭成员之间在科技普及和互相教育方面的积极作用。

三、主题科普活动主要模式

按照活动主张者的不同，青少年主题科普活动可分为综合大众、科研开放、教育开放、工程开放、企业开放等主要模式。

（一）综合大众型模式

青少年综合大众型主题科普活动，是指一般以自然节气或特殊事件发生日子为聚众时间节点，赋以特殊的科学意义和相关仪式，有目的、有主题地组织开展向大众的科普活动形式。国内外这样的科普节日、科学节日很多，呈现定期性、有主题、群众性等主要特征。

——全国科普日。2002 年 6 月 29 日，我国第一部、也是世界上第一部关于科普的法律《中华人民共和国科学技术普及法》正式颁布实施，在 2003 年 6 月 29 日该法颁布周年之际，中国科协举办了大规模科普活动。从 2004 年起，中国科协决定每年开展全国科普日活动，并于 2005 年将活动开始时间定在每年 9 月的第 3 个公休日（持续 1 周）。中央书记处领导同志每年都莅临全国科普日北京主场活动现场，与首都各界群众一起参与科普日活动。目前，全国科普日已成为植根基层、公众喜爱的主题科普活动，也是目前我国影响面最大的全国性科普活动。

——全国科技活动周。全国科技活动周是 2001 年获国务院批准设立的大规模、群众性科技活动，由科技部会同中宣部、中国科协牵头组织，19 个部门和单位共同组织实施，于每年 5 月第三周在全国同期组织实施。该活动旨在吸引社会公众广泛参与科技活动，丰富群众的科技文化生活，促进科技创新和科技普及。每年年初科技部、中宣部、中国科协联合印发《关于开展科技周活动的通知》，确定年度主题，动员部署活动。活动形式包括举办科技展览、科技下乡、科技咨询服务、科普讲座、科普大集、科普产业博览会，开放科技场馆和实验室，组织科技游园会、科普节目汇演等①。

——美国剑桥科学节。美国剑桥科学节每年在 4 月底至 5 月初举办，持续 9 天，是美国首个影响较大的科学类庆祝活动，从 2007 年开始，每年吸引了各界人士的参与。它的理念在于激发青少年和科技爱好者的想象力和创造力，同时展示剑桥大学在科学、技术、工程和数学（STEM）方面的国际领导地位，促进人们之间的科学交流、互动和对科学的兴趣，也强调科学、技术、工程和数学对人们生活各个方面的影响。②

——英国全国科学周。从 1994 年起，在每年 3 月都会在不同城市举办全国科学周（British Science Week），由政府科学办公室资助，科学家通过各种活动向公众展示科学研究的过程和成果，每年都会有数百万的公众被吸引直接参加活动或观看相关电视节目。

——美国科学与工程节。从 2009 年开始，"美国科学与工程节"（USA Science & Engineering Festival）以节庆的形式举行大型公益科普教育活动，意在激励年轻一代热爱科学和工程技术。其间，不同的摊位前挤满好奇的孩子和家长。参展者既有政府科研机构和大学，也有各类公司和科技、工程社会组织。展出的内容丰富多彩，主办者还会组织众多专业科技人员到美国各地中学讲课，以进一步激励年青一代对科技的兴趣。

——德国科学日。每年 10 月的德国科学日由德国科技促进协会筹备，活动包括项目展览、技术洽谈、国际合作、餐会、科学交流等活动。特别值得一提的是观众参观活动。德国科学日的前两天是对学校的开放日，每天都有大量的学生在教师的带领下前来参观。

——法国科学节。法国"科学节"（Fête de la Science）由法国教研部于 1991 年发起，每年 10 月全国范围内举办，包括形式多样、内容丰富的科学活动，如展览、实验室开放参观、科研工作介绍、科学体验、研讨会、戏剧、科学沙龙等。目的是激发公民尤其是青少年对科学与科研职业的兴趣。每年在法国上百个地区举行 3000 余项免费的活动，吸引上百万民众参与，目前已发展成为法国一个群众性的节日。

——澳大利亚科学节。1993 年开始的澳大利亚科学节（周）由该国的科

① 杨文志. 公民科学素质建设的中国模式 ［M］. 北京：中国科学技术出版社，2018：448.
② 周婧. 从剑桥科学节看科学普及的有效形式 ［J］. 科技传播，2011（24）：3－4.

学节有限公司（ASF limited）组织，每年 8 月都会吸引超过 10 万人的访问者参加上百项高质量活动。目的是提高全社会对科学、技术及其发明的认识和了解。科学节（周）与澳大利亚广播公司、澳大利亚科学教师协会、澳大利亚政府、澳大利亚科学与工业研究组织均建立了伙伴关系。

——丹麦科学节。丹麦科学节是丹麦为展示科学成就和传播科学而设立，活动时间为每年 4 月的最后一周，主要组织者是丹麦高等教育与科学部，常设丹麦科学节秘书处，负责科学节的整体组织、协调、新闻发布和推广活动。一周时间里，全国约 200 家大学、教育文化与科研机构组织近 700 场各式各样的活动，包括开放日、实验参与、报告会、参观、展览会和讨论会。特色活动包括"预约科学家"，可以由至少 20 个听众预约 1 名科学家，请其进行一场免费的专业领域报告。

——俄罗斯科学日。1999 年 6 月，俄罗斯联邦政府颁布总统令："鉴于民族科学对国家和社会发展所发挥的巨大作用，同时考虑到俄罗斯的历史传统，以及纪念俄罗斯科学院成立 275 周年"，将每年 2 月 8 日设为俄罗斯科学日，即俄罗斯科学家的节日。此外，俄罗斯还有很多行业性节日，例如：3 月 23 日为水文气象工作者日，4 月的第一个星期日为地质工作者日，5 月的最后一个星期日为化学工作者日，6 月的最后一个星期日为发明家和合理化建议者日，7 月的第 3 个星期日是冶金工作者日，9 月 4 日为核保障专家日，10 月 30 日为机械工程师日，12 月 22 日为动力工作者日，都是针对科技工作者的节日。

——欧洲科研人员之夜。"欧洲科研人员之夜"由欧盟委员会发起，从 2005 年起每年举办，时间是 9 月最后一个星期五的夜晚。其宗旨是鼓励科研人员走向社会。活动由欧盟委员会部分出资，每个欧盟参与国都会由地方政府、学术组织、科研机构或商业公司策划活动，邀请当地的科研人员参加，为公民提供了解科学的机会。科研人员准备一些生动有趣的科学展示或游戏，甚至开放实验室，让市民充分了解科研人员的工作和生活。

——葡萄牙的全国科学家节。葡萄牙的全国科学家节于 2016 年经议会通过而创立，以承认并庆祝科学界对促进知识和社会进步所做出的贡献。选择若泽·马里亚诺·加戈（葡萄牙著名科学家、前科技与高等教育部长）的诞辰日 5 月 16 日举行。2017 年的第一次葡萄牙全国科学家节召开"知识的路径"主题大会，并成为此后的庆祝传统。①

（二）科研开放型模式

青少年科研开放型主题科普活动模式，是指科研机构为了促进公众理解科学，为科研争取更好的条件，而面向公众开展公益性科普活动的形式和方

---

① 李宏，陈晓怡，刘斯，等. 世界各国的科学家节日 [J]. 科技导报，2019，37（10）：103 – 104.

式。以中国科学院公众科学日为例，呈现定期性、主题性、现场性、体验性、群众性等主要特征。

中国科学院各个科研院所每年 5 月，都如约面向社会公众开放，已成为公众了解科技进展、探索科学的重要渠道，传播科学知识的重要方式。例如，2020 年 5 月 23—24 日，中国科学院第 16 届公众科学日，在全国 121 个院属单位举办。受疫情影响，该届公众科学日全部以线上形式在官方网站（open. kepu. cn）开展，主题为"云游中科院　畅想新生活"。中国科学院官方科普微信公众号"科学大院"集中发布系列活动预告和参观攻略，联合各大媒体推出特别策划，多视角、多渠道玩转公众科学日。其中，中国科学院科技创新发展中心（北京分院）于 5 月 23 日起开展了第三届"科学传播月"活动，主题为"科学点亮生活　云中探索奥秘"。科创中心结合北京地区研究所特色，在每个周末举办线上科普专题活动，给公众带来一场"科学云体验"。公众科学日期间，向社会全面展示中国科学院"率先行动"计划实施以来在"面向世界科技前沿、面向国家重大需求、面向国民经济主战场"方面做出的重大科技创新成果，描绘科技造福人类的美好愿景，激发公众，尤其是青少年对科学的关注和兴趣。同时，针对公众对科学防疫的普遍需求，开展各类科普活动，普及公共卫生与健康知识和科学防护方法等，助力打赢疫情防控阻击战。

中国科学院各分院组织院属各研究所建立线上直播间，在线开放天文台站、植物园、博物馆、野外台站、重点实验室和重大科技基础设施，直播炫酷的科学实验和科学观测，帮助公众通过"云端"走近科学。举办"云游中科院""科学公开课""全景中科院""科技影音厅"等形式的线上活动。"云游中科院"在中国互联网发源地——中国科学院计算机网络信息中心设立"云游中科院"主直播间，邀请科学大咖、科普网红在线解说各机构的直播内容；"科学公开课"为公众呈现由 97 家单位录制的 177 门公开课，包括院士在内的一批一线科学家将讲述物质科学、生命科学、空间科学等领域的发展，分享科学背后的故事；"全景科学院"以 VR 全景方式对部分研究所的园区、实验室或大科学装置进行实景漫游；"科技影音厅"上线百余个科普视频，集中展示中国科学院"率先行动成果"，展现"科研重器""前沿科技"和"身边科学"背后的科学原理。

各研究所集中开展各具特色的线上活动。例如，中国科学院青藏高原研究所开放冰芯库，展示第二次青藏科考挖掘发现的丹尼索瓦人的化石；上海光学精密机械研究所揭秘超强超短激光实验装置；中国科学院大气物理研究所在世界上唯一建立在大城市中心的气象观测高塔塔顶进行直播，分析当天的天气；昆明植物研究所开放世界第二大的种质资源库（中国西南野生生物种质资源库），揭秘种子保存地；上海天文台将开放 1. 56 米光学望远镜、25 米射电望远镜、60 厘米激光测距观测站等；力学研究所带公众体验复现飞行条件风洞和高速列车动模型实验；广州能源研究所开放我国首台半潜式波浪能养殖平台"澎湖号"；古脊椎动物与古人类研究所开放中国古动物馆，让公众隔着屏幕"触摸"重要古生物化石；国家授时中心展示"北京时间"实验室，带领公众近距离感受北京时间产生与保持的过程，让公众足不出户体验科学的魅力。①

（三）教育开放型模式

青少年教育开放型主题科普活动模式，是指教育机构为了集中展示实践教育的成果，感受科技和教育对生活的影响，为学校争取更好的办学和科研条件，而面向公众开展公益性科普活动的形式和方式。以美国大学香槟分校工程开放日为例，呈现定期性、主题性、现场性、体验性、群众性等主要特征。

美国伊利诺伊大学香槟分校（UIUC）工程开放日活动（Engineering Open House，EOH）始于 1920 年，每年春季举办一届，历时 2 天，工程学院内所有系都参与进来。开放日活动中展示工程学院的研究进展，学生项目展览、实验室展览、各类设计大赛。从庞大的粉碎机到微小的微处理器，向工程专业和非工程专业的学生展示工程技术如何影响着每个人的生活，并使参观者了解未来的工程雏形。活动主要分为展览和设计竞赛两大类。

展览包括实验室开放展览、学生实践成果展示。实验室开放展览的最大特点是参与性，不仅将实验向参观者开放，供他们观看，而且许多实验室还专门设计了各种实验，鼓励参观者亲自动手参与。学生实践成果展示则集中展示了学生结合专业学习所做实践项目的成果。

设计竞赛主要分为大学生组、中学生组、小学生组和现场设计竞赛。大学生组，以团队的形式，每组 1—7 人，在 6 个月的时间内设计并搭建能够完成某种预定任务，每年的任务都不同。举办当日举行公开竞赛，有几十个团队参赛。高中生组，竞赛的参加者为来自伊利诺伊州的高中生，学生应用所学的知识，发挥他们的创造性，使用普通的材料构造某种装置，使之能够精准地完成某种简单的任务。初中生组，竞赛旨在拓展他们的工程意识，学生利用日常物品构造出某些装置。小学生组，竞赛旨在激发孩子对科学和工程的兴趣，竞赛项目注重激发孩子的创造性，例如，用棉花糖和牙签搭建能够稳定站立的塔形结构。现场设计竞赛，所有到活动现场的参观者均可参加，根据参加者年龄比赛不同的内容，旨在加强参观者的参与性。

① 云游中科院 畅想新生活——中国科学院第十六届公众科学日［EB/OL］.［2020 – 12 – 30］. http://www.cas.cn/zt/kjzt/16th_gzkxr/.

当年的活动结束之后即开始筹备下一年的活动，整个活动均由学生进行组织和实施。从各类设计竞赛的报名和准备、各类展览的筹备，到与赞助企业的合作、志愿者的招募等，均由学生完成。活动的项目繁多，参加者亦众多，每年大约有 1.5 万人参加，活动现场及校园内气氛热烈但绝不混乱。①

（四）工程开放型模式

青少年工程开放型主题科普活动模式，是指国家或公益机构为了促进公众理解某项工程或事业，以争取更好的发展机会和条件，而面向公众开展公益性科普活动的形式和方式。以美国青少年航天科普活动为例，呈现使命性、趣味性、参与性、灵活性等主要特征。

美国国家航空航天局（NASA）是美国航天科普的"国家队"和"主力军"，其使命是通过传播和参与航天相关活动与研究，让公众接受和理解其现在和未来工作的价值，吸引公众特别是学生关注 STEM 领域的研究和学习，参与科学、技术、发现和探索，并为不同人群提供独特的参加 STEM 教学的机会，促进国民科学素质的提升，也为国家航天及其他领域的研究发展提供更多的潜在人才。2018 年 2 月 12 日，NASA 发布的《NASA 战略规划 2018》中，提出的任务之一就是"激发公众对航空、航天和科学的兴趣"，其做法是"通过 NASA 独特的科学、技术、工程和数学的学习机会，激励、吸引、教育和吸纳下一代航天领域探索者"。

NASA 十分注重对公众传播的深度和广度，其内设机构有专门的传播办公室，充分利用官方网站和社交媒体，尽可能广泛地将 NASA 的战略和开展的任务、航天知识、最新航天研究和科研成就等及时向公众进行宣传报道，促进公众对国家航天战略和有关信息的了解。NASA 不仅支持学校教育，并且通过支持非正式教育进行公共推广和努力，为教育工作者和学生提供了丰富的教学素材和可供下载的资源，有效增加了教育工作者和学生的参与。1981 年美国第一架航天飞机"哥伦比亚"号就搭载了由美国青少年自己动手设计的太空实验。从那以后，每次飞行任务，NASA 都要面向全国征集青少年实验项目，挑选后搭载飞天，这已经成为 NASA 的传统。除了总部的教育部门，NASA 下属的肯尼迪航天中心、阿姆斯特朗飞行研究中心等近 10 个航天中心承担着宣传和教育职能，这些航天中心会在美国各州组织学生和公众参与航天相关的教育和体验活动。

NASA 每年组织的青少年航天科普活动和实施的教育项目有数十项，主要分为几类。一是为不同年龄段学生设计的与航天相结合的实验，由学生在教师指导下独立完成，包括模拟进行太空中的实验和设计。二是提供参与 NASA

① 冯涓. 美国大学的工程开放日及其启示 [J]. 理工高教研究，2007（2）：108-109.

正在进行的项目和研究的体验机会，如参观火箭发射现场，与 NASA 成员和全国太空爱好者交流，参加国际宇航大会（IAC），了解 NASA 幕后工作，参观体验不同航天器发射任务等，这些可以吸引一大批对航天科技有兴趣的青年科技人才。三是结合航天未来发展的工程设计活动，如人类探索漫游者挑战赛（月球车工程设计竞赛），以及包括二氧化碳转化挑战和 3D 打印人居挑战在内的各项"世纪挑战"等，这部分内容更多针对的是接受高等教育的学生和教师。四是利用 NASA 自有资源不断开发的各类特色教育资源，如在国际空间站录制的视频，关于地球、月球与火星、太空技术、人类探索太空、太阳系和系外等方面的文章、图片、视频等内容，以及播放各类原创航天科技节目和航天事件现场新闻报道的 NASA TV 等。

在 NASA 网站上，有许多结合 STEM 理念的教育活动和项目，为学生和公众提供真正走近 NASA 的参与和学习体验。这些教学和活动资源还细分为针对不同年级学生：学龄前到 4 年级（K—4）、5 年级到初中（5—8）、高中（9—12）、高等教育，以及针对教育工作者，几乎所有人可以根据自己的需求，找到感兴趣的航天科普活动和可参与的研究项目。截至 2019 年年底，NASA 在 18 个社交媒体平台上开设了超过 500 个账号，其中既有 NASA 旗舰账号，也有其下属机构、各个项目及任务的账号，还有机构负责人和宇航员的个人账号，NASA 的推特账号有近 3000 万粉丝。①

（五）企业开放型模式

青少年企业开放型主题科普活动模式，是指企业特别是科技企业为履行社会责任，或为了促进公众对企业自身文化、科技创新、科技产品等的理解，赢得社会赞誉或潜在用户，而面向公众开展公益性科普活动的形式和方式。以上海通用汽车开放日、中国石化公众开放日为例，呈现公益性、定期性、现场性、体验性、群众性等主要特征。

——上海通用汽车开放日。2014 年 12 月，上海通用汽车首次举办"开放日"活动，向社会开放上海市、辽宁省沈阳市、山东省烟台市、湖北省武汉市四大基地以及泛亚汽车技术中心。他们希望借'开放日'，让消费者更直观、深入地了解上海通用汽车所拥有的世界级研发和制造体系，以及全方位的卓越质量体系，增强对其产品的信任和对企业未来发展的信心，同时也能提升广大车主的自豪感。"开放日"活动，不仅让消费者零距离了解汽车设计与制造的流程，也感受到上海通用汽车"不接受缺陷、不制造缺陷、不传递缺陷"的质量文化。这种与普通消费者的沟通形式，一方面展现了车企日益开放的心态，另一方面也是对生产管控、产品质量、技术实力有足够信心的

---

① 张奇. 美国青少年航天科普活动 [J]. 中国科技教育，2020（6）：8－10.

表现。活动在全国范围内公开招募参观公众，可通过上海通用官方微信、官网活动专区报名。2014 年 12 月 11—12 日上海通用汽车金桥整车南厂和泛亚汽车技术中心率先开放，参观者在金桥南厂可亲身体验高自动化生产线的工作流程，看到以暗灯看板、激光检测等为代表的精益生产体系的管理细节。在泛亚汽车设计中心，可认识到其研发环节的质量管理步骤，并近距离地体验"好车是设计出来的"的造车理念。[①]

——中国石化公众开放日。中国石化公众开放日活动始于 2016 年，旨在展示中国石化创新、绿色、开放的企业形象，搭建企业与社会公众之间沟通的桥梁。例如，2019 年 4 月 22 日，第 50 个"世界地球日"当天，中国石化公众开放日第四季启动，分布在北京、上海、广州、天津、杭州、济南、南京等 45 座城市的 65 家中国石化下属企业，同时在分会场开展公众开放日活动，共吸引近 3000 名来自各行各业的社会公众参观。公众可以实地参观走访企业生产装置、控制中心、污水处理中心，参加智慧小课堂等，全面深入了解中国石化油田、炼厂、加油站绿色生产全过程，了解石油石化与人们衣食住行的密切关联。截至目前，累计邀请社区居民、学生、媒体代表、政府官员等 13.2 万人次入厂参观，活动传播覆盖影响破亿人次。活动不仅使公众零距离了解、感受中国石化，更促进企业了解外界变化和公众期待，从而自觉、持续地改进工作、改善管理、改良文化。[②]

第二节　科普展教活动

科普展览和教育活动，是科普服务的有效方式之一。科技馆是开展科普展览和科学教育活动的重要场所，是人类科学智慧的汇集地，是公众了解科学感悟科学的殿堂。科技馆作为普及科学知识、倡导科学方法、传播科学思想、弘扬科学精神，向公众特别是青少年展示科技、参与体验科技的重要科技教育、传播和普及的公共设施，是科技发展、国家文明进步的重要标志，是国家科学传播能力和科普公共服务能力水平的重要体现，是创新型国家建设和全面建成小康社会的重要基础。

---

① 杨文志. 公民科学素质建设的中国模式 [M]. 北京: 中国科学技术出版社, 2018: 448.

② 梁光源, 黄敏清. 中国石化打造我国工业企业规模最大公众开放日 [J]. 环境, 2019 (5): 70 – 71.

一、科普展教活动概述

科技馆是公众获得新科技知识、产生科学感悟、享受科学探究快乐的殿堂，是科学转变为大众文化的精神工厂，是现代社会中助人顿悟的地方。建设科技馆，是为科学赋予人文价值的创造活动，事关科技的教育、传播和普及，事关国民科学素质的提高。

（一）科普展教的缘起

科技馆演变及其服务功能。科技馆（科学技术馆的简称）是以展览教育为主要功能的公益性科普场所，主要通过常设展览和短期展览，以参与、体验、互动性的展品及辅助性展示手段，对公众特别是青少年进行科学技术普及，以激发其科学兴趣、启迪科学观念；同时开展科技教育、科技传播和科学文化交流活动。

科技馆的发展经历自然历史博物馆阶段、科学与工业博物馆阶段、科学中心阶段三个阶段。第二次世界大战后，全世界科技馆数量增长迅速，不仅发达国家，而且像印度、阿根廷等国家也建立自己的科技馆。据不完全统计。全世界 77% 以上的科技馆是 20 世纪 50 年代之后兴建的。现代科技馆多以科学中心为名，至今发展势头依然强劲。[①]

科技馆（科学中心）与科技类博物馆有所不同。科技类博物馆是指以征集收藏、保存保护、研究、传播和展示自然物以及人类所创造的科学、技术、工程和产业成果的，可供公众参观和学习的，具有公益性质的场馆和场所。有专家认为，建设科技馆，是为科学赋予人文价值的创造活动，使公众在短暂的参观中感悟科学真谛，萌生探究的激情，思索身处其中的世界，这对科技馆是巨大的挑战。在思想史的意义上，科技馆是现代社会中助人顿悟的地方。创新源于深刻的思索，科技馆必须有好的顶层设计。对公众需求做出现实与前瞻分析，确定展陈的科学主题，选择实现目标的途径。在理解事物的时候，人们交替运用形象思维与逻辑思维。中国传统文化习惯形象思维，喜欢比喻、联想。遵循近代科学传统的探索活动与知识体系，则以实证与逻辑为基础。科技馆是这两种思维方式的契合点，这种契合在参观者大脑中实现。契合的媒介，是美与情，缺乏这种媒介的展陈，会令人感到冷漠、乏味。[②]

（二）科普展教的作用

青少年在参与展示类科技活动时，正是利用其视觉进行观察，诸如通过浏览展板上的文字介绍，感知其所提炼的科学问题，思考并分析其提出的解

---

① 游云. 科技馆的发展现状与特点 [N]. 中国高新技术产业导报，2014 - 07 - 28（C08）.
② 张开逊. 中国科技馆事业的战略思考 [J]. 科普研究，2017，12（1）：5 - 11 + 106.

决办法，从中领悟科学、技术与社会的相互作用；或是通过观看有趣的科学实验，感知呈现在眼前的一系列现象，思考并判断背后所反映的规律，从中领悟科学方法在人类探索事物变化过程中的重要作用；也可通过欣赏科技影视节目，感知其所描绘的科技改变生活的现状，思考并想象未来人类发展的远景，从中领悟人文价值是科技发展的最终追求；再有通过目睹科技模型或实物，感知科技带来的令人惊叹的冲击力，思考并开启自身的创造力，从中领悟科技创新对现代社会的巨大作用。

参观科普场所是公众的基本选项。科普活动是在一定的背景下，以满足公众开发公众智力和提高素质需求为使命，利用专门的普及载体，开展灵活多样的宣传、教育、服务的形式。中国公民科学素质调查综合各部门和机构开展的科普活动，将科技周、科技节、科普日，科技咨询，科技培训，科普讲座和科技展览五类常见的科普活动分类纳入，评估我国公民参加科普活动的状况。

2015年中国公民科学素质调查显示，我国公民对各类科普活动的知晓度较高，经常性科普活动的参与度高于大型群众性科普活动。2014年，我国超过半数的公民参加过或知晓各类科普活动。公民参加过各类经常性科普活动的比例依次为：科技展览（14.6%）、科普讲座（12.4%）、科技培训（11.0%）和科技咨询（8.1%）；科技周、科技节、科普日这种大型群众性科技活动（7.8%）。

调查显示，我国公民利用科普场馆获取科学知识和科技信息的机会增多。在2015年一年中，公民参观过的各类科普场馆，依次为：动物园/水族馆/植物园（53.7%），科技馆等科技类场馆（22.7%），自然博物馆（22.1%）；参观过基层科普设施的比例依次为：图书阅览室（34.3%），科普画廊或宣传栏（20.7%），科普宣传车（17.7%），科技示范点或科普活动站（13.5%）；参观过其他具备科普功能场所的比例依次为：公共图书馆（40.4%），工农业生产园区（27.5%），高校和科研院所实验室（9.7%）。与2010年调查相比，在公民2015年一年中没去科普场所的原因中"本地没有"的比例明显降低。以科技馆等科技类场馆的参观情况为例，公民因"本地没有"而未参观过的比例为22.6%，比2010年的37.6%降低15百分点。

据《美国科工指标（2014年）》的数据显示，我国公民对于科普设施的利用情况与美国相当，且明显高于欧盟的一些国家及日本、韩国、印度、巴西等国家。对于科技馆等科技类场馆，按公民的参观率排列依次为：美国（2012年，25%）、中国（2015年，23%）、欧盟国家（2005年，16%）、印度（2004年，12%）、日本（2001年，12%）、韩国（2010年，9%）和巴西（2010年，8%）。同时，2012年美国公民参观动物园、水族馆或植物园和参观自然博物馆的比例分别为47%和28%，与我国2015年的情况相当。①

（三）科普展教的形式

在众多青少年科技活动中，展示类科技活动是参与人数最多的活动形式之一。例如，青少年来到科技馆、博物馆、动物园、自然保护区、工农业企业园区，浏览专业科技工作者精心制作的展板介绍，目睹实物或模型的风采，品味趣味实验演示，观看科技影视片，都是在参与展示类科技活动。另外，中小学举办"科学节"时，青少年观看同伴自制的发明作品，自身设计的反映科学探究过程的展板——诸如与研究相关的图片、论文和过程记录，自己操控的模型表演、实验演示等，也都是在参与展示类科技活动。展示类科技活动的形式也是多种多样。

第一，展板展示。展板展示可以说是青少年科技活动比较传统的一种形式，但也是参与人数最多的活动形式之一。展板展示要能够吸引青少年的眼球，首先是要选好展板展示的主题。例如，在法国巴黎维莱特科学工业城的短期展厅前，前来参观的青少年总是排着长长的队伍等待购票，这是由于展览主题涉及诸如艾滋病的防治、毒品的危害和彗星接近地球等新闻热点。展板展示要能够调动青少年的视觉，一定要图文并茂。这里所说的图是指图片，包括照片、绘画和专业制图等。图不在多，但一定要形象、直观、生动，能够在展板上起到画龙点睛的作用。文，即展板的文字介绍，一定不要平铺直叙，而是要归纳为一个个青少年感兴趣的科学问题，可用疑问句式来吸引青少年观看和思考。展板展示要能够唤起青少年的感知，还可以匹配解说。好的解说不仅声音具有魅力，更重要的是可以唤起青少年的联想，使他们眼前出现一幅幅与解说内容相关的画面。这些生动、形象、直观的画面在青少年眼前闪过，可以强化视觉效应，使人深入地思考和领悟科学的内涵。

第二，实物展示。实物展示包括科技产品、器材、装置、模型等展示。一般来说，动态的实物展示更易引起青少年的观察兴趣，如圆锥摆、模拟驾驶的汽车、遥控飞机模型、机器人乐队演奏等，都能够吸引众多的青少年参与。而对于静态的实物展示，只要具有在科技、社会或生产生活中的有益价值，也会吸引青少年驻足观看，如瓦特发明的第一台蒸汽机、首次登月的阿波罗号舱体、神舟五号飞船返回舱、三峡大坝沙盘模型，以及诸多的青少年科技作品等。就实物展示而言，要发挥青少年的视觉效应，引导他们感知、思考和领悟，完成向其进行科学传播的任务，就要注意在活动的设计中充分发挥其科技内涵，即要注意挖掘所展示实物的科学性、实用性和创新性。例

① 张超，何薇，任磊. 中国公民获取科技信息的状况及新趋势 [J]. 科普研究，2016，11 (3)：22–27+116.

如，可以通过实物旁设置的简短文字介绍或是解说员的讲解，揭示其所应用的科学原理或技术路径，评价其创新点及时代意义，概述其对生产、生活或人类发展的实用意义。

第三，影视展示。影视展示包括科技类电影、电视、天象模拟等节目的展示。例如，中国科技馆曾展示的科技类电影《海岛》，上海科技馆曾展示的科技类电影《外星人地球历险记》和《尼罗河之谜》，广东科学中心曾展示的瑞士风光大片《阿尔卑斯：自然的巨人》，北京天文馆展示的"人造星空模拟表演"节目等，都会对参与观看活动的青少年产生极大的视觉震撼，激励他们思考、感悟。影视展示要做到吸引青少年来观看，一方面在于内容要具有新颖性。即在内容的选取上，一定要立足于"新"，如大自然的奇观、史前的恐龙、星球探险、科学新发现、技术改变生活等内容，让青少年见识其从未观察过的微观、宏观和宇观的画面，引起他们无尽的想象和探究的欲望。另一方面，现代影视高技术的应用是必不可少的。例如，中国科技馆拥有运用现代高新技术建造的宇宙剧场、巨幕影院、动感影院、4D影院四个特效影院。这些特效影视主要利用现代电影科技手段，使观众产生身临其境的感受，体验各类影视特效的精彩刺激，领略人与自然之美。

第四，实验展示。实验展示包括物理、化学、生命科学等不同学科，以及电子、信息、材料等不同领域演示实验的展示。实验展示有益于调动青少年的视觉效应，使他们不仅看到事物相互作用的结果，还可以观察到事物相互作用的详细过程。例如，中国科技馆的静电放电实验、法国巴黎发现宫的老鼠走迷宫实验、索尼探梦科技馆的"水果电池"实验等，都使青少年通过视觉感受到科技既可千变万化，又都有一定之规。实验展示要能够吸引青少年来观看，一方面要做好实验的表现形式和过程的设计，即要求实验在充分依据科学原理的基础上，还要注意相关技巧的把握，确保青少年能够观察到实验过程中的细微变化和典型现象，以促进其对科学过程和方法的理解。[1]

二、科普展教活动要领

如何改变科技馆"有展无教"的局面，如何认识和把握科技馆的展示教育的原则、开发设计、功能内容等，是新时期我国科技馆发展面临的一个重要的问题。有专家认为，科技馆的使命是为宇宙画真像，为大众谋幸福，为人类谋未来。在现代社会，人生大部分知识来自学校之外，科技馆应是这种知识的重要来源。科技馆是公众的科学殿堂，应具有尽可能丰富的科学内涵，不同年龄、不同生活经历、不同文化知识背景的参观者，在这里都能见到新

① 中国青少年科技辅导员协会. 科技辅导员学习指南 [M]. 北京：科学普及出版社，2013：42-62.

事物，获得新知识，产生感悟，享受探究的快乐。①

（一）展陈与教育融合

展览与教育深度融合是科技馆展品展项设置的首选因素。这些科技馆许多展品设置均配以人工表演项目、实景体验、小游戏或科普影片，展项的展示与相关试验、培训台相邻，大量的开放或半开放式实验室就设置在展厅内部，公众参与热情非常高。这就启示我们，科技馆最有生命力的主要展览教育形式就是展览与教育深度融合。科学技术浩如烟海，在展品展项设置时，不论是一般技术还是高新技术，展品展项开发的同时必须策划相关教育活动，力争达到"展教深度融合"。

科技馆展陈内容应同时符合重要、有趣、可以理解三个条件。重要是指人类核心知识体系中的核心内容；趣味源于诠释物质世界现象与规律的深刻性，改变物质世界方法的有效性、新颖性与先进性；可以理解指科技馆的叙事应当与公众知识结构衔接，与人类真实的探索活动历程一致，简洁、清晰，符合逻辑。

科技馆科学主题诠释要具备核心、延展、场景三个内容。科技馆展陈的每个科学主题，都应当包括三部分内容：一是以凝练的文字表述的核心科学事实与科学观念。二是相关内容的延伸与扩展，如探究的背景、知识产生的过程、探究的细节、对人类活动的影响、前沿活动，以及难点所在等。为有兴趣的参观者提供个性化服务，使展项具有丰富的科学信息。可以有更详细的图表、曲线、照片、视频或网络链接。三是有助于理解核心知识的模拟场景、模型、实物或可以参与的实验。它们是有助于理解科学的入门道具，使人们获得体验科学的感官实证。不同文化知识背景的参观者，会分别对三部分内容产生兴趣。

科技馆展陈内容要寻求不同领域间的互相关联。在科技馆中着意展现多种联系，包括自然史与文明史的联系、家园与宇宙的联系、经验与科学普遍规律的联系、发现与发明的联系、数学与物质世界的联系、科学与社会的联系、科学与艺术的联系等。思考这种联系，有助于人们理解"不同学科不过是宇宙这部大书不同的章节"。了解不同学科之间的内在联系，有助于人们理解真实世界、理解科学，使习惯于片段知识的头脑能够以新的方式思考宇宙。

（二）科学问题导向

创造"科学实践场"是科技馆展教设计的核心任务。科技馆通过多件展品、多种展示手段的协同作用创设一个完整的"实践场"，展教设计重点解决如何创造"引导观众进入探索和发现科学的过程"的条件。这就启示我们，

---

① 张开逊. 中国科技馆事业的战略思考 [J]. 科普研究，2017，12（1）：5－11＋106.

作为新一代科技馆，展教思想要充分体现"做中学""探究学习法"和"发现学习法"，无论是展厅展品设计、展教活动策划，都应当注重让公众在"动手做"中感受科学魅力、体验科学快乐。

从法国巴黎发现宫、法国拉维莱特科学与工业城、意大利达·芬奇国家科技博物馆、英国纽卡斯尔国际生命科学中心、英国伦敦科学博物馆、英国国家自然史博物馆等科技场馆发展看，科技博物馆建设与发展受到这些国家政府和社会普遍重视，科技馆教育成为素质教育和市民文化生活的一部分，而且多个科技馆同城共存、功能互补、错位发展，现代科技馆特别突出教育职能的发挥。英国、法国、意大利科技馆发展给我国科技馆建设发展以启示。

"问题比答案更重要"是科技馆展教设计的崭新理念。这些科技馆许多的展品没有说明牌，靠观众体验；有说明牌的展品，并非直接告诉观众科学原理，而是告知操作方法，科学原理需要自己在操作中体会、寻找答案。这就启示我们，在科技馆展教设计时，在理念层面应当坚持"问题比答案更重要"，更多地关注探索的过程，即发现和探索科学的过程，让公众在探索中提出自己的问题，并寻求属于自己的答案，而不是直接把答案告诉公众，以更好地激发公众的科学意识和探究精神。

科技馆展教内容从科学成果到科研过程。科技馆应该兼顾科学成果与科研过程的结合。我国科技馆的展示内容，基本上是"尘埃落定"的东西，而国际上科技馆早已开始关注科技成果是如何"尘埃落定"的，即科研的过程。我国科技馆要扩充展教内容，不仅要展示通常所说的"四科"，即科学知识、科学方法、科学思想和科学精神，也要引入科研过程、科学技术对社会的影响等。

科技馆展教方式从灌输式到启发式、从讲解型到动手型、从以科技馆为中心到以观众为中心，我国科技馆应兼顾以科技馆为中心与以观众为中心两种理念。科技馆专业人员具有丰富的实践经验，合理坚持科技馆为中心，充分考虑观众对科技馆的多种需求，尤其是对展教主题的需求。考虑到我国国情，尤其是我国公民科学素质总体水平相对较低的现状，我国科技馆应该兼顾灌输和启发的展教方式，结合两种方式开展科学传播与普及教育，并逐步从灌输式走向启发式，兼顾讲解与动手两种方式开展科学普及教育。实际上，在我们国家，观众特别喜欢听展品的讲解说明，所以我们需要坚持讲解型的展教方式，培养更多优秀的讲解员，同时也要鼓励观众尤其是青少年在做中学。科技馆展教立场有支持辩护型和客观中立型，我国科技馆应兼顾支持辩护型与客观中立型的展教立场。比如科技馆对转基因、核电产业方面的展教，就要站在相对中立的立场上，让公众通过展览所获得的内容、数据和证据，做出自己的判断。①

（三）展现科技前沿

让公众通过科技馆及时了解科技前沿。当今世界，科技发展日新月异，从基础研究到高技术研究，到其他技术的更新换代，步伐不断加快，科技馆需要及时把最新的、前沿的科学技术及时向公众普及。例如，航天、新材料、生命科学等领域不断有新成果出现，科技馆应该把最新的前沿科技尽快转化为公众普遍能接受理解、易看易懂的展品和内容，通过信息化、虚拟现实等手段体现出来。科幻的发展引起了人们对天体物理、天文学、宇宙学等领域的兴趣。随着《三体》的火爆，公众很想了解什么是黑洞、虫洞、暗物质、暗能量等，如果我们还仅限于展示原来经典物理学的内容就无法满足公众需求。要深入研究，加强创新，在内容和形式上不断紧跟时代的步伐。

科技馆应该兼顾经典科学与新兴科学。目前在我国科技馆所展示的大多是已经被证明为真理的科学常识，比如牛顿三大定律、DNA 双螺旋结构等。然而科技的发展日新月异，出现了很多新兴的科学技术，还有战略新兴产业，例如，转基因、纳米科技等，应把这些新兴科技引入展览中，让公众及时了解其前沿动态。

美国的"STEM"教育指的是科学、技术、工程与数学的教育。近年来，"STEM"教育还引入艺术和人文的元素，扩展为"STEAM"教育。人类最高的价值观是追求"真、善、美"，科学是求真的，人文是求善的，艺术是求美的，这些元素应该有机地结合起来。科技馆要把"STEAM"理念落地，就要强调展品的设计和布置，必须与艺术结合起来，体现出科技展品的文化特性。要把"STEAM"理念贯彻到科技馆的建设、运营和实践中去，设立创客空间，让公众尤其是青少年在科技馆感受、体验发明与创新。②

（四）彰显科技魅力

科技馆服务的信息化和情景化。随着互联网特别是移动互联网的普及，信息化技术在科技馆展教和服务中得到广泛应用，延长了科技馆教育和服务的手臂。同时，科技馆展教情景化激发了公众对科学的兴趣，体验到科学带来的愉快和乐趣。

第一，科技馆展陈的"虚拟"情景。虚拟科技馆，一般是指以信息技术、虚拟现实技术等模拟真实科技馆的展览，让观众参观具有身临其境感觉的虚拟化科技馆。虚拟科技馆需要制造出虚拟科普展教场景和展品，观众通过鼠标操作进入科技馆参观，如加入虚拟现实的外设，如头盔、数据手套等，可

---

①② 刘立. 国际科技博物馆和科学中心的发展阶段、趋势及对我国的启示 [J]. 科学教育与博物馆，2015，1（6）：401－404.

以实现人机互动。较好的人机互动可以调动观众的视觉、触觉等，使人产生较好的科技馆参观"现场感"。科技馆信息化突破了实体科技馆时间和空间上的限制，使科技馆服务不受地域的限制，不受开放时间的限制，任何人、任何地点、任何时间都可以参观"科技馆"。

第二，科技馆展教的"不在场"情景。科技馆里的展项是"在场"的东西，要让人们联想到"不在场"的东西，形成完整的"冰山"图景。正如，哲学家海德格尔通过"壶"，联系到了"天地人神"。在展览的时候应该制造相关的背景，只有在一定背景下才能发现展品丰富深刻的内在意义。瑞士伯尔尼爱因斯坦博物馆的场景制造就做得非常好，令人有身临其境的感觉。又如，清华大学以"两弹"元勋邓稼先校友为主题的原创校园话剧《马兰花开》，生动地展现了科学大师的光辉业绩和崇高精神。

第三，科技馆展览的"时态"场景。要充分应用信息化手段，强化用户理念和体验至上的服务意识，充分运用虚拟现实、人工智能、全息仿真等信息化技术，应用多媒体、动漫、游戏、虚拟社区、App 等信息化表达和呈现形式，增强用户体验效果和黏性。建设虚拟现实科技馆，及时生动地向公众再现科技前沿，形象化展现微观、宏观、宇观尺度下的科技内容，增强科技馆展览展品、教育活动的沉浸感、交互性以及观众的想象力。利用信息化技术为公众按需提供科普服务和精准推送，同时在互动中服务、在服务中引导，增强公众对科技馆的参与度、关注度和满意度。

三、科普展教活动的主要模式

按照展教场景体验性的不同，青少年科普展教活动可分为场馆体验、流动共享、收藏展示、自然场景、数字体验等主要模式。

（一）场馆体验模式

青少年科普展教活动的场馆体验模式，是指将互动体验性的科普展教活动常态化地设定在科技馆、科学中心等建筑物中，让公众主动前来参观体验的科普展教活动形式和方式。以中国科学技术馆为例，呈现主题性、互动性、体验性、启发性、常态化等主要特点。

例如，中国科学技术馆（指新馆）位于北京市，2009 年建成开放。现在的中国科技馆有建筑规模 10.2 万平方米。馆内设有科学乐园、华夏之光、探索与发现、科技与生活、挑战与未来五大主题展厅和公共空间展示区及球幕影院、巨幕影院、动感影院、4D 影院 4 个特效影院。其中，球幕影院兼具穹幕电影放映和天象演示两种功能。

科学乐园主题展厅特为 3—10 岁儿童设置，展厅面积为 3800 平方米，以儿童成长需求为本，展示适合儿童身心发展的科技内容，采用以游戏化、探究式互动参与为主的多样化展教方式，鼓励儿童亲身体验、积极思考，在展览和活动中积累经验、锻炼能力，激发对科学的好奇与兴趣。

华夏之光主题展厅，主要展示中国古代的技术创新，包括古代中国在开采、农业技术、水利机械、纺织、建筑、航海等衣食住行领域取得的重要发明创造和技术创新，以及中国古代的科学探索、华夏科技与世界文明的交流。

探索与发现主题展厅，围绕人类科学探索的若干重要方向及内容，把反映宇观探索的宇宙和微观探索的物质，反映对身边自然现象探索的运动、声音、光和电，反映对自身探索的生命，以及在人类探索活动中，起到重要作用的数学等科学内容串联起来，展示科技的美妙和神奇，展示人类在与自然交互的过程中体现出来的科学思想和方法，使观众在参与和体验中受到科学精神、思想和方法的启迪，享受探索与发现过程所带来的快乐。

科技与生活主题展厅，以百姓生活的衣食住行作为展览的贯穿脉络，选取科学技术和人类社会生活的重要方面——关乎衣食来源的农业、关乎自身生活的健康、关乎家庭生活的家居与住宅、关乎社会生活的信息交流与交通运输、关乎创造生活的工具与机械等，展示科技发展对人类社会日益广泛和深刻的影响，传播科技以人为本的观念，使观众感受科技创新为人类带来的福祉和恩惠。

挑战与未来主题展厅，面积5100平方米，主要展示人类面临的重大问题与挑战，展示科技创新对可持续发展的贡献，展示人类对未来生活的畅想，使观众认识到创新是人类应对未来挑战的重大选择，引导观众对未来科技发展问题的关注和思考。

特效影视，主要利用现代电影科技手段，使观众产生身临其境的感受，体验各类影视特效刺激，领略人与自然之美。动感影院由三组动感基座船舱式座椅平台组成，双机同时放映，5.1声道立体环绕音响，可容纳60名观众。当观众坐在六个自由度运动平台上观赏影片时，运动平台可随影片画面同步运动，模拟上下升降，使观众的身体运动与影片情节相协调，仿佛乘坐宇宙飞船一样惊险刺激。4D影院采用4D特效高清数字立体电影播放系统与杜比5.1声道数字环绕音响，影院可容纳198名观众。巨幕影院银幕宽29.58米、高22米，可容纳632位观众，并设有残疾人专用座位。特别设计的大坡度影院座位，让每一位观众都拥有无障碍的视觉。中国科技馆球幕影院可容纳442名观众，并设有残疾人专用座位。影院引进IMAX放映设备，采用30米直径的半球形银幕，银幕上电影画面的面积为1000多平方米，配以六声道立体声音响效果。球幕影院同时配备了光学天象仪和数字辅助投影系统。光学天象仪不仅可以演示恒星、行星等天体，还可以展现日月食、月相变化等天文现象，影院座椅整体倾斜30度，为观众营造仰望苍穹的环境。

教育活动是科技馆开展的让公众参与其中，对科学情景、科学现象、科学概念等有更深了解的一系列活动。教育活动的设计与开展主要依托于常设展览资源，同时，还要充分利用科技馆的其他资源，包括特效影视、信息网络、中国数字科技馆及社会相关科普资源等。科技馆教育活动主要有：展览教育活动，包括讲解、答疑、导览和主题活动等具体形式；扩展教育活动，包括科普电影、科学表演、DIY 园地、与专家面对面、科学俱乐部、中国数字科技馆等具体形式；培训教育活动，包括定期面向全国科技馆工作人员开展专项培训和面向中小学科学课教师、社会科普工作者、志愿者以及导游等特定人群的培训活动。①

（二）流动共享模式

青少年科普展教活动的流动共享模式，是指将互动体验性的科普展教活动通过流动巡展、流动共享等方式，临时设定在便于公众参观体验场所的科普展教活动形式和方式。以中国流动科技馆巡展活动为例，呈现主题性、体验性、共享性、临时性、流动性等主要特点。

中国流动科技馆巡展活动，由中国科协和财政部从 2014 年开始，旨在增强科普基础设施整体服务效能，促进科普展教公共服务均等化。通过遴选实体科技馆中能够移动、经典的科普展品或活动，移动到无法到实体科技馆参观体验的地区或乡村社区，对全国尚未建设科技馆的县（市）的公众特别是中小学生，实现流动科普展教服务覆盖，增加公众接受科普的机会，拓宽公众提高科学素养的途径。中国科协统一开发和研制主题为"体验科学"的中西部地区巡展展览，展览由 50 件展品组成，与科学表演、科学实验、科普影视相结合。展览面积约为 800 平方米，采取模块化设计，可根据场地条件进行拆分和组合。中国科协为中西部地区配发巡展展品，各省级科协自行组织巡展。巡展站点选择在尚未建设科技馆的县（市），每县设一站，每站展出时间原则上不低于 2 个月，每套展览每年至少巡展 4 站，可根据实际情况调整巡展时间和站数。②

（三）收藏展示模式

青少年科普展教活动的收藏展示模式，是指将收藏、研究、展示、阐释等能够反映科技历史文化的科普展教物品或活动，常态化设定在科技博物馆等一类建筑物中，让公众主动前来观看和听讲的科普展教活动形式和方式。以美国旧金山探索馆、北京自然博物馆为例，呈现主题性、收藏性、展示性、

---

① 中国科学技术馆官网［EB/OL］.［2020-12-30］. http://cstm.cdstm.cn/bgs/kjghk/.

② 中国科协、财政部关于印发《中国流动科技馆实施方案》的通知，科协发普字［2014］42号，2014 年 6 月 9 日印发.

研究性等主要特点。

——美国旧金山探索馆。美国旧金山探索馆是在科学博物馆建设的实践探索中创造而来的探索馆，奥本海姆提出著名的"观众体验"理论并付诸的具体实践，使之成为现代科学博物馆建设的"指南针"。旧金山探索馆巧妙利用五官感知理念，给那些"高深莫测"的科技产品穿上了"平易近人"的外衣，让观众很快就能发现它们和自己生活的联系。他们采用全新的展览设计理念，使展览达到更好的视觉效果，还能够让艺术与科学真正地交融，绽放出更加迷人的光芒。他们让观众自由探索体验。观众进入探索馆大厅之后，各种有趣的体验项目尽收眼底，仿佛来到一个巨大的超级市场，可以自由选择自己感兴趣的活动。与传统的科学博物馆不同，旧金山探索馆展览设计的目的并不是让展品具有更好的视觉效果；也不是去颂扬、纪念那些为人类科技进步做出贡献的人；更不是故弄玄虚，给观众灌输一些日常生活中难以接触到的高深知识。奥本海姆的设计思想只求给观众留下一个印象：探索馆是一个好玩的地方——在这里人们可以自由自在地游玩，没有任何的限制和约束。①

——北京自然博物馆，主要从事古生物、动物、植物和人类学等领域的标本收藏、科学研究和科学普及工作。馆藏文物、化石、标本 10 万多件。馆内有 4 个基本陈列和一个恐龙世界博览，其中，《植物世界》大型植物专题展览内容涵盖陆地植物演化、植物功能和现代植物景观三大主题，从史前灭绝的植物类群到今天多姿多彩的植物，从植物的微观结构到植物群落和生态系统宏观景观，全方位多角度展示植物的魅力；《恐龙公园》展厅有 23 只恐龙、两只翼龙以及一只和最早恐龙生活在一起的坚喙蜥构成了不同的组合，分别代表了从三叠纪晚期到白垩纪晚期不同时期的恐龙世界的面貌；古哺乳动物厅，详细介绍了长鼻类、奇蹄类、偶蹄类、食肉类、灵长类和被子植物的演化历程，以及著名的山旺生物群；古爬行动物厅，展示了生物界两亿多年前的景观，并以总鳍、鱼石螈、蚓螈和异齿龙为代表，演示了脊椎动物从水域向陆地发展的复杂过程；古无脊椎动物厅，包括原生动物、海绵动物、腔肠动物、腕足动物、软体动物、节肢动物、棘皮动物等门类；《神奇的非洲》展览，还原了野生动物赖以生存的生境，将非洲大陆最具代表性的野生动物栩栩如生地再现于观众面前。此外，他们以展览、研究成果为基础设计形式各样的教育活动，以生动活泼、寓教于乐的方式，提供有关自然科学知识，促进公众开展博物馆学习与休闲。常设活动，包括实验乐翻天、科普小课堂、

① 李林. 弗兰克·奥本海姆的博物馆观众体验研究理论与实践 [J]. 东南文化，2014 (5)：110 – 115.

赛先生来了等。特色活动有博物馆之夜、环球自然日、北京市中小学生自然
知识竞赛等。社区活动包括组织参观、科普实验、科普讲座、科普阅读等。
学校活动包括展览、课程、讲座等入校服务。科学讲座有科学大讲堂、社会
大课堂等。①

（四）自然场景模式

青少年科普展教活动的自然场景模式，是指通过自然现象、有生命物体、
自然生态、社会生态等场景，真实客观地让公众主动前来观摩和深度体验的
科普展教活动形式和方式。以海南兴隆热带植物园科普活动、英国植物园科
普活动为例，呈现自然性、社会性、系统性、实景性、深度性等主要特点。

——海南兴隆热带植物园，包含调查、采集、鉴定、引种、驯化、保存
和推广利用植物，以及普及植物科学知识等功能，并供群众游憩。1997 年对
外开放，占地面积 42 公顷，收集保存有热带香料饮料植物、热带果树、热带
经济林木、热带观赏植物、热带药用植物、棕榈植物、热带水生植物、热带
珍奇植物、热带沙生植物等热带植物种质资源 2300 多种。以热带香料饮料作
物和热带珍稀植物的植物学、生态学、耕作栽培学等知识为主题，通过植物
标牌、科普说明牌、八国语言翻译系统、导游讲解等设施和手段，将科普教
育和旅游观光充分地融为一体，让社会公众可以充分了解热带植物多样性和
热带雨林典型特征。②

——英国植物园，一方面承担着对植物的科学研究与保护工作；另一方
面承担向公众提供科普教育，提高人们对植物及其生长环境认识的责任。在
英国，植物园已成为学校教育重要的组成部分，植物园教育是户外情景学习
的重要组成部分。为此，英国植物园普遍为学校团体设置专门教育项目，由
来访的学校教师或植物园专职教育官员负责执行。针对来访学校团体的教育
项目，主要以现行国家课程标准为依据，教学内容与学校课程紧密结合，以
满足来访学校团体完成国家课程的需求，吸引更多学校前来参观。此外，一
些植物园（如韦斯利植物园、爱丁堡植物园）率先开始向当地学校提供资源
与技术，协助它们开展以修建学校花园为目的的"校园种植行动"。英国植物
园教育的实践，在一定程度上强调以学生为中心，通过对话及提问的方式，
引导学生主动构建关于植物的知识。同时，鼓励学生与植物接触，在"做中
学"，将课堂理论知识与日常生活相结合，培养学生对植物及自然环境的

---

① 北京自然博物馆基本情况 [EB/OL]．[2020 - 12 - 30]．http://www.bmnh.org.cn/bwgjj/bwgjj/index.shtml.
② 符红梅，郝朝运，谭乐和．兴隆热带植物园科普教育实践与思考 [J]．农业研究与应用，2015（2）：74 - 75 + 78.

情感。①

（五）数字体验模式

科普展教活动的数字体验模式，是指通过现代信息技术，形象生动地在多种媒体终端呈现科普展教信息或活动，通过网络传输、多渠道分发推送或泛在获取的科普展教活动形式和方式。以中国数字科技馆为例，呈现数字化、网络化、智能化、移动化、泛在化等主要特点。

中国数字科技馆，以激发公众科学兴趣、提高公众科学素质为己任，是面向全体公众，特别是青少年群体的网络科普园地。从宇宙探索、生命奥秘、人与自然、历史文明、健康生活、工程技术等视角，以 90 个专题展馆全方位介绍了人类科技文明的盛况，透过精美的多媒体展现形式，公众能够深入科学内涵，体验研究过程，同时充分感受科学的快乐以及科技文明的魅力。经典的栏目有微专栏，以更新快、话题热和内容新颖为特色，每周从时事热点中选择一个主题，用多篇配有图片或视频的短文从科普角度对主题进行深入解读；《榕哥烙科》为原创趣味科普栏目，主要对身边的生活进行有意思的科学解读和创造，汇集知识碎片，创造有价值的答案，唤起大众对科学的兴趣；环宇采撷，专注国外优秀科普资源的栏目，所有内容均为世界科普杂志第一品牌《科学美国人》的独家中文版本；天空之城，包括最新的科幻资讯，也有原创的科幻小说、科幻广播剧及微电影，力图用多元化的形式来丰富网友对科幻的了解和体验；《你好星空》多选取常见的天文现象以及天文学领域的科学家、科学发现为主题，用简洁、优美的语言来讲述星空的故事；开开小屋，集成视听类、游戏类及动手实验类资源并提供下载服务；科学开开门，面向 3—8 岁儿童推出的首档原创百科音频节目，从儿童的视角解答小狗开开、心心生活中的科学为什么，为孩子打开科学的大门。②

第三节　科普讲座

科普讲座是青少年科技活动的一种基本和常见方式，是基于科学技术传播、教育的一种口授科普形式。科普讲座通常起到传达科普意图、说服公众改变某种观点、吸引公众深入思考等作用。

---

① 翟俊卿. 英国植物园教育的发展与实践综述 [J]. 科普研究，2013，8 (6)：48－53.
② 中国数字科技馆词条 [EB/OL]. [2020－12－30]. https://baike.so.com/doc/6411221－6624889.html.

一、科普讲座概述

科普讲座是集科普讲座者科学背景、人文背景、社会阅历、人格魅力、演讲艺术、语言表达、沟通能力等为一体的创造性劳动的结晶。它是一门科学，也是一门艺术。

（一）科普讲座的概念

科普讲座又称科普演讲或科普报告，是科学家、科技工作者通过讲座的形式普及科学和技术的教育过程。演讲者主要通过口传面授直接与青少年受众进行互动交流，并将科学知识、科学方法、科学思想、科学精神传递给青少年。演讲者能够根据现场的实际情况对讲座的内容取舍、难易程度、讲述方式、语速等做出适当调整，以满足听众的需求，因此科普讲座具有其他科普活动不可比拟的独特优势。近年来，随着科技的飞速发展，互联网、多媒体等技术也逐渐融入科普讲座的表现与传播之中，使之突破了传统方式，变得更具灵活性。相比其他青少年科技活动形式，科普讲座的举办成本较低、参与人数较多，是一种应用较广的活动形式，因而以讲座形式开展的青少年科技活动便具有普遍性特征。

科普讲座是科学家参与科普宣讲活动的重要方式。科学家不仅是科技创新活动的实际操作者和科学成果的生产者，同时也承担着向社会公众传播科学的重要使命。科学家投身科学普及活动，一方面源于自身所负有的科普责任，另一方面也因为其科学代言人的身份而在科学传播过程中所具有的独特优势和作用。[①] 科学家的职业生涯中，不仅亲身经历了自然界规律的发现和研究过程，同时也实践了科学的精神和科学的态度和方法。历经探索科学规律、发展技术、在经济和社会发展中实践科学发展观之后，科学家应当可以告诉人们怎样学习和理解科学和技术，怎样以人文道德观念为指导，正确运用科学技术造福社会和人类。[②]

我国历史上可以说演讲人才辈出。春秋战国时纵横捭阖的游说家、三国时舌战群儒的诸葛亮等，都是演讲家的典范。他们杰出的辩例都是建立在知识丰富、思想独到、演讲艺术卓越的基础上的。现代社会科学技术高度发达、人与人之间联系更为紧密，对于科学家、科技工作者来说，所做的科研工作要得到公众理解并为人类文明的发展服务，科普演讲能力已经成为一个不容忽视的素质。不少科学家在开展科普活动时都会感到有难度，要把复杂深奥

---

① 詹正茂，舒志彪. 中国科学传播报告（2008）［M］. 北京：社会科学文献出版社，2008：263.

② 温·哈伦. 科学教育的原则和大概念［M］. 韦钰，译. 北京：科学普及出版社，2011：中文版序.

的科学问题用通俗易懂的语言表达出来，要让没基础的受众初步了解，要唤起不同类型人的兴趣，是一门学问。科普不是一个简单的从高到低、把高品质的科学知识降低为低品质的知识的过程，它是一种创造性的劳动。在这个过程中，既要深刻领悟自己所表述的内容，又要考虑受众的认知规律、心理感受；既要有理又要有趣，既要科学严谨又要生动活泼。写学术论文，面对的是同行，很容易让大家明白自己的工作；做科普报告，面对的听众往往是外行，还必须时刻考虑他们的知识基础、心理状况，否则花费时间却没有效果。

卓越的科普演讲会让科学家获得极大社会影响力。早在19世纪，英国科学家法拉第的科普讲座可以说极具魅力，37年间他总共做了126场科普演讲。英国银行1991—1999年发行的20英镑钞票上，就用表现法拉第1855年12月做圣诞科普演讲的石版画作为背景图案，这次演讲的听众包括威尔士王子和阿尔弗雷德王子。

实际上，在法拉第之前，化学家汉弗雷·戴维已经以擅长科普演讲而著名。他开展讲座的地点皇家科普所坐落于伦敦阿尔贝马尔大街，每当有科普讲座的日子它的门前就会车水马龙，以致伦敦市政府将阿尔贝马尔大街确定为单行街。这是伦敦有史以来的第一条单行街。戴维科普讲座的热心听众中，有一位是当时的书店装订工法拉第。他听了好几场，做了详尽的笔记，后来将这些笔记寄给戴维看，并表示了对科学职业的兴趣。经过戴维的不懈周旋，1813年没有文凭的法拉第得以进入皇家科普所工作。他科学生涯的开启是与科普讲座联系在一起的，他后来如此热情地投入科普演讲，恐怕也与对科普讲座的感激之情有关。

法拉第开始的工作是担任演讲者的助手，后来才走上演讲台。经过头一段时间的观察学习，他对构成优秀科普讲座的要素已经心中有数了。他在给城市哲学学会的老朋友本杰明·阿伯特的书信中诉说了他的看法：首先演讲厅的形状很重要。他比较了伦敦3家总体上都不错的演讲厅，最后结论是皇家科普所的演讲厅最好；其次要考虑听众，应根据听众面的特点来决定演讲的选题，法拉第举例说解剖学就不是个合适的题目；第三演示仪器极其重要。为了抓住听众的眼睛和耳朵，所有演示过程和演示物品都要让听众看得很清楚；第四演讲技巧很重要。语速要不急不缓，不要背对听众，演讲中不要休息，但总时间最好不超过1小时等。

法拉第并不是天生的演讲家，而是苦练出来的。在进入皇家科普所之前，他曾在城市哲学学会做过几场报告，有一点实践经验。为了进一步提高演讲水平，他于1818年修习了由著名演讲教师本杰明·汉弗雷·斯马特举办的演讲课程。后来，他还请斯马特对自己进行一对一的辅导。1827年，他还请斯马特出席他的科普演讲给予现场指导。除了斯马特，法拉第还经常邀请城市哲学学会的另一位老朋友爱德华·马格拉斯出席自己的讲座，专门给自己挑毛病，要在法拉第演讲过程中不时举起专门让法拉第看的小牌子，上面写着"慢点""注意时间"，等等。法拉第的助手查尔斯·安德逊在实验演示的准备工作等方面也给了他极大的帮助。从某种意义上说，法拉第科普讲座的成功也是团队合作的结果。

（二）科普讲座的形式

科普讲座的具体形式有很多，主要包括讲授型、研讨型、训练型、表演型等。

第一，讲授型。讲授型属于传统的讲座形式，它主要通过讲座主讲人的口头语言表达，系统地向青少年传授知识，提供科学信息等。讲授型适用于传播先进理念、传授前沿科学和高新技术知识，以及传授学习方法等。一般来说，讲授法在以语言传递为主的培训中应用最广泛。讲授型的科普讲座组织方便，可以同时面向许多人，经济高效。它能在短时间内让青少年获得大量系统的知识或信息，具有容易掌握和控制学习进度等优点。但讲授型讲座的效果易受主讲人自身讲授水平的影响。

第二，研讨型。研讨型的科普讲座，能为青少年提供交流、探索的平台，能有效激发青少年自主学习的兴趣和深入思考。研讨型讲座通常适用于人数较少，且以培养青少年科学研究的方法与能力或是指导青少年科技活动实践为主的培训活动，如小课题研究、小发明创造等。研讨型的科普讲座，通常通过创设情景，发现问题；点拨引导，尝试探索；拓宽思路，发散求异；个性评价，取长补短等步骤来组织开展。

第三，训练型。训练型科普讲座，主要是通过主讲人的传授或传递，使青少年通过活动逐步习得相关科技技能的模式，这亦是培训类科技活动的重要类型之一。主讲人通过上述培训模式向受训青少年传授或传递与科学相关的技能，主要包括动手操作的技能、观察实验的技能、科学思维的技能、科学计算的技能、信息收集和处理的技能、沟通表达的技能等。在训练型讲座中，主讲人的首要工作是示范，这就要求其自身必须能够熟练运用上述各项技能，并有效为受训青少年进行展示。

第四，表演型。表演是一种独特的极具观赏性的科普讲座形式，它通常是综合运用口头语言、肢体语言和环境语言来实现传播科学思想、精神、知识、技能和方法之目标的。相比其他形式的宣讲类科技活动，表演式通常在需要进行公开展示或是节日庆典等特殊场合上被使用，例如，在各种大型的科普宣传活动、科技竞赛活动，或是学校的科技节和节日庆典等。虽然表演式在宣讲类科技活动中的应用受一定条件的制约，但它却有着其他宣讲类形式无法具备的可观赏性——通过表演的方式进行科学传播，让青少年不仅能听到，同时更能直观地看到科技与文艺结合所产生的感召力，并使之更易于理解科学的诸多内涵。表演式讲座对于演出的设计和表演者的要求很高。①

（三）科普讲座的作用

科普讲座以科学家、科技工作者的讲授为主。在各种形式的青少年科技活动中，科普讲座是科学家、科技工作者主导性最强的活动之一，讲座内容的准备和传播工作均由科学家、科技工作者来完成，青少年是倾听者、思考者和提问讨论者。

科普讲座属于提示型科普形式，是讲座主讲人在一定的科普场景中，通过各种提示活动（如讲解、演示等）来传授科普内容，公众接受并内化内容的方式。在现代科普实践中，这种方法依然占有重要甚至主要地位，它具有内在的科普价值，在一定条件下，具有其他科普形式、手段所不可替代的科普功效。第一，科普讲座能够使人在短时间内接收并理解大量的科学知识、科学方法、科学思想、科学精神，并参与公众个人知识体系的建构，以适应个人与社会的发展需求。第二，科普讲座能够充分体现主讲人的主体性和主导作用。主讲人对特定知识领域的理解程度、语言能力、科普艺术可以在科普讲座中充分展露。实践证明，在许多场合，对于重大科学事件、科学家故事、科技展品的描绘等，主讲人绘声绘色地讲述要比其他方法更有效。当主讲人通过富有感染力的语言表达其对特定科普内容的独特理解和真情实感时，公众会产生难以忘怀的感受。第三，科普讲座可以充分调动公众理智与情感的主动性、积极性。科普讲座并非必定导致公众的被动学习，正如奥苏伯尔研究揭示的那样，接受学习与机械学习并非同义语，只要所讲解的知识与学习者已有的认知结构建立起实质性的联系，公众就完全可以进行意义学习。而发现学习如果流于形式，不能与公众的认知结构结合起来，同样可能导致机械学习。所以不能把接受学习与机械被动学习等同起来，接受学习同样可以充分调动公众理智与情感的主动性积极性。

在认识科普讲座的内在科普价值的同时，应当对这一方法的局限性有充分估计。首先，科普讲座有助于人的认知能力的发展，却不利于人的操作能力的发展。在这种方法中，公众的思维可能是积极的，但动手能力、实践能力的训练却无法展开。其次，科普讲座有助于发展人的接受能力，却较难满足人的探究能力的发展。由于这种方法主要着眼于对既有知识（间接经验）的接受与理解，公众对世界的探究能力、获取直接经验的能力受到限制。最后，不顾公众认知结构特性的科普讲座，很可能流于"灌输"，导致公众的机械被动学习。这样，科普就不是互动的、使人真正理解、有获得感的过程，

---

① 中国青少年科技辅导员协会. 科技辅导员学习指南 [M]. 北京：科学普及出版社，2013：42 - 62.

而是违背了科普的初衷。

二、科普讲座要领

科普讲座与其他科普形式一样，有其自身的基本规律。一场精彩的科普讲座不是人人都能做的，要做好一场科学、有趣，让人有所感、有所获的科普讲座，并非一件易事。

（一）确定讲座主题

首先，要确定好的讲座主题，并围绕选定的主题进行科学的过程设计，以保证实现讲座所要达到的目标。其次，一定要使讲座的内容和环境设计能够唤起青少年的兴趣，启发他们对科学问题进行思考，这是讲座能否成功举办的关键。如开设讲座在条件允许的情况下，可以运用幻灯片、影像资料、实物展示等媒介，让这些生动、形象、直观的画面或环境背景出现在青少年眼前，不仅有助于提高青少年对讲座内容的兴趣，还可以帮助他们更深入理解讲座中所涉及的科学问题或社会问题。最后，主讲人要善于与现场受众之间进行互动，引导青少年参与对所探讨问题的分析、思索及对话，鼓励他们在思辨中提升自身的素质。很多讲座上，有些演讲者在台上滔滔不绝，而听者在台下昏昏欲睡，根本达不到讲座的目的。所以讲座通过传播者与受众之间的互动交流，有利于改变青少年被动听讲的消极性，发挥其学习的主观能动性，使他们通过自己的积极思考感受科学的魅力。[1]

（二）遴选科普主讲

通过主讲人的组织化来保障科普讲座的常态化高质量供给。科学家、科技工作者主要分布在高校、科研所和企业中，但是在这些机构里通常缺少专门的科普机构来有组织地利用科技人力资源从事科普，有组织的参与科普活动的科学家、科技工作者人数只占总体人数的极小部分，还有相当多的科学家和科技工作者没有被动员起来。其中很多科学家、科技工作者有科普的责任意识和热情，却没有参与科普的渠道。科学家、科技工作者参与科普活动的障碍主要在于：一是现行科技评价体制对科学家、科技工作者参与科普活动的激励不足；二是部分科学家、科技工作者对于从事科普的责任意识和参与意识不够；三是科学家、科技工作者从事科普的技巧有待提高；四是缺乏组织化的科普团体，限制了科学家科普热情的发挥。[2] 1997 年，由中国科学院首创的"中科院老科学家科普演讲团"以科普演讲团的组织模式较好解决了以上的大部分问题，让科学家有组织、有激情、高质量地为公众尤其是青

① 中国青少年科技辅导员协会. 科技辅导员学习指南 [M]. 北京：科学普及出版社，2013：50.
② 詹正茂，舒志彪. 中国科学传播报告（2008）[M]. 北京：社会科学文献出版社，2008：276–278.

少年提供科普讲座服务。经过多年的历练，已发展成品牌科普演讲团，并示范带动了众多科学家科普演讲团的成立和成长，比如中国科普作家演讲团、清华大学老科协科普演讲团、航天院士专家科普演讲团等。在品牌演讲团的示范引领下，各省也纷纷成立当地的科普演讲团，并与老牌科普演讲团交流和合作。不同层级、不同领域科普演讲团的发展壮大，为科普讲座的常态化和高质量供给提供了一定的保障。

（三）科普素材积累

科普讲座的关键是讲座环节，做科普讲座之前需要进行大量的素材积累。科普讲座的素材准备主要靠科普报告者自己所拥有的科学背景，以及平时的知识积累。但作为科普报告者仅靠这些还不够，还必须抓好新信息的采集、筛选、储存、应用、反馈，开发新的信息资源，开拓信息渠道。一般获取新信息的重要途径和方法有：第一，读书。读书是科普报告者获取新知识和信息的重要途径，科普报告者要博览群书。第二，关注现代传媒。借助现代传媒迅速形象地获取新信息。第三，调查研究。针对科普报告的对象群体进行深入调查，了解科普对象的需求。第四，收集案例。收集来自世界各地与科普报告主题有关的发生在世界各地的重大事件、科技成果、经济文化动态等，特别要注意利用互联网络查询。在素材准备的基础上，确定演讲的主题和形式等，并着手科普演讲稿的准备。科普报告的主题要贴近科学、贴近时代、贴近生活，引起听众兴趣和共鸣。

（四）科普讲稿撰写

撰写好科普演讲稿，也是科普演讲前的基础工作。科普演讲稿也叫演说辞，它是在科普讲座上和某些公众场所发表的科普文稿。演讲稿是进行科普报告的基本依据，是对演讲内容和形式的规范和提示，它体现着科普演讲的目的和手段，演讲的内容和形式。科普演讲稿是科普活动中经常使用的一种文体，它可以用来交流科学思想、科学情操，表达科学主张和见解；也可以用来介绍自己的学习、科学活动和研究成果经验等；科普演讲稿具有宣传、感染、教育和欣赏等作用，它可以把科普演讲者的科学观点、主张与思想感情传达给听众以及读者，使他们信服并在科学思想和科学态度上产生共鸣。科普演讲稿要突出以下三个特点：第一，针对性，科普演讲稿要针对科普报告的听众对象的职业特征、知识结构、性别与年龄结构等，设计和取舍内容，确定不同的呈现方式；第二，可讲性，科普演讲稿要用科普语境，应用通俗易懂、易于上口的语言表达出来；第三，感染力，科普演讲稿要有主旋律，要有激情，要有感染力，要能够把听众情绪调动起来。

（五）科普演讲开头

科普讲座要获得成功，演讲的开头非常重要。文章开头难写，也是同样的道理。作科普演讲开场白很不容易把握，要想三言两语抓住听众的心，并非易事。如果在演讲的开始听众对你的话就不感兴趣，注意力一旦被分散了，那后面再精彩的言论也将黯然失色。因此，只有匠心独运的开场白，以新颖、奇趣、敏慧之美，才能给听众留下深刻印象，才能立即控制场上气氛，在瞬间集中听众注意力，从而为接下来的演讲内容顺利地搭梯架桥。

——奇论妙语，石破天惊。听众对平庸普通的论调都不屑一顾，置若罔闻；倘若发人未见，用别人意想不到的见解引出话题，造成"此言一出，举座皆惊"的艺术效果，会立即震撼听众，使他们急不可耐地听下去，这样就能达到吸引听众的目的。但运用这种方式应掌握分寸，弄不好会变为哗众取宠，故作耸人之语。应结合听众心理、理解层次出奇制胜。不能为了追求怪异而大发谬论、怪论，也不能生硬牵扯，胡乱升华。否则，极易引起听众的反感和厌倦。须知，无论多么新鲜的认识始终是建立在正确的主旨上的。

——自嘲开路，幽默搭桥。自嘲就是"自我开炮"，用在开场白里，目的是用诙谐的语言巧妙地自我介绍。这样会使听众倍感亲切，无形中缩短了与听众间的距离。

——即景生题，巧妙过渡。一上台就开始正正经经地演讲，会给人生硬突兀的感觉，让听众难以接受。不妨以眼前人、事、景为话题，引申开去，把听众不知不觉地引入演讲之中。可以谈会场布置，谈当时天气，谈此时心情，谈某个与会者形象。即景生题不是故意绕圈子，不能离题万里、漫无边际地东拉西扯。否则会冲淡主题，也使听众感到倦怠和不耐烦。演讲者必须心中有数，还应注意点染的内容必须与主题互相辉映，浑然一体。

——讲述故事，顺水推舟。用形象性的语言讲述一个故事作为开场白会引起听众的莫大兴趣。选择故事要遵循这样几个原则：要短小，不然成了故事会；要有意味，促人深思；要与演讲内容有关。

——制造悬念，激发兴趣。人都有好奇的天性，一旦有了疑虑，非得探明究竟不可。为了激发起听众的强烈兴趣，可以使用悬念手法。在开场白中制造悬念，往往会收到奇效。制造悬念不是故弄玄虚，既不能频频使用，也不能悬而不解。在适当的时候应解开悬念，使听众的好奇心得到满足，而且也使前后内容互相照应，结构浑然一体。

（六）科普演讲技法

科普报告的演讲是科普报告呈现的关键阶段，是听众感悟、科普效果体现的直接阶段，因此，科普报告的演讲艺术是事关成败的关键。科普报告的演讲者很容易犯这样一种毛病，那就是在演讲时内容漫无边际、结构松散凌乱、语言拖沓累赘。然而，如果科普演讲者能根据演讲的目的、主题、题材等因素，恰当地运用照应技巧，则可以避免这个问题。

——扣题照应，画龙点睛。科普报告的演讲标题是其内容的高度概括，演讲中应在适当的时候照应标题，这在演讲中往往能成为画龙点睛之笔。扣题可以使演讲的内容向标题聚拢，指向更加明确集中，也可以使演讲的主题思想得以突出和升华。演讲者照应标题，画龙点睛，使听众解开疑窦，在顿悟后的释然中理解了演讲者的深意。

——首尾照应，大开大合。在科普报告的演讲中，开头埋下伏笔，结尾再来照应，可以使演讲的结构曲折跌宕、大开大合，而且能使布局巧妙、眉目清楚、重点突出、主题深化，给听众以深刻的印象，产生耐人寻味的艺术效果。演讲者运用首尾照应的技巧，前呼后应，大开大合，使整个演讲内容高度集中，结构严谨缜密，浑然一体，使听众对演讲主题的认识不断深化，引起听众心中强烈的共鸣。

——层层照应，一线贯穿。在演讲中，也可以先提出中心问题，然后紧扣中心问题层层进行照应。这样做的好处是可以使演讲的主旨逐层深化，演讲的结构一线贯穿，演讲的气势在层层排比中逐步推向高潮，还可以使听众在反复照应、多次强调中加深印象，对演讲主题认识更明确、更深入，从而使演讲更具有鼓动性和艺术感染力。排比的层层照应，演讲得以主题更突出、内容更集中、脉络更清晰、气势更强烈，具有震撼人心的艺术效果。

——随机照应，前后关联。在演讲过程中还可以随机照应，即前面谈到的问题，后面随时给予照应，使前后关联，结构缜密，这有利于唤起听众的回味和联想，使演讲显得更自然随意，更容易贴近听众，打动人心。

——细节照应，以小见大。细节往往可以以小见大反映生活某些方面的本质。在科普报告的演讲中也可以抓住某些典型性的科学原理或自然现象、生活细节，在演讲中反复照应，多处强调，从而揭示科学规律或生活规律，给听众以有益的启迪。

——对比照应，比中见旨。在科普报告的演讲中还有一种对比照应的手法，即列出两类既有关联又有本质区别的人或事物，在演讲过程中用对比的方式不断进行前后照应，使各自的特点在对比照应中更加鲜明，也使演讲的主题更突出，演讲者得出的结论也更让人信服。运用照应技巧，能体现出演讲的结构布局之妙，使演讲灵活，全篇浑然，大开大合，时起时伏，前呼后应，形散神聚，能极大地增强演讲的艺术表现力。

（七）吸引科普听众

科普报告的演讲，要吸引住听众，就要有良好的口才、鲜活创新的思维、耳目一新的多媒体技术、科学和人文的积淀等。

——口才是科普演讲的吸引场。在一些科学现象、科学事件的陈述中，同样的内容，但不同演讲者的表现却差别较大，这与个人的概括能力、语言能力和驾驭现场的能力，也就是演讲能力有很大关系。首先，科普演讲者的思维、品位以及关注点，应该和观众的思考期待一致，甚至更高一筹，才会把演讲引向一个逐渐深入的境界，使听众兴趣不减、有所收获，把他们牢牢地吸引在科普报告厅内。如果科普报告人像私塾先生那样不紧不慢地老生常谈，恐怕不等讲完，听众就会走人。凡是在公众面前演讲（尤其是在大的公众场合），都应尽可能做到：语言紧凑、用词准确、条理分明、论点突出、心安神定。如此，演讲者不但具有了鲜明的个性，还有了驾驭现场的能力，这就是演讲者的综合素质魅力！对听众不能奢望"六秒钟定律"即知端详，但却可能像精彩电影那样，几分钟就吸引住观众的目光。

——鲜活的思维是科普演讲的智慧之光。目前，公众的目光已经由争论科学问题，转向充满鲜活思维的"科学对话"形式。听众更愿意看到知识丰富、紧跟现实、实话实说、与生活近距离、充满鲜活思维的科学对话。在科普报告的演讲中，在现场迸发出来的鲜活的科学思想会给人们带来很深的启迪。

——多媒体技术是科普演讲的必备手段。多媒体技术应用到科普报告的演讲中是常用的一种基本手段。科普报告者用多媒体演示，可以起到以下意想不到的效果：第一，提高听众对科普报告者的认可度。现代社会的公众已经习惯了多媒体技术，科普报告的演讲者如果使用了现代多媒体技术，听众就会认为他没有脱离时代，就会认为报告人与现代社会没有距离、与听众没有距离。第二，提高听众对科普演讲的吸引力。多媒体集图像、文字、声音、动感等一体，可以很好地采用虚拟现实的科普场景，给听众以真切地感受，从而使科普演讲成为一个愉快的过程，增加科普演讲对听众的吸引力。第三，提高科普演讲的效率。对科普演讲来说，一般演讲时间是有限制的，科普演讲者如果不借助多媒体，就会花很多时间来呈现某一个科学现象或科学原理，而且效果并不一定好，应用多媒体技术可以很好地提高演讲者的演讲效率。多媒体的使用、直观图像的呈现有助于调动听众大脑的学习潜能，多媒体演示的应用有助于提高听众对科普演讲的理解和学习效率。第四，多媒体演示稿把演讲者与听众聚集到一点。许多科普演讲者把多媒体演示稿作为科普演讲稿，时时提醒自己演讲的主题，以不至于离题太远或超过演讲时间；听众可以从科普演示中清楚地知道演讲者要讲的内容，有时即使演讲者没有讲清楚，也能从演示的屏幕上读懂。

在制作科普报告的多媒体演示稿时，每版的主题要鲜明；注意图文并茂，避免整版文字；要充分利用动感、图片、示意图等；画面要简洁、干净、美观；有时版面要有冲击力，给听众以深刻印象。

——科学和人文积淀是科普演讲的根本。科普演讲艺术的高低，取决于一个人科学和人文的综合实力，取决于长期的科学和文化积淀和实践历练。从层次上，科普演讲艺术可分为四种：就是"技""道""悟""空"。"技"就是专业技能方面的演讲。"道"就是各行各业的理论宣讲。"悟"就是对实践和理论融会贯通并能鞭辟入里且奔放自如。"空"不是无，而是一种自由状态，是对自然和社会的感悟至深。由此可见，一个好的科普报告应该进入一个完全自由的状态。

三、科普讲座的主要模式

按照讲座场景的不同，青少年科普讲座可分为巡讲、讲堂、在线等主要模式。

（一）巡讲模式

青少年科普讲座的巡讲模式，是指科普演讲人通过流动、巡回方式，来到便于科普受众参加听讲的学校或社区，进行科普讲座的形式和方式。以"大手拉小手"科普报告希望行活动为例，呈现主题性、目标性、流动性、临时性等主要特点。

"大手拉小手"科普报告希望行活动，始于2000年，由中国科协青少年科技中心主办，旨在以科学家的大手拉青少年的小手，搭起科学家与青少年之间的沟通桥梁，以科普报告的形式面向青少年开展科学传播活动。活动一般以"大手拉小手"科普报告团的名义，根据中小学生的需要，组织具有科技传播能力的科学家、专家进入校园，向学生进行翔实生动、充满趣味的科普报告，让学生可以与科学家近距离接触、面对面交谈，激发他们学习科学的热情。

（二）讲堂模式

青少年科普讲座的讲堂模式，是指不同的科普演讲人定期、在固定场所、以固定的演讲方式，受众主动参加听讲的科普讲座的形式和方式。以英国皇家科学院圣诞讲座、中国科技馆大讲堂为例，呈现主题性、目标性、仪式性、庄重性等主要特点。

——英国皇家科学院圣诞讲座，始于1825年，是英国皇家科学院在每年圣诞期间举办的科学讲座。圣诞讲座最早由科学家迈克尔·法拉第发起，延续至今已有近200年历史，他本人于1827—1860年共计作了19次圣诞讲座，开创了一种令人兴奋的向年轻人展示科学的新方式。其中只因第二次世界大战中断了4年。讲座每年都有一个主题，以自然科学为主，也有其他。许多世界著名的科学家曾在这里发表演讲，包括诺贝尔奖得主威廉和劳伦斯·布拉格、大卫·艾登堡爵士、卡尔·萨根和南希·罗斯韦尔夫人等。1936年，英国广播公司首次在电视上播出圣诞讲座，这使它成为世界上最古老的科学电视系列节目。自 1966 年以来，圣诞讲座每年都会在英国知名电视台上播出。不少讲座还被制作成电影、影像视频发行或在网络上广泛传播，受到公众好评，收视率和点击浏览量都非常高。近 20 年来，圣诞讲座的团队开始进行世界巡讲，希望把科学讲座带给各国观众。①

——中国科技馆大讲堂，是中国科技馆 2015 年 1 月创办的馆内科普讲座，旨在为社会公众，特别是面向青少年，搭建专家学者与公众沟通交流的桥梁，激发公众的科学兴趣，促进公众理解科技与社会的关系、科技与人的关系，培养公众养成科学思维方法和科学精神，为提高公众科学素质服务。其特点：一是面向公众定期定点举办，形成了固定的听众粉丝。二是成立"中国科技馆专家学者讲师团"，以中国科技馆为依托，充分利用国家科技馆的平台资源，拥有来自中国科学院、高等院校、全国学会（协会）、知名出版社、科普传媒、研学机构的专家资源。邀请科普新秀参与讲座，在托举科普新秀快速成长的同时，以年轻人特有的朝气为听众带来耳目一新的感觉。三是科普讲座形式多样，不断创新和尝试公众喜爱的科普讲座形式，除常规形式的讲座之外，已经开展了"科普看片会""科普脱口秀""科普阅读会""科普音乐会""科普沙龙""中科馆大讲堂进基层"等形式的科普讲座。四是紧跟热点，策划系列讲座。例如，"带您看懂中科馆首部馆藏电影——《流浪地球》"系列讲座。五是也通过云讲堂广泛拓展专家资源，辐射更广泛的观众群，通过线下讲堂推精品、推高端讲座。

（三）在线模式

青少年科普讲座的在线模式，是指通过剪辑上传或直播，建立网上平台或"两微一端"传播渠道，将不同的科普演讲人的不同主题的演讲上传或推送给受众的科普讲座的形式和方式。以首都科学讲堂为例，呈现主题性、目标性、生态性、泛在性等主要特点。

首都科学讲堂，由北京市科协主办，2007 年开坛，充分利用首都知名专家、国际知名学者资源优势，以演讲、论坛、专访等形式，将科学名家请进来，宣讲科学知识，探究科学思维，传播科学文化，引导和帮助公众理解科学、走近科学、欣赏科学，提高自身的科学素养。多年来，积累了较好的口碑和固定的观众群体。2020 年，因疫情原因导致线下活动无法进行，开始向线上开讲转型。

讲坛坚持高点定位，开放合作，以解读科学精神为主线、当今科学热点为话题、打造系列演讲为特色、媒体联动传播为延伸，充分利用首都地区知名专家集聚的优势，精心打造讲堂栏目，成为首都地区具有影响力的科普知

---

① Christmas Lectures[EB/OL].[2020-12-30]. https://www.rigb.org/christmas-lectures/about.

名品牌。演讲者主要以院士为主,内容聚焦事实热点,讲好科学精神、科学方法,揭秘前沿科技;结合疫情,紧贴热点;前瞻研判,提前一步;传播知识,弘扬精神;服务品牌,凸显特色。形式采用电视级高品质直播＋录播方式,把网上课堂和线上直播相结合,让公众足不出户也能获得最权威、最前沿的科普内容和资讯。打造仪式感,增强互动性。受众辐射全国,体现首都特色;注重发挥录播传播的长尾效应,在腾讯、新浪、微博、今日头条、哔哩哔哩、科学加等平台开展直播,在学习强国、央视频、人民日报客户端、数字北京科学中心、首都科普等网站开展录播,制作短视频在抖音、快手、微信短视频等大流量平台传播。

讲坛包括极简科学课、院士会客厅、科学青年说、求真公开课,采用流行授课方式,契合公众需求,80 分钟/讲座,划分为 4 小节进行分享,每个小节为一讲,每小节后互动提问。在播出前,发布预热帖,包括预热海报、文章、长图多种形式。剪辑精品二次传播:将直播和录播的内容进行精选剪辑后进行二次传播,主要分为约 20 分钟一集课程的和 1—2 分钟的短视频传播。通过抖音、B 站等播出 1—2 分钟短视频(从知识点做摘选)。全媒体传播服务,深度报道,将专家讲解内容从多角度形成不同的文章进行组合报道。直播:腾讯新闻、新浪科技、百度、一直播、科学加、今日头条、西瓜视频、快手、抖音、哔哩哔哩等。录播:数字北京科学中心、首都科学讲堂、首都科普、"学习强国"北京学习平台、人民日报客户端、光明日报客户端、央视频、中央纪委网站、科普中国客户端、腾讯视频、微博、头条号、人民号、企鹅号、一点号、凤凰号、网易号、百家号、哔哩哔哩、科学加等。主流媒体阵地宣传:学习强国、央视频、人民日报客户端、科普中国客户端、光明日报客户端等。

第四章　青少年科技体验活动

青少年科技体验活动，是指通过科技活动的设计，使青少年有意识地尝试运用科学技术知识、技能和方法，以亲身经历或实践的方式，积极应对自身所处生活环境、自然环境和社会环境的科学教育、传播与普及活动。青少年科技体验活动内容须具科学性、体验性、实践性。一般青少年科技体验活动，主要包括青少年的科技兴趣小组活动、科技研学活动、科研实践活动等。

第一节　科技兴趣小组活动

科技兴趣小组活动，以兴趣为导向，是有组织、有团队合作的青少年科技活动。科学兴趣小组活动为中小学生开辟了新的学习领域，让学生在课外的广阔天地中走进科学、了解科学，让学生在课堂外发现科学的魅力。

一、科技兴趣小组活动概述

科技兴趣小组活动是对校内科学教学的重要补充，校内科学教学是科技兴趣小组活动的理论基础，两者相互依存，有助于学生科学素养的提升。科技兴趣小组活动让学生在丰富多彩的科技活动中去经历和体验科学探究的过程，去发现新的知识和研究新的问题，去培养和建构自己的情感、态度和价值观。

（一）学校课余的科技活动

科技兴趣小组活动是在课外之余，进行的有目的、有计划、有组织的教育形态，是面向学生，通过内容丰富、形式多样、充满情趣的动手实验、实践活动培养兴趣、爱好，促进个性发展，提高他们的科学素质。学生自主选择、自愿参加这些教育活动，在动手实验和实践活动中发展自己的特长与个性。学校教育有统一的教材，课外校外教育一般没有固定教材，教师通常是根据自己的特长去选择教学内容。[①]

科技兴趣小组活动一般组织主体是科学教师、科技辅导员，组织程度以小班、小团队的兴趣为纽带，科学教师、科技辅导员与学生是平等的伙伴关系，共同学习进步，学生更加积极地参与到活动中去而不是仅仅处于接受的地位。

（二）兴趣主导的科技活动

科技兴趣小组活动环境，校内、校外活动场所均可，因地制宜，选择固定或暂时的学习场所；活动内容充分体现教育性、知识性、趣味性相结合，适合青少年的年龄特点并为他们所喜爱，包括科学知识传授、科技制作、科学实验、发明创造等活动。科技兴趣小组活动关注学生的学习态度、情感、价值观等全面发展。[②]

科技兴趣小组活动的重要特点，就是根据学生对不同学科有不同的兴趣程度，把有共同兴趣的学生组织在一起形成合作小组，充分认识到兴趣是学习动机中最现实、最活跃的成分，是学生力求认识世界、渴望获得科学文化知识和不断探索真理而带有情绪色彩的心理倾向，是学习活动的强有力的推动力这一点。[③] 科技兴趣小组的辅导是从了解、引发、引导学生的科学兴趣入手，以兴趣为导向组织开展的科技体验活动。

（三）课堂延伸的科技活动

开展科技兴趣小组活动，有利于激发学生科学兴趣，培养学生实践能力。

一方面，科技兴趣小组活动是课堂学习的拓展和延伸。课外兴趣小组活动通过动手制作、实验试验、社会调研等生动、丰富的形式，把课堂中学到的抽象的科学概念、原理在实际中加以运用，在动手中深入思考，在操作中加深理解，是对课堂学习的有效拓展和延伸。

另一方面，科技兴趣小组活动是培养科研能力和创新能力的有效途径。科技兴趣小组为学生提供了科学知识的应用场景，提供了围绕自己感兴趣的科学问题进行探究的机会、接受老师个别指导、与同伴充分交流、接触社会生活实际的机会，以及充分发挥自身主动性、能动性的机会。学生在科学小项目的实施过程中，锻炼并提升了科研能力和创新能力。

二、科技兴趣小组活动要领

根据科技兴趣小组活动的特点，在组织活动时要突出学生兴趣的激发、

---

① ② 刘浩然. 北京市西城区青少年科技馆系列活动集锦之校外探究篇：活跃在校外的科学兴趣小组活动 [J]. 环境教育，2014（3）：61 – 62.

③ 申继亮. 中学生学习兴趣的评估 [J]. 心理发展与教育，1988（4）：11 – 16 + 20.

注重学生的亲身体验、突出学科特点以及因地制宜才能保证科技兴趣小组活动的效果。

（一）突出兴趣激发

教育不是灌输，教育是点燃火炬，科技兴趣小组活动必须坚持以学生为本的基本理念，重在点燃学生学习科学的兴趣。

兴趣可分为个人兴趣和情景兴趣。个人兴趣指跨时间发展的、相对稳定的一种个体倾向，它和增长的价值、知识和积极情感相联系；情景兴趣是对环境输入的一种反应，它包括两个阶段：兴趣被诱发的阶段和兴趣被保持的阶段。个人兴趣具有持续长时间地指向某一具体话题的内在动机的特征，它是个体具有的认知和情感品质，是内部激活的；而情景兴趣则是可以转换的，它由环境激活并依赖于具体情景，它自发地产生并很快地消退。情景兴趣和个人兴趣在若干领域有重叠，一旦被激发二者都可以促进认知功能的发展和学习的提高。情景兴趣和个人兴趣都导致兴趣的心理状态，这种状态包括提高了的注意、认知功能和坚持性、情感成分。个人兴趣和情景兴趣是可以相互转换的，对某一领域的较高的个人兴趣可能帮助个体处理让人厌烦的枯燥东西，而激发出来的情景兴趣又可以帮助对某一事情没有原发兴趣的个体保持动机和绩效，而且情景兴趣最终可发展成个人兴趣。

参加科技兴趣小组的学生有两类，一类是对某学科某领域有所了解且有一定的个人兴趣，另一类是对某学科某领域没有太多了解希望通过参加兴趣小组的活动来增进了解、学习新知、锻炼能力。如何在兴趣小组活动中保护好前者的个人兴趣，增进后者的情景兴趣并将情景兴趣逐渐转变为个人兴趣，对兴趣小组的辅导人员而言是需要格外关注的。可以通过哪些策略提高情景兴趣呢？米歇尔提出了一个情景兴趣模型，它强调"抓住"和"保持"两个成分。"抓住"是指运用能激起学生对某一活动产生最初兴趣的变量，比如电脑、谜语和小组活动。生动或诱惑性细节同样也能达到这个目的。"保持"是指运用使学生对某个特定的目标力图进一步掌握的变量。例如，用有意义（连贯和切身性）的材料和提高个人对活动的投入使学生保持高水平的兴趣。他发现"抓住因素"和"保持因素"能很好地预测学生对活动的主动参与程度。博金也提出许多在课堂情景中抓住和保持兴趣的方法，比如提高学生在活动中的归属感，提高学生对任务的认同，让学生模仿新的技能，为学生提供切身性的背景知识，用游戏和活动提高新颖性等。学生可以成为主动积极的学习者。当学生个体认为他们的活动有价值时，他们会自动化地运用一些使任务变得更有趣的调节策略。在给学生分配那些令人厌烦的任务时，如果告诉学生这些任务对别人有重要帮助，学生会使用和自己竞赛、和时间赛跑、改变任务程序等策略以提高兴趣；而且个体使用的策略越多，坚持的时间越长就越能获得更好的成绩。也就是说通过给活动赋予某种外显的利益、价值可以促进学生的坚持性和活动成绩的提高。因此在教育中我们还可以利用学生的自我调节策略来调节兴趣，即通过对学生强调任务对他们的价值并向他们提供多种从事任务的不同方法来提高兴趣。斯科洛、福勒尔蒂和拉赫曼也从文本、自主性和加工水平方面提出提高学生兴趣的建议：在文本方面，老师要选择生动的、组织结构良好的文本，并给学生提供一些相关的背景信息；在自主性方面，帮助学生进行有意义的选择，并提供反馈；在加工水平方面，帮助学生掌握学习策略以及设定适当的学习目标使学生成为主动的学习者。[①]

（二）突出教师支持

对学生而言，科技兴趣小组的活动是一种在课堂场景之外的学习活动，没有教材可依据，没有课堂学习中的学业压力、考试压力，是一种松散型的学习组织。学生可能因为兴趣而参加活动，也可能因自主学习能力不足或坚持性不足而虎头蛇尾，达不到预期成效。在科技兴趣小组的活动开展中，要突出辅导教师的"支持"作用。

学习活动是一个渐进过程，技能要在演进中逐渐提高，学生一般很难靠自己苦学就能熟练掌握一项技能，尤其在学习的起始阶段。起始阶段学生谈不上技巧或专业，完全不知道这一领域中有哪些需要学习掌握的内容。从实操角度看，学习活动需要指导。为了学习知识和技能，学生需要指导和支持，辅导教师起着巨大作用，这也是教育工作者的价值。哈佛大学罗恩·弗格森研究发现，学生的学习效果有两个主要的驱动因素：一是教师督促学生努力完成任务的压力，这主要涉及教师督促学生努力学习、深入钻研的程度；二是教师对学生的支持程度，主要指学生在何种程度上感受到教师对他们的激励。这个因素是关于学生与教师之间的关联性及个人联系情况的。优秀的老师会督促学生积极努力地投入到学习活动中，确保学生通过努力来理解相应的问题，也就是说，优秀的教师会督促学生积极从事思维活动。与此同时，优秀的教师还会提供激励和支持。他们帮助学生去发现学习内容对学生自身的意义。他们既给予学生自主性，还让学生感到学习与自己紧密相关。换一个角度看，学生在从事某种活动时往往需要精神上的支持，需要得到别人的鼓励，尤其是教师的支持和鼓励。从学生角度看，教师支持的有效性体现在：这个教师是否经常提问，他解释问题是否清楚，他的学生学到的知识多不多，他对学生是否关心，他的学生是否能够把学习内容与自身联系起来，他是采取什么方式帮助那些遇到困难的学生的，等等。[②] 在开展兴趣小组活动时，教

---

① 赵兰兰，汪玲. 学习兴趣研究综述 [J]. 首都师范大学学报（社会科学版），2006（6）：107-112.
② [美]乌尔里希·伯泽尔. 有效学习 [M]. 张海龙，译. 北京：中信出版集团，2018：50-54.

师对以上问题都应该有深刻的认识。

（三）构建学习共同体

科技兴趣小组是建立在共同兴趣之上的典型"学习共同体"。小组内学生的交往和认同，不仅能使人分享成果的喜悦，而且能够使得人的心灵在面对无法解决和无力挣扎的痛苦和困难时得以慰藉，赢得同伴的尊重和支持一直是人努力向前的动力所在。

课外兴趣小组，突破了课堂封闭的学习环境，强调与同伴的交流和探究，面对同一个无法预知的问题或实践，思想相互激荡和情感相互鼓励、支持是成功的基本要素，没有一个团队的支持，单枪匹马的坚持非常困难。但值得注意的是，应试学习使学生唯师、唯书、唯自己，同伴的"交流"与"合作"在实际中往往流于形式。应以"生态"为核心理念来建构"学习共同体"，把"组织性学习""实践学习""合作学习"合理地建构起来，形成一个完整的生态教学系统，创设崭新的学生学习情景，在课外兴趣小组活动中尤其如此。

构建科技兴趣小组"学习共同体"的生态，应该打破原有的组织构建原则，通过"自组织"让学生建构自己的"学习共同体"，以共同的爱好、兴趣为基点，或以共同面对的问题为出发点，成为在自觉自愿中形成学习性组织，在相互争论中理清思路，在相互认同中坚定信念，在相互沟通中激发灵感，让学生自觉地理解共同体中的矛盾，热爱共同体中的氛围，在矛盾认识中激发和前进。

"实践学习"的本质是运用已有的知识去解决未知的问题，把学习从单纯的"汲取"过程解放出来，提供开放性的、结构不良的问题供学生思考、探究，问题的复杂性和创造性迫使学生寻求共同的合作性参与，此时形成的共同体即为自然生态意义上的"共同体"，是真实的、学生依赖的、促使学生理解合作和沟通本质意义上的共同体。当前，在某些"实践学习"中，实践被等同于个体"操作"，实践过程成为理论验证过程，其复杂性、综合性、创造性没有被深刻地认识，实践仍处在被轻视的地位，甚至出现为了附和理论而弄虚作假的现象，没有一个生态建构过程，不存在"学习共同体"的实现。

"合作学习"是学习共同体的主要形式，但是并非排斥"独立学习"，并非任何知识都必须在同伴的交流中学习，生态意义上的学习共同体是依据"自然需要"而来，往往围绕共同关注的话题，更多的是令人质疑的话题展开交流和对话，相互激发。合作学习要与独立学习相结合，以"问题"为核心，导引兴趣相近的学生自主结合，把科技兴趣小组的作用充分发挥出来。

"学习共同体"的建构对于教师提出了更高的要求，要求教师不仅是知识的传授者，更是信息的收集者，思维的引导者。教师要掌握广深的专业知识，提供学生必要的引导；同时，教师也应该掌握更全面的学生信息，了解学生的学习兴趣和爱好，帮助学生"穿针引线"，嫁接桥梁，构建"共同体"；而且，当学生面对问题和矛盾时，教师还要适当进行点拨和协调。因此，"学习共同体"的建构，将对教师提出更高要求，付出更多的心血。①

（四）突出亲身体验

科技兴趣小组的活动是一种科技体验活动，是人的身体机能全方位投入活动中，青少年通过亲身经历、亲身实践来认识科学技术。科技兴趣小组活动须突出以下几个特点。

第一，充分体现青少年的参与。青少年在参与科技兴趣小组活动时，应全身心地投入到整个活动中，不能把自己当空的容器习惯性地被动地等待教师来灌输，而应自主学习、自主判断、自主决策、自主应对，从真实或模拟的场景氛围中汲取科学知识，感受科技魅力，培养创新人格，提升实践能力。

第二，充分体现青少年的行动。科技兴趣小组活动作为体验类活动应特别强调"行"的重要，正如我国著名教育家陶行知先生所提出的"生活即教育"，强调行动是教育的本质要素。"知"与"行"是青少年认识客观世界过程中密切相关的两个方面，先知而后行，说明了科学知识、方法等的学习和理解是重要的，它可以使青少年知晓科学的内涵，领悟科学的真谛。"行"是实践，是对"知"的验证、运用、发展。"付诸行动"是体验类科技活动的特点之一。

第三，体现青少年的特长。科技兴趣小组活动是青少年理解科学的初级阶段。它是培养青少年兴趣爱好与特长，提高其科学素质的重要载体与途径，也是其参与科技创新活动的基础。通过参与科技兴趣小组活动，可以使青少年身临其境地亲历科学与周围自然和社会的相互作用，产生真实的感受与体验，获得对科学的真正认识和理解。

第四，注重真实场景体验。科技兴趣小组活动要引导青少年走出课堂，走进大自然，走进社会，通过真实场景体验让青少年感知真实环境下存在的各种科学现象，要鼓励青少年在真实场景体验活动中充分发挥自己感官和科学仪器的观察、记忆或记录功能，寻找某一种或多种科学现象，并尝试运用科学思维分析其所反映的客观规律。比如举办生物多样性野外考察活动，让青少年在与大自然亲密接触中，开展调查植物、昆虫、蝴蝶、鸟类和土壤微生物的多样性活动，以及开展有关生物多样性保护宣传等。

第五，注重模拟场景体验。科技兴趣小组活动也可利用模拟场景进行体验。例如，在气象馆中设立风暴体验区等一些模拟场景，青少年通过类似的

---

① 贾文岩."学习共同体"的生态建构初探 [J]. 当代教育科学，2012 (7)：61－62.

模拟环境能够体验到自己相关的科学现象。再如，中国气象学会夏令营营地，雷电气象灾害应急演练，逼真的场景让参与青少年对气象灾害的应急处置办法有了感性的认识。

第六，注重虚拟场景体验。虚拟场景体验将科技兴趣小组的体验活动带入了一个全新的领域。虚拟场景是基于真实场景和模拟场景的诸多要素，尝试自我开发建立的一个新颖独特的场景体验模式。其独特性就是以计算机技术为核心，运用现代高技术生成逼真的视、听、触觉一体化的特定范围的虚拟环境，使参与者借助必要的设备以自然的方式与虚拟环境中的对象进行交互作用，从而产生身临其境的感受和体验。也正因如此，青少年不仅喜爱体验虚拟现实的技术魅力，也更乐意于投身到虚拟现实技术的创造中，展示分享自己的创造成果。①

三、科技兴趣小组活动主要模式

按照活动场所的不同，青少年科技兴趣小组活动主要模式科普讲座可分为校内、校外、创客等主要模式。

（一）校内科技兴趣小组模式

青少年校内科技兴趣小组模式，是指以本校倡导组织、本校学生为主要对象，组成并建立科技兴趣组织的科技兴趣小组活动形式和方式。以福建省永泰三中无线电兴趣小组为例，呈现专题性、兴趣性、校内性、组织性等主要特点。

福建省永泰三中无线电兴趣小组，旨在让学生掌握实用电子技术的有关知识与技能，其活动内容有：无线电波的发射与接收，电视天线的原理与架设，电视旋钮功能调谐与保护，收录机、录像机磁头的清洗与保养，以及炉灶鼓风机、电风扇和照明电路安全使用与检修等。讲座时，采用讲解与现场实物操作演示相结合的方法，既通俗易懂，又富有直观性。学生容易接受，学得懂，用得上。兴趣小组每班学生由5—10人自愿结合，组成一个小组，选出组长；每个年级选出正副队长，与教师加强联系。邀请热心于课外活动的物理教师共同辅导，定期授课。理论知识讲授全年级集中听取，实践活动则分期分批按组进行。理论知识侧重于无线电基础和电路分析，万用电表使用和锡焊技术，电路元件的识别和检测，以及组装半导体收音机和检修家用电器。②

---

① 中国青少年科技辅导员协会编著. 科技辅导员学习指南［M］. 北京：科学普及出版社，2013：42 – 62.

② 檀积天. 我是这样组织无线电兴趣小组活动［J］. 实验教学与仪器，1997（5）：32.

（二）校外科技兴趣小组模式

青少年校外科技兴趣小组模式，是指以校外机构组织、跨校学生组成并参与的科技兴趣小组活动的形式和方式。以辽宁省鞍山市科技馆科学兴趣小组、世界青少年航空模型活动为例，呈现专题性、兴趣性、自愿性、社会性等主要特点。

——辽宁省鞍山市科技馆科学兴趣小组，旨在通过科技教师的辅导和带动，通过系列富有趣味性、实操性强、知识点清晰的动手动脑科技课堂，让学生可以自己探索发现与生活息息相关的科学技术知识，激发学生探索科学知识的兴趣，培养他们自主创造的能力，提高学生的科技文化素质。科技馆拥有专业的科技教师和志愿者队伍，通过专业的持续的科技理论知识培训和实践动手能力学习，参考学校科学课教材设计出用于科学兴趣小组的具有趣味性、互动性的新形态科技学堂。科技馆科学兴趣小组引导参与活动的同学亲自观察、动手操作，充分调动他们学习科学知识的积极性。每一次"课程"时长约为 40 分钟，被分为 4 个部分，每个部分包括 3—5 分钟的概念讲授、3—5 分钟的教师操作演示、15—25 分钟的学生动手环节和 3—5 分钟的课堂讨论。[①]

——世界青少年航空模型活动。开展航模活动，旨在使青少年学习航空理论知识，培养动手操作能力树立献身祖国航空事业的理想。因此，它是进行早期航空教育的有效手段，又由于航模活动的实践性、趣味性和系统性，使其早期航空教育作用尤为显著。美、英、法等国是最早开展航空模型活动的国家，20 世纪 50 年代和 60 年代前期，我国航空模型运动发展迅速。经过多年实践，开展航空模型运动已成为我国对青少年进行早期航空教育的重要手段，也是培养学生德智体全面发展的重要途径。航空模型的制作、放飞和竞赛都深受青少年喜爱，当他们自己亲手制作的模型翱翔于天空，会感到无比自豪和欣喜。青少年的好胜心，使他们不满足于现状，使他们的兴趣长盛不衰。通过航空模型活动青少年可以学到飞行原理、空气动力学、材料与结构、航空发动机、无线电遥控、气象等有关航空知识，是未来从事航空工作的智力准备。通过活动，可以培养学生的推理、演算能力，增强动手实验、操作能力。[②]

（三）创客科技兴趣小组模式

青少年创客科技兴趣小组模式，是指基于现场或网络的创客空间，开展

---

① 高博. 推动科技馆科学兴趣小组与中小学科技课堂有效结合 [C] //中国科普研究所、湖南省科学技术协会. 全球科学教育改革背景下的馆校结合——第七届馆校结合科学教育研讨会论文集. 北京：科学普及出版社，2015：5.

② 谭楚雄，刘文章. 航空模型运动与早期航空教育 [J]. 体育文史，1997 (3)：32 –33.

科技兴趣小组活动的形式和方式。创客空间是社区化运营的创新创造工作空间，在这里，有共同兴趣的青少年可以聚会、社交、展开合作，出于兴趣与爱好，努力把各种科技创意转变为现实的作品或产品。创客科技兴趣小组模式具有专题性、兴趣性、创想性、创意性、众筹性、合作性、互动性等主要特点。

科技创客空间，本质上是科学教育空间，整合物质、技术、智力、社会资源，支持学生独立或协同完成创造过程，实现基于创造的科学学习。广义上讲，每一个儿童都是天生的创客，而包括操场、教室、图书馆、博物馆、社区等任何地方都可能成为儿童的创造空间，但是为了更好地实现创客教育功用，学校创客空间则需要精心打造。创客空间功用在于培养学生的创新思维与创造能力，既需要学生个体与集体的创意，需要学生动手实践与真实参与，也需要学生意志上的努力，同时也是学生发现自我、形成自信、学会协作的过程。为学生提供将创意转化为设计，将设计转变为现实作品或产品的独特机会，让学生有机会激发、运用批判性思维、创新思维以创造出解决真实世界中问题的方案。创客空间建设，应围绕"如何支持学生的创造过程"的中心任务，就创造工具的提供、创客项目设计、教师指导的介入、同伴协作的促进等因素，进行精心设计。科技创客空间，是物理空间，更是科技人文的空间。应关注人的因素，既集成先进的、高端的创造工具，也要了解学生的创造需求与基础，调动教师参与的积极性，获取外界支持都是要事先考虑的。[①]

第二节　科技研学活动

落实实践育人理念，引导学生真正做到知行合一，走出课堂、走进社会、感悟生活，熏陶科学文化，弘扬科学精神，是科学教育面临的新课题。将科学教学活动、科学实践活动、创新实践活动融入青少年科技研学活动，是青少年科技活动的重要内容。青少年科技研学活动包括科学营、科技研学旅行等形式。

一、科技研学活动概述

青少年科技研学活动是政府部门、科研教育机构、科技团体等，面向青

---

① 李卢一，郑燕林. 中小学创客空间建设的路径分析——来自美国中小学实践的启示［J］. 中国电化教育，2016（6）：58－64.

少年利用每年寒暑假和其他假期，开展的科技主题性研学旅行活动。科技研学活动让广大青少年走出校门，走向自然，走向社会，在自然和社会的大课堂里学习，近距离感受科技魅力、科学家精神，培养对科学的兴趣。

（一）校内外衔接的科技活动

中小学生研学旅行是由教育部门和学校有计划地组织安排，通过集体旅行、集中食宿方式开展的研究性学习和旅行体验相结合的校外教育活动，是学校教育和校外教育衔接的创新形式，是教育教学的重要内容，是综合实践育人的有效途径。[①] 科技研学是研学活动的一个重要内容。

研学活动在国外又称为修学旅游、教育旅游。在 16—17 世纪的欧洲地区，兴起的"大游学"运动是教育旅行的前身，不少国家开始崇尚"漫游式修学旅行"。第二次世界大战后，欧美国家发展营地教育，日本于 1946 年发展修学旅行，到 1960 年修学旅行已成为日本中小学校的常规教育活动。迄今为止，已有许多国家将研学旅行作为学校系统内能拓宽学生视野、提高跨文化理解能力的一种教育方式，并且积累了有益经验。[②] 我国目前正处于研学旅行的发展机遇期，2016 年教育部等 11 部门印发《关于推进中小学生研学旅行的意见》后，中小学研学旅行已在全国各地迅速推进。在宏观层面，教育部初步完成了覆盖全国的国家级基地（营地）布局。中观层面，各省（自治区、直辖市）政府已经开始高度重视，许多地方正在规模化地有序推进，形成一些富有地方特色的管理模式，例如，陕西西安模式、湖北宜昌模式、河南郑州模式等。在微观层面，研学旅行的课程化体系建设初步成型。[③]

（二）旅行式的科技体验活动

中小学研学旅行主要有自然教育、生活体验、文化考察、交换学习等中小学研学旅行方式。

第一，自然教育。研学旅行中重要的一种旅行资源就是自然环境。卢梭认为，每个人都是由自然的教育、事物的教育、人为的教育三者培养起来的，其中自然的教育受之于自然，遵循自然，它不断地锻炼孩子，用各种各样的考验来磨砺他们的性情。也可以说，自然本身就是每个人的老师，学生在室外受到自然给他的锻炼，可以训练他们体格和性情，陶冶他们的审美和情操等。在国外，自然教育模式的研学旅行指的是为了培养和发展学生更好的关键技能、知识和个人素质，由校方或民间机构开展的野外教育探险、自然历

---

① 教育部等 11 部门关于推进中小学生研学旅行的意见，教基一〔2016〕8 号［EB/OL］. (2016 – 12 – 02)［2020 – 12 – 30］. http://www. moe. gov. cn/srcsite/A06/s3325/201612/t20161219_292354. html.

② 刘璐，曾素林. 国外中小学研学旅行课程实施的模式、特点及启示［J］. 课程·教材·教法，2018，38 (4)：136 – 140.

③ 王晓燕. 研学旅行亟须专业化引领发展［J］. 人民教育，2019 (24)：13 – 16.

史古迹游学、自然中的动植物观察和景观观赏等活动所组成的学生旅行课程形式。该模式主张开放式教育，看重环境育人的效用。美国、日本、俄罗斯、马来西亚等国家将开展自然教育研学旅行作为校外教育的重要部分。在马来西亚，为让学生了解、熟悉和收集有关森林保护的经验，养成森林保护意识，形成教育、旅游和森林保护三位一体的基于森林旅行的自然教育方式。

第二，生活体验。研学旅行是促进书本知识和生活经验深度融合的一种重要方式。杜威认为，教育就是儿童生活的过程，倡导从生活中学习、从经验中学习、从做中学，使学校里获得的知识在生活体验中更加生动立体，并施加给儿童本身更加持久的文化意义的影响。在国外，生活体验模式的研学旅行指的是为了满足学生学会动手动脑、学会生存生活的需要，由开发者整合旅游基地的现有资源，使学生能直接接触社会生活环境，从而为学生创造整体的、特别的生活教育体验的学生旅行课程形式。该模式区别于校内生活情景学习和校内实践活动，主张在真实情景中学习，在社会生活中实践。日本、罗马尼亚等国的旅游教育者开发农场游学、职业体验、生存挑战等生活体验模式的研学旅行，学生从中接受生活教育、实践教育。

第三，文化考察。有国外学者认为，旅行使人们离开常居地到不同的地方去接触、了解相对陌生的一种或多种文化，研学旅行是了解不同文化的最佳途径。文化是人们在社会历史发展过程所创造的物质和精神财富的总和，物质文化是可见的显性文化，精神文化是不可见的隐形文化。随着全球化的发展，跨文化交流已成为生活中非常重要的部分，培养学生的跨文化意识、跨文化理解力以及跨文化交往能力离不开文化教育。对学生而言，文化考察模式的研学旅行正是一种合适的文化教育形式，让学生接触到他们平常可能并不会访问的地方和事物，在短期停留、考察中增长对各类文化的认识，以提升文化理解力、包容力及交往能力。该模式主张多元文化的交互教育，在日本、美国、韩国等，无论是历史、语言、地理、风土人情、饮食、生活和职业特色还是传统习俗、文学艺术、价值观念等，都可以成为文化考察旅行的课题，着力于拓宽学生的视野。

第四，交换学习。最初，跨国家、跨地域、跨学校实现交换学习一般是高等教育阶段内的一种教育方式，而如今交换学习不再是高等学校学生的"特权"，交换学习模式的教育旅行被认为是向全球学生提供最佳教育的一种方式，在基础教育阶段也逐步得到重视与发展。交换学习模式的研学旅行使学生实现城市互访和学校交流，利于建立跨地域、跨国别的文化了解渠道，以增进地区间语言、自然、人文沟通和学术交流，学生从中得到多方面的体验。该模式的内涵表现为基于城市互访或学校交流项目，学生离开现在的教育地，前往另一个教育地进行游学，是研学旅行的一种表现主题。在日本等国家，交换学习模式具有良好的社会基础，可以通过目的地旅游部门的安排与当地学校或社会等进行全面交流、合作与互动，实现综合性的研究性学习，符合了许多中小学生尤其是高年级学生的需求。[①]

（三）学与游一体的科技活动

研学活动主要有几个特点。第一，注重研学与旅行相互交融。研学旅行的两大基本要素就是研学和旅行，在研学旅行的开展过程中缺一不可，如果缺失"研学"，则沦为单纯的观光游，如果缺失"旅行"，则沦为另类的常规课堂教育。在日本等国家，研学旅行中的"游"与"学"也并不是时间上的分开与平等分配、简单相加，而是确保"游"与"学"的一体化，设计实施时做到游中有学，边学边游。以国外自然教育研学旅行模式的系列活动为例，既安排自然景观的观赏路线，又以研究性问题为导向，鼓励学生在自然旅行中展开细致观察、图画或影像记录、多向交流和问题思考。在农场游学中，学生能在丰富多样的实践活动中获得旅行体验，并且在与学科相关的活动中运用课堂上获得的理论知识，旅行实践成为学科知识之间互通整合的桥梁。同样，在国外文化考察研学旅行模式下，其构成要素包括外显的文化即物质文化的观赏行为和内隐的文化即精神文化的发掘、研究性学习行为，在研学旅行中，这两种行为息息相关、相互交融。国外的交换学习研学旅行模式具有综合性的特点，综合了大量的学习实践内容，包括自然、历史、地理、文化、语言和职业、学术培训等，一部分依托于旅行中实现，另一部分依托于学习交流中达成。综合来看，国外研学旅行的特点之一就是注重"研学"与"旅行"的相互交融，将"寓学于游"作为研学旅行的重要理念。

第二，注重游学活动的弹性设置和经验知识的动态获取。研学旅行课程既有别于综合实践活动课程，也有别于常规学校课程。研学旅行含有丰富的过程性内容、研究性学习方法与实践探究性表现形式，学生身处充满未知的研学旅行环境中，如果还是一板一眼的程序化的安排，极有可能会打击学生探索的积极性。组织者要关注旅行教育中的多样性和变化性，注重研学旅行过程性内容的弹性设置，注重学生在动手实践中动态地自我获取经验知识。

无论是自然教育模式、生活体验模式，还是文化考察模式、交换学习模式的研学旅行，都表现出学生学习的自主、开放和动态，所以游学活动的设置并不严苛，具有一定的弹性。首先，表现为，在考察自然时是表现为没有严格的工作计划，学生所获取的多为美好自然中变幻的影像和宁静的心灵体

---

① 刘璐，曾素林. 国外中小学研学旅行课程实施的模式、特点及启示 [J]. 课程·教材·教法，2018，38（4）：136－140.

验。其次，在参与体验生活事物时，由于受限于研学旅行基地的物质资源，计划实施的一些实践活动在时间和人员分配上并没有确切安排，在一些实践活动的参与上享有一定的个人自由，从而是弹性地、动态地获取经验性知识的过程。再次，在考察文化、深入社会时，不同的知识基础所注重的文化略有不同，所以学生是依照个性化考察方案进行文化旅行考察学习，了解当地的文化。最后，在交换学习中涉及知识、文化和实践等的多样化体验，这样的多样化体验由学生自主安排，游学经验也是自主获得。游学活动的弹性设置和经验知识的动态获取是国外研学旅行实施的一大特点。

第三，注重创造研学体验的情景记忆。在教室中，教育者往往会通过创设适宜的具有一定情绪色彩、以形象为主体的教学场景，以引起学生一定的情感体验，从而帮助学生理解教材和结构性知识等。但是，我们不得不承认，在教室中由教育者所创设的情景对于学生感官感知通道的开放和感觉的积极迸发等方面的作用处于极其有限的境地。

无论是何种模式的研学旅行，对学生来说，进行实地考察都是至关重要的。自然景观观赏、历史文化古迹考察、学习了解语言文化和地方文化、职业体验和生活体验等各种各样的学习旅游，都是在真实、复杂、多元的景点或内部环境中开展的。例如，森林保护式的自然旅行是在森林环境的资源基础上创设出保护森林的情景，学生在这样的旅行情景中及时体验、产生森林保护主题的情景记忆，达到深化保护意识、学习保护方法的目的。同样的，在历史古迹情景中缅怀古人、在语言情景中熏陶自身、在生活情景中学习技能等，符合教育主题的情景才能促进主题内容的教育深入人心。

第四，注重研学旅行需求的分化。在许多国家，学生在课程的选择上都已经享有较大的自由，校方提供多样的课程，学生可以依据兴趣自由选择，目的是使每一位学生都得到合适的教育。在研学旅行活动课程上也是如此，不同的学生会有不同的兴趣点及需求，依据调查研究，能摸索出不同阶段学生的旅行目标动机的不同类别，从而考虑将学生需求分化成研学旅行不同的主题。而在注重研学旅行需求的分化上，是许多研学旅行活动的一大亮点。[①]

二、科技研学活动要领

研学活动的组织开展需要设计者和实施者多一份对人培养的理性思考，同时要让其带有中国独特的文化元素与印记。研学旅行要体现体验性的研究性学习特点，与学校课程有机融合并精心设计研学旅行活动"课程"，构建学

---

① 刘璐，曾素林. 国外中小学研学旅行课程实施的模式、特点及启示 [J]. 课程·教材·教法，2018，38（4）：136－140.

习共同体，规范研学旅行组织管理，并进行科学合理的评价。科技研学活动也是如此。

（一）注重体验性学习

研学旅行的首要目的是依托旅行让学生进行体验性的研究性学习。这种学习直接把学生置于实际情景之中，在教师指导下进行体验性的研究性学习。环境体验是学生认知的关键，教师的角色就是在旅行环境中，让学生确定问题情景或问题，通过刺激性问题激发学生探究的热情和乐趣，吸引学生注意力，鼓励学生参与到事先计划好的学习活动中，帮助学生做出假设，解释问题情景。鼓励学生收集数据，测试假设，并进行解释。其次，教师帮助学生反思问题情景和思维过程。教师让学生思考他们的思维过程，回顾探究过程。学生在校外进行旅行，若没教师的指导，学生太自由了就可能无法实质性地学到该学的东西。学生在感知问题的过程中需要足够的自由去形成认知，他们也需要足够的指导来保证他们的认知。教师给予学生指导的时候需要思考何时指导，提供多少指导。学生在既有自由探索又有教师指导下，才能真正获得与探究相关联的新知识，提高思考和推理的技能以及对知识的不确定的鉴别能力。

（二）注重课程丰富性

研学旅行作为学校教育和校外教育衔接的重要教育形式。它与学校教育相比较最大特点在于空间的变化与拓展。学生短暂地离开学校，学习的环境和对象是大自然和社会，而不是课本。学生走出校门的旅行总是能把学生带进丰富多彩的生活世界。让大自然和社会成为课堂，使学校与自然、社会环境血脉相通。当课本和课程是周围真实的生活世界时，学生每次研学旅行都是把大自然和社会生活读了一页。通过亲身体验去认识鲜活的事物和抽象的词汇之间的深刻联系，这是任何书本没有办法给予的。正如陶行知所言：生活即教育，社会即教育。广阔的生活空间都是学习资源。把学生的学习生活放到社会大环境中，学校生活只是学生生活的一部分，处处留心皆学问，时时可学，事事能学。教师善于把学生的学校生活、课堂生活与其整个生活联系起来，学生的学习生活才会焕发出生命活力，才会把学校、社会、学生连成一个整体，使其不受隔离之苦，才能真正培养学生的生活力和创造力，使其生活丰富，发现问题解决问题，并能担当一定的责任。只有解放了学生的空间，才能得到丰富的资料，跨越分科之苦，以发挥其内在的创造力，接触大自然的花草树木、青山绿水、日月星辰，接触大社会的士、农、工、商等各界，用谈话、观察、看书、行动、思考的方式进行探讨，自由地向宇宙发问，与万物为友，在接触自然和社会的过程中，融会贯通地思考理解事物之间的关系，认识自然、社会、他人和自我。

（三）鼓励合作性学习

在研学旅行中，自由、活泼的学习环境激发学生舒展个性、表达自我。不同的家庭背景、文化氛围建构生生、师生学习共同体。在共同体中师生、生生通过合作的活动或活动化的合作，获得知识，形成经验并建构知识、经验的意义和价值，承担责任。在学习共同体中，教师是学习环境和学习过程的组织者和引导者，学生是学习的主人，引导学生进行合作学习、独立学习、小组学习和社会学习。这种学习不单纯以认知为目的，而是注重对学生沟通交流能力、合作对话能力、独立思考能力、批判性思考能力的培养。这种共同体中的学习要求学生对需要研究的问题进行讨论，鼓励学生分享思想和感情，相互接受与支持。培养学生的社会责任感和学生的集体意识，与他人相处过程中形成自律、自强的精神，养成遵守规矩、守时的好习惯，在集体活动中培养学生的安全意识和生存能力，形成学生良好的社会主义核心价值观和丰富的内心世界。

（四）组织管理协同化

研学旅行活动是由教育部门和学校组织的校外教育活动，但参与组织这个活动是多方的，有社会旅游机构，有学生家长、学校，还有校外专门成立的研学旅行的第三方机构。正是这些组织机构让研学旅行这项校外活动得以顺利开展，也正是这些组织机构让研学旅行呈现不同的特色。通过资本融合的方式整合学校、家庭、社会机构和旅游机构而形成第三方研学旅行专门机构，这种机构以学校和教育机构为主要组织者，并在此基础上协同整合社会其他机构如财政部门、科技部门、交通部门等，与博物馆、科技馆、海洋馆等建立长期联系形成研学旅行基地，方便中小学研学旅行，提高研学旅行的质量。

（五）活动评价多元化

评价学生在研学旅行活动中的表现，是一项持续的过程，贯穿整个研学旅行活动之中。研学旅行活动本身的丰富性决定了评价的多元化。一是评价主体的多元化：可以是教师、学生，也可以是活动基地的指导者、研学活动管理中心的负责人、家长等。二是评价内容的多元化：对学生在研学旅行中的服务性学习、探究性学习、体悟性学习等内容进行评价；对学生在研学旅行中探究的问题进行评价以判断学生发现的问题质量如何，如问题解决是否激发学生更深入的思考或批判性思考，是否能够解释和说明事实、现象和事物之间的相互关系，能否从不同角度解释事物之间的关系，是否促进学生对事物有深刻全面的认识，发现事物之间的关系，学生是否发现解决问题带来的效果，等等。三是评价方式的多元化：可以采用档案袋评价、作品评价、口头答辩、演说和展示等方式展现学生研学旅行学习成果。①

三、科技研学活动主要模式

按照研学深度的不同，青少年科技研学活动可分为深度学习型、观摩体验型、观光游走型等模式。

（一）深度学习型科技研学模式

青少年科技研学活动的深度学习型模式，是指研学主题较为专一、学习较为深入的科技研学活动的形式和方式。以寒假空间站搭载青少年训练营、中国台湾吴健雄科学营等为例，呈现专题性、定点性、系统性、专业性等特点。

——寒假空间站搭载青少年科学实验方案训练营，由中国宇航学会主办，是为热爱航天的青少年开展的科技研学活动。以 2019 年 1 月在海南省文昌市举办"2019 年寒假空间站搭载青少年科学实验方案训练营"为例，来自北京市第十二中学、北京市第四中学、北京市一○一中学、湖南岳阳东升小学、嘉兴阳光小学、大连金石滩实验学校、上海市闵行第三中学等全国航天特色学校及相关学校的 170 余名师生参加。集训营的教学团队，来自钱学森空间技术实验室、航天五院载人航天总体部、航天员科研训练中心等航天科研院所的一线专家。研学方以项目式学习为主，学生分学段、分小组进行项目式学习。学员在专家导师的指导和带领下，在各个学校科技辅导教师的精心辅导下，小组合作完成目标设定、角色分工、选题确定、案例研究、方案构思等系列项目式学习任务。所有小组均完成了实验方案构思，并顺利通过专家答辩评审，获得了评审专家的一致好评。

训练营期间，还安排参观文昌卫星发射基地，聆听全国航天科普首席专家的航天科普报告、参观宋庆龄祖居；组织户外团队训练项目。活动设置一、二、三等奖。通过此次活动，学生学习航天知识、体验航天科技、感受航天精神，来自不同地区、不同学校的同学相互交流相互学习，在提升科学素养的同时也提高了团队协作能力。此外，还开展了科技辅导教师的专题培训活动。②

——中国台湾吴健雄科学营，始于 1998 年，由吴健雄基金会主办，在每年的暑期举行，旨在推广科学教育，尤其着力培植与激发青少年学生的科学素养。科学营涵盖物理、化学、生命科学、天文和地球科学等领域。活动内

---

① 杨晓. 研学旅行的内涵、类型与实施策略 [J]. 课程·教材·教法, 2018, 38 (4)：131 – 135.
② 寒假空间站搭载青少年科学营 [EB/OL]. (2019 – 02 – 25) [2020 – 12 – 30]. http://www. csaspace. org. cn/n2489277/n2524643/c2521629/content. html.

容包括以下四方面。

一是大师演讲及对谈，邀请著名科学家采用全英文授课和交流方式做主题演讲和问答讨论，围绕物理、天文、生物等主题做演讲，并在演讲后与学生进行一个半小时的交流，分享研究成果。该环节鼓励营员深度思考，形成有价值的问题。大师报告后的交流环节中设计有提问比赛。评委根据问题的深度和意义两个指标遴选出一批问题，再由学生本人当场向大师提问。

二是夜谈活动，专家与营员的小型研讨会，主要安排在晚上，学生和中学科技教师根据兴趣自由选择，话题多样，每晚 7 场，每场限 20 名学生，以保证学生与大学教授有充分的交流。活动还会安排一场高中教师夜谈，围绕科学教育改革课纲进行讨论交流。

三是创意海报竞赛，学生围绕报告主题设计创意海报。可以以个人和团队形式参与。创意海报主要是为了考察设计人员想法的创新性。学生有半天时间制作创意海报，制作完成后在会场进行集中展示。大学教授组成的评审委员会对学生创意海报进行评审。学生们充分利用在科学营期间所学知识的基础上，围绕主题，发挥创造力和想象力，开展以个人或小组方式的创意海报的设计和制作，并进行评比展示。通过问辩和评审，选出优秀营员并颁奖。

四是自然生态考察，安排科学营的学员走进杉林溪，考察当地的气候天气、动植物种类分布、历史人文风情等。在考察活动中科学教师和当地志愿者跟随当导游。营员在海拔 1600 米的原始森林深处认识了一些以前从未见过的植物、鸟、昆虫等亚热带生物，还参观了古杉林、瀑布、石井矶等著名的天然生态和地貌景观，享受了大自然的美妙和神奇。

吴健雄科学营活动特点：一是专业层次高，参加科学营的都是各国有影响力的科学家。二是定位于人才长期培养和科学精神传承，课程内容高而不深，通俗有趣，重视青少年个人的体验和成长，非常重视传承精神。三是注重跨学科融合，鼓励创新思维，鼓励学生认识世界、发现和解决问题。四是注重激发学生的参与体验、团队精神，注重营员深度参与，启迪学生的创新思维。五是重视营员间的交流与公平，学生打破地域分组，每组学生共同活动和进餐，保证每组同学都能够与不同的科学家进行交流。六是重视对教育者的激励和培养，科学营为科学教师单独设计了科学教育讲座、专题夜谈等活动。七是活动组织精细，科学营活动设置个人奖、团队奖、创意海报奖和吴健雄纪念奖。[1]

（二）观摩体验型科技研学模式

青少年科技研学活动的观摩体验型模式，是指研学主题较为综合、学习

---

[1]　李冬晖. 梦想起飞的地方——参加吴健雄科学营有感 [J]. 中国科技教育，2012 (12)：6-8.

较为广泛的科技研学活动的形式和方式。以全国青少年高校科学营等为例，呈现综合性、体验性、观感性、多元性等主要特点。

全国青少年高校科学营，始于 2012 年，由中国科协和教育部共同主办，每年在暑期组织海峡两岸及港澳地区万余名对科学有浓厚兴趣的优秀高中生走进重点高校、企业、科研院所，参加为期一周的科技与文化交流活动，旨在充分开发开放科研单位、企业的科技教育资源，让广大青少年了解科研单位、企业在国家经济发展和国防建设中的重大作用，感受科技魅力、科学家精神，进而培养对科学研究的兴趣，并增进海峡两岸及港澳地区不同民族青少年间的友谊。以 2019 年为例，共组织 68 个营，招募营员及带队教师 11980 人，其中营员 11200 人（内地 10200 人、香港 500 人、澳门 300 人、台湾 200 人），带队教师 780 人。活动统一安排在 7 月。各分营开（闭）营时间自主确定，同一地区的分营可协商统一开（闭）营时间。由各高校、企业/科研单位等承办，通过组织营员与名家大师对话交流、参加科技实践活动、参观重点实验室及科研场所、体验校园生活等形式，帮助学生了解前沿科技知识，品味大师成长历程，感悟科学精神，树立科学志向；帮助营员认识企业/科研单位和高校的发展历程，体验创新文化，感受科技魅力，了解企业/科研单位和高校在国家经济建设和社会发展中的重大作用，引导营员树立科技强国、实业报国的远大志向，培养营员对科学技术研究的兴趣。[①]

（三）观光游走型科技研学模式

青少年科技研学活动的观光游走型模式，是指研学主题较为综合、旅游与科学学习结合的科技研学活动的形式和方式。以中国科学院成都分院求真科学营为例，呈现综合性、游玩性、体验性、广泛性等主要特点。

中国科学院成都分院求真科学营，是中国科学院成都分院在做好科研攻关同时，结合自身专业特色、专家优势，组织开展的以科技与人文结合的游玩科学营活动。以 2020 年为例，活动于 7 月 24—28 日在四川省成都市盐源县民族中学举办，旨在丰富学生校外教育的内容和形式，让同学们在研学过程中，拓展天文学、地质学、生物学等学科知识，加强合作与责任意识，培养科学思维和科学素养，树立科技强国的远大理想。为期 5 天的科学营活动中，学生在专家的引导下，实地考察了天府绿道的规划及湿地景观的构成及生态功能，了解生态城市的设计与布局；走进中国科学院光电所和中国电信西部信息中心，与最前沿科技"亲密接触"；前往成都大熊猫繁育研究基地，探索憨态可掬的国宝背后的科学知识；参观四川科技馆，近距离感受科学的魅力；

---

① 青少年高校科学营活动概况 [EB/OL]. [2020 - 12 - 30]. http://www. kexueying. org. cn/about/intro. aspx.

参观成都博物馆，打卡宽窄巷子、春熙路、四川大学等研学基地，从历史变迁、生活方式、文化氛围、都市节奏等方面走进和感受成都。科学营期间，更有顶尖科研院所的专家带来有关天府绿道及湿地、泥石流灾害与治理、"嫦娥探月"科普报告等讲座与课程，讲解科学知识，分享科学故事，极大地激发了学生的兴趣与积极性。活动为每位同学提供了"2020中科院求真科学营研学手册"，图文并茂地介绍了每一个环节所涉及的科学知识，并设计与活动配套的实践活动，帮助学生更好地理解和内化所学内容。在闭营仪式上，同学们分为8个组进行了汇报演出，用幽默的情景剧、悠扬的歌声和深情的舞蹈，表达着他们对科学的追求和未来的向往。①

第三节 青少年科研实践活动

青少年科研实践活动，关注青少年对"科学研究"的体验，是突破常规的科学学习活动，活动不止于青少年科学素质的提高，而更着重于科技创新后备人才的培养。

一、青少年科研实践活动概述

青少年时期，是个体创新意识、创新思维、创新能力发展的关键时期，也是创新人才启蒙和培养的重要时期，青少年科研实践活动是青少年体验科学研究过程的活动，也是科技创新后备人才的培养活动，主要通过"让学生站在巨人的肩膀上""在科学家身边成长"的方式组织活动。

（一）活动概念

青少年进行的与科学研究有关的所有实践活动都可以说是科研实践活动，这些活动有的是自发的、零散的、不成体系的，有的是有组织、有机制、有经费和资源保障、强调的是成体系的科技创新后备人才培养的。这里关注的是后者。

青少年科研实践活动，旨在培养科技创新后备人才，希望通过建立中学与大学贯通的培养机制，为学有余力、具有科技创新潜质的优秀青少年提供进入高校、科研院所的实验室、图书馆、参与正式科研课题研究、在科学家指导下学习的良好条件，让他们在中学时期就能受到科学家近距离指导，体验真实的科研过程，锻炼科学思维和科研能力，从而吸引他们未来从事科学职业。

---

① 雷丁一. 科普研学拓展新知. 科普书香助力教育［科学社公众号］. 2020 – 07 – 31.

针对青少年科技创新后备人才培养的科研实践工作，主要面向大学生和中学生。国家较早对大学生给予了非常高的关注，比如"拔尖计划"的实行。在意识到创新要从小抓起后，不同层级的中学生科技创新人才的培养计划也逐渐兴起，比如全国级的有"中学生英才计划"，省市级的有北京市"翱翔计划"、陕西省"春笋计划"等都在为中学里的科技特长生进行科研实践活动搭建有利平台。

2009 年，教育部发起了"基础学科拔尖学生培养试验计划"项目，对北京大学、清华大学等 20 所中国大学里的物理、化学、数学、计算机、生物 5个基础学科专业进行试点，每年选出 1000 名本科生进行培养。10 多年来，这个项目注重个人兴趣，注重一流学者的引领，激发创新能力，开展多层次的科研实践等方面的探索尝试，培养学生的科学探究兴趣，帮助他们提高科学素养和实践能力。经过多年发展，这项科技创新后备人才培养工作已经取得了初步成效。例如，2014 年毕业的拔尖计划学员曹原，后来在美国麻省理工学院电气工程与计算机科学系读博士。2018 年，年仅 22 岁的他在《自然》杂志上以第一作者的身份连续发表 2 篇文章，荣登《自然》2018 年十大科学家之首。这个年轻的中国科学家引起了国际科学界的关注，室温超导领域有望实现重大突破。如今，数百位世界级科学家，正试图拓展他的科研成果。一旦成果落地，将为世界能源行业节省数千亿美元资金。①

"拔尖计划"针对的是大学生。2013 年，为了发现和培育有科技创新潜质的中学生，中国科协和教育部联合发起"中学生科技创新后备人才培养计划"，将科技创新后备人才培养工作下沉一级到中学，为中学生提前享用大学资源，提前体验科研项目，尽早培养科研能力和创新能力打下实践基础。始于 2008 年的北京市"翱翔计划"、始于 2010 年的陕西省"春笋计划"则是在本区域范围内开展中学生科技创新后备人才培养、为中学生提供科研实践平台、尝试中学与高校资源衔接的较早尝试。

（二）活动意义

世界瞬息万变，科技发展迅猛，国家的繁荣、民族的发展、人类的进步，都需要科技创新人才的支撑。但现状是，青少年从事科学相关工作的意愿较低。根据世界经济合作与发展组织在 2015 年对 15 岁青少年的一项调查数据显示，其 36 个成员国近 3 年"将来期望进入科学相关行业从业的学生比例"平均仅为 24.5%，与 2006 年的调查数据相比只上升了 3.9%。与过去 10 年相比，虽然期望将来进入科学领域行业的总人数的确变多了，但是增长得非常少。

---

① 王恩哥. 促进青少年科技创新后备人才培养 [J]. 中国科技教育，2019（8）：10 – 12.

青少年疏远科学，已经成为全球的趋势。因此，越来越多国家和地区加强了对青少年科技创新后备人才培养的重视度，采取了相应的措施。日本在2001年成立了"疏远科学技术、理科对策委员会"，通过调研明确疏远科学技术的原因并设立推行"超级科学高中计划""下一代科学家培育计划"等科技教育项目，加强高中与大学、科研机构的合作，加强科学领域中下一代人才的培养。美国进行STEM创新教育改革，通过持续、大力的STEM教育投资，培养未来的科学家和工程师，以支撑未来的经济竞争力。麻省理工学院开展了实验室扩展计划，将大学实验室向参与的高中生开放，使其能够提前感受科研过程、规范科学研究方法、启发科学兴趣。英国修改了国家科学课程标准，加大投资力度，支持学校的科学专业发展，推行"你的科学生活"计划，开发科学在线课程品牌与青少年互动，激励更多青少年学习科学。在德国，教育和科研部、科技机构发起了科普活动，将科技资源向青少年开放，使青少年能与科学家直接对话，接触最前沿科技。以色列则设置了特殊班级、英才中心、导师计划等面向英才培养的特殊项目和场所，而且其中有一些是针对少年儿童的兴趣班，目的是为了激发他们的兴趣。①

这些安排，都是为了让学生能够在很早的时期就接触科学、体验科学、感受科研过程，提高他们对科学的探索兴趣。由此，青少年科研实践活动的根本意义，是让更多的青少年对科学真正感兴趣，并吸引他们最终从事科学相关的职业。

（三）活动特点

青少年科研实践活动的开展，涉及国家科技创新后备人才培养和未来的国际竞争力，不单要靠青少年自己的努力，更要以政府为主导，统筹多方力量，调动各方积极性，多方协同努力，才能有效保障活动效果。

第一，政府发挥主导作用。政府主导有助于统一设计，形成人才选拔、培养、追踪各个阶段的统一规划，并提供系统的人力、财力、制度等方面的保障，推动建设国家层面青少年科技英才培育体系。政府为主导，可实施培养过程的动态跟踪，在培养期对参与各方进行动态评估和人员调整，构建立体化评议，完善奖惩机制，以便激发参与者的主动性和积极性。

第二，大学和中学双方积极推进。高校与中学联合发现和培养青少年科技创新后备人才是一种非常有效的模式。中学精心选拔，发现和推荐具有科研潜质的学生。大学里的图书馆、实验室、暑期课程等教育资源主动对中学生开放，学生可以在不耽误正常课业进度的前提下，走进高校参与英才计划

---

① 王恩哥. 促进青少年科技创新后备人才培养 [J]. 中国科技教育，2019（8）：10–12.

培养项目。例如，上海交通大学与一些中学合作，建立了一个早期拔尖创新人才培养基地，指导中学生开展自主实验，并且还建设了培养创新素养课程体系，中学英才计划的学生可以通过这个课程体系选修夏季学科课程。考入上海交通大学后，学校可以认定学分。天津市实验中学根据英才计划学员的个性特长需求，依托高校、科研院所和本校教师，共同研发英才计划课程体系，并纳入学校大课程体系和课时安排中，使科技创新人才培养与日常教育深度融合，从而实现英才培养的课程化。

第三，大师指导，精心培养。青少年科技创新后备人才培养应该充分发挥科学家的积极作用，吸引、推动更多两院院士、高校、科研院所科学家作为后备人才培养的导师，指导中学生的科研实践，打破中学传统课堂以教师教授为主的形式，从灌输模式转变为以学生为中心的互动模式，鼓励学生主动思考，在科研实践中将其创新思维逐渐引导出来。

第四，扩大交流，开拓视野。推荐、组织有科研潜质的中学生参与国际青少年科技交流活动，参加在国际上有影响力的英特尔国际科学与工程大奖赛、欧盟青少年科学家竞赛、伦敦国际青年科学论坛、以色列世界科学家大会等国际赛事、大型论坛和会议，为我国科技创新后备人才搭建交流分享的国际平台，大大拓展其科研视野。[①]

二、青少年科研实践活动要领

开展青少年科研实践活动，根本是让青少年"在科学家身边成长"，为学有余力、具有创新潜质的青少年提供开放的科学学习和成长空间。由此，必须注重以下关键环节。

（一）去除功利化

开展青少年科研实践活动，应不以升学为目的，去除了功利这个"指挥棒"。人才的成长是有条件的，创新人才培养应该建立在遵循教育和人才成长规律的基础上。创新人才培养是一项长期的工程。在人才成长的整个过程中要创设有利条件，要重视个体独立性的发展，与时俱进地调整现有的评价标准，切忌盲目追求短期成效。以培养兴趣为出发点，营造创新氛围是去除人才培养功利化的重要内容。培养兴趣是获取知识的源泉，培养学生对新知识的兴趣，多为学生提供实践和发问的机会，培养学生实践能力、观察力和想象力，以及善于进行变革和发现新问题和新关系的能力。

（二）选拔好学员

在青少年科研实践活动中，学生的选拔是关键。学员的选拔主要是为了

① 王恩哥. 促进青少年科技创新后备人才培养 [J]. 中国科技教育, 2019 (8)：10 – 12.

识别出具有创新潜质的学生。创新潜质主要体现在素质积累、创新意识、创新精神和创新能力四个方面。素质积累指既有的知识、技能、经验等方面的积累，是创新的必要前提；创新意识是具有创新性的个性品质，是对创新活动的自觉认识和自主意识，是创新的原动力；创新精神是创新性的个性心理，是创新的有力保障；创新能力是认识事物、分析解决问题时所需要的能力，是创新的决定性因素。

在数学、物理、化学、生物、信息技术、地理等学科领域，要在一定地域范围内，面向全体高中学校推选合适的学生，制定学员推选参考指标，采用"学校推荐＋区县审核＋初步筛选＋专家面试＋组织认定"方式产生学员，以测评、自荐、推荐、面试等形式相结合，再结合学生的自我评价，家长、朋友、教师、学校的评价，前期创造性工作等就学生的创新潜质进行综合评价，选拔出真正具有创新潜质的学生，以便能提供条件、着重培养，使其在高中阶段脱颖而出。

（三）个性化培养

在青少年科研实践活动中，首先，确立"尊重个性"的基本原则，为学生的个性发展提供空间。充分发挥学生学习的主体性和主动性，使学生的创新潜能得以充分发挥。其次，课程的设计注重训练创新思维，开拓学生的视野，为学生呈现精彩纷呈的科学世界，帮助学生找到自己的兴趣点。课程的设计注重鼓励创新精神，提倡以问题为基础的教学，让学生根据兴趣自主选择问题，并将课程学习融入问题研究。最后，有效整合和利用资源，为人才培养搭建更大平台。

打破教育与科技、高中与大学、高中校与高中校之间的壁垒，形成"生源校""基地学校""高校""科研院所实验室"联合管理与服务的"三学校管理制"，以及"实验室指导教师、基地学校指导教师、生源校指导教师"共同培养的"三导师制"。

（四）科学化评价

在青少年科研实践活动中，人才评价机制对人才培养工作具有导向作用，要注重构建科学的创新人才评价机制。一是评价内容要合理化，应突出能力，重视学生的想象力、创造力和学习实践能力；二是评价过程要动态化，应突出过程评价，把诊断性评价、形成性评价和终结性评价有机地结合起来；三是评价标准要多元化，既能保持传统相对标准评价的优势，更有利于学生把自己的过去、现在和未来相比较，发现自身个体发展的特殊需求；四是评价方式要多样化，在定量评价基础上引入定性评价，对评价对象作全面、深入、真实的观察，对其特点和发展趋势做出质的描述；五是评价结果要发展化，通过评价激励被评对象，提高学校办学的积极性、教师教学的热情和学生学习的激情。①

三、青少年科研实践活动主要模式

按照活动组织主体的不同，青少年科研活动主要可分为科研实践活动的政府主导型、高校主导型、中学主导型等模式。

（一）政府主导型科研实践活动模式

青少年科研实践活动的政府主导型模式，是指政府管理部门或教育、科技机构（协会）兴办，以选拔品学兼优、学有余力、有创新潜质的中学生，走进著名大学、研究机构等，开展科研实践活动的形式和方式。以中学生"英才计划"、北京市"翱翔计划"、陕西省"春笋计划"等为例，呈现政府性、选拔性、专业性、实践性等主要特点。

——中学生"英才计划"，全称为"中学生科技创新后备人才培养计划"，是中国科协和教育部主办，于 2013 年启动，旨在选拔品学兼优、学有余力，具有创新潜质的中学生走进大学，在自然科学基础学科领域（数学、物理、化学、生物和计算机五个学科）的著名科学家指导下，参加为期一年的科学研究项目、科技社团活动、学术研讨和科研实践等活动。学生在此过程中得以感受名师魅力、体验科研过程、激发科学兴趣、提高创新能力、树立科学志向。"英才计划"的实施工作，除成立专家咨询委员会、学科工作委员会、工作管理办公室等组织机构，加强对"英才计划"指导与管理外，主要包括以下方面。

一是联合知名高校。在全国 15 个城市选取北京大学、清华大学、南开大学、吉林大学、复旦大学、上海交通大学、南京大学、浙江大学、中国科学技术大学、四川大学、西安交通大学、北京师范大学、山东大学、中山大学、武汉大学、厦门大学、兰州大学、北京航空航天大学、哈尔滨工业大学、中国科学院大学等高校开展"英才计划"工作。参与的高校积极组建高端专家团队培养学生。这些参与高校共推荐 347 名导师指导学生，其中院士 37 位。

二是精心培养学生。学生的培养周期为一年，学生可以自主选择研究方向、研究课题。各位名师因材施教，以学生兴趣为导向，根据学生的兴趣、特点、研究方向和课题制订培养方案，对学生进行指导。同时，各位导师还组织学生参加课题组讨论，聆听学术报告，带领学生参加学术会议、科学考察，让学生更深层次地了解科学发展前沿动态、掌握科研方法、开展科学研究。在加强国内培养交流的同时，每年选拔学生走出国门，加强与国外青少

---

① 罗洁. 高中阶段创新人才培养模式的探索——北京市"翱翔计划"的思考与实践［J］. 中小学信息技术教育，2019（Z1）：36－38.

年的科技交流，如选拔学生参加俄罗斯青年科学家竞赛、中日青少年樱花科技交流计划等国际交流活动。在国际交流活动中，学生与国外著名科学家、优秀青少年进行交流，访问世界知名高等学府和研究机构，参观重点实验室，极大地开拓了科学视野。

三是加强"英才计划"与大学教育的衔接。立足于推动我国大学教育与基础教育在青少年科技创新人才培养方面的衔接，参与高校积极采取措施，促进"英才计划"与大学教育、"拔尖计划"的衔接。例如，厦门大学、复旦大学组织学生参加学校"拔尖计划"专家讲座及各类学术讲座、人文讲座，向"英才计划"学生开放暑期课程，使学生感受名家大师风范、开阔视野、启迪科学思维。南京大学明确表示，在"英才计划"中表现突出的导师或助教，可以将中学生的培养纳入教学工作之一，参与奖教金评选等。山东大学将学生信息纳入高校综合教务系统，学生可以享受到与在校本科生同等的多项待遇，使"英才计划"作为一项特殊的拔尖人才培养模式纳入高校常规管理中。另外，有部分"英才计划"学生已经通过高考进入高校"拔尖计划"，如清华大学、南京大学、兰州大学、中国科技大学等。[①]

——北京市"翱翔计划"，是北京市教委重点资助项目之一，由北京教育科学研究院负责组织实施，高校、科研院所、区县教委、示范高中校相关人员共同参与。旨在稳步推进普通高中课程改革，发挥首都教育资源优势，"让学生站在巨人的肩膀上""在科学家身边成长"，让学生通过实验室特有的氛围熏陶，让学生亲历一个完整的"感受科学研究和科学家—理解科学研究过程和科学家素养—对科学研究和成为科学家感兴趣—立志投身科学研究和成为科学家，为人类可持续发展做出卓越贡献"过程，形成持久的科研兴趣，进而在青少年中培养拔尖创新人才。

"翱翔计划"以学生的兴趣为主导，特色课程采取中学与大学联合实施的方式，将纳入高中研究性学习课程，自高一年级第三学段至高二年级末。与高校招生录取不直接挂钩，参与学员也不会在高招中享受各种优惠，但高校在举行自主招生选拔时将会参考学生这种研究经历。同时，学员报考与自己研究项目对应的高校和专业时，获得的学分进入大学后将得到认可。计划实施以来，锻造了900余位骨干教师、700余位专家、200余位志愿者；建设了培养基地、课程基地、实践基地、生源基地、雏鹰基地这五类基地，凝聚了高等院校、科研院所、科普场馆与博物馆、企业、教育系统重点实验室和社会团体共六类资源，进行了翱翔学员培养、雏鹰建言行动、雏鹰爱心行动、"小创客"培育、青少年模拟政协、"科学探秘"奥林匹克和初中开放

---

① 徐延豪. 推进"英才计划"实施 培养拔尖创新人才 [J]. 创新人才教育，2017 (3)：48−51.

科学实践活动共七项探索，培养了 2652 名翱翔学员，征集了 7 万多条雏鹰建言，带动 10 多万人次参与创新实践活动，形成了人才培养方式创新的"北京模式"。①

——陕西省"春笋计划"，旨在选拔具有创造性潜质且学有余力的高中生，利用综合实践活动课程时间和节假日进入高校实验室参加课题研究，培养高中生的科学探索兴趣和创造性思维能力，拓宽基础教育阶段创造性人才培养的途径。该计划实施中，组建专家报告团，为高中生举办讲座、报告，参与高中生研究性学习的指导；高校重点实验室对中学生实行开放日制度，接待中学生有计划地参观和学习。

第一，组建青少年拔尖创新人才培养的专家委员会。由省内 9 所普通高中教师与 7 所重点高校专家组建青少年拔尖创新人才培养的专家委员会，专家委员会由课题小组、专家报告团小组、开放实验室小组组成，其中课题小组负责项目课题研究、项目的制定和组织实施；专家报告团小组根据高中课程改革要求，负责安排选修课专题报告，并指导开展研究性学习；开放实验室小组负责在实验室开展实地研究指导和实验室面向高中的开放日活动。选拔出的具有创造性潜质且学有余力的学生，由高校一名专家和中学优秀老师联合指导，确定具体研究课题，制订个性化培养方案，在学生经过相关知识和能力的培训后，直接进入高校实验室进行为期一年的课题研究。

第二，确定高校专家、实验室及高中优势学科、指导教师。各参与高校确定并推荐计划实施工作的专家，以及向高中学生开放的实验室；普通高中确定并推荐参与高校相关工作的优势学科与指导教师。成立了由省教育厅领导、部分高校领导、有关普通高中校长及有关专家参加的领导小组，主要负责计划实施的协调，以及中期检查评估和总结验收；组建计划实施专家委员会，主要负责课题研究学生的考核选拔，确定学生研究性课题指导人员组成，审定承担课题学生的培训方案。确定西安中学、西安一中、西安市第 83 中学、西安高新一中、西铁一中、西安交大附中、西工大附中、西北大学附中、陕西师大附中 9 所高中为培养学生的来源；确定西北工业大学、西安交通大学、陕西师范大学、西安建筑科技大学、西北大学、西安理工大学、西安电子科技大学 7 所高校中的一些国家重点实验室、教育部重点实验室和陕西省重点实验室作为联合培养单位并从中选取优秀的教授、副教授作为培养导师；选择物理、化学、生物、地理和信息技术 5 门优势学科及相应学科老师。

第三，学生的选拔。选拔标准：有较为扎实的知识基础、有问题导向的

---

① 靳晓燕. "翱翔计划"：人才培养方式创新的"北京模式"［EB/OL］.（2019 - 03 - 22）［2020 - 12 - 30］. https://life. gmw. cn/2019 - 03/22/content_32671285. htm.

知识构架、有较高的综合性动机、有较高的智力和思维能力、有自主牵引性格、有开放深刻的思维特点和有较为突出的相关领域学科特长或特殊的才能。选取相应的量表测量所属心理特征，如选取瑞文推理测验测量高中生的智力水平，选取青少年科学创造力测验测量高中生的科学创造力水平。

第四，通识及专业培训。在选拔结束后，首先要对选出的学生进行通识培训，然后各学科指导小组对学生进行专业培训，最后学生进入各高校相关实验室开展为期一年的课题研究。由专家委员会和课题研究小组组织，对于选拔出的学生进行通识培训。通识培训采取专家讲座的方式，介绍科学研究的方法，培养学生的科学态度。

第五，参与课题研究。接受了通识教育和专业培训后的学员将根据各学科的《课题研究指南》，结合自身兴趣进行选题。课题结束后，学生参加由专家评审的终期答辩会。

计划自2010年实施以来，课题承担学生对学科知识的认识、自身的人格特质，对事物的态度变化很大，部分学生还取得了显著的科研成果。主要为：一是在学科知识方面，学生普遍反映，参加课题研究以来，自己对学科知识有了新的认识，对书本知识有了更深的理解，并为后续学习奠定了良好的基础。二是在人格特质及对事物的态度方面，学员的自信心、内部动机、好奇心、自我接纳与坚持性与计划之前相比显著增强，开放性、怀疑、独立性和冒险性也较之前有所提高。三是在科研能力方面，学员顺利完成了课题的研究工作，部分学员取得了显著的研究成果，并最终顺利通过答辩。与此同时，参与学校的教师尤其是参与指导的教师，专业素养和教学观念有很大提高；参与学校教师及校长的教学思维的转变，更体现在整个学校学习氛围、教学氛围甚至教育氛围的转变。[①]

（二）大学主导型科研实践活动模式

青少年科研实践活动的大学主导型模式，是指以大学为主兴办，以选拔品学兼优、学有余力、有创新潜质的中学生，走进著名大学，开展科研实践活动的形式和方式。以同济大学"苗圃计划"等为例，呈现示范性、选拔性、专业性、实践性等主要特点。

同济大学"苗圃计划"，携手全国20多所知名高中，结合学校相关学科专业进入中学设立基地，建立相关学科专业的兴趣小组，由学校教授、专家直接到中学参与种植培育，遂定名为"苗圃计划"。使学生身在中学校园，就有机会接受大学教授的面对面指导，传播科学与工程的相关知识、激发和引导学生的兴趣、特长和潜质。该计划抓住高中阶段的关键期，为培养更多创

---

① 林崇德. 拔尖创新人才成长规律与培养模式研究 [M]. 北京：经济科学出版社，2018：310-318.

新人才创造了条件，选择太谷二中、山大附中两所学校组织实施。主要分三个阶段。

第一阶段，以兴趣引导为目标，主要面向高一学生结合高中既有的素质教育开展，通过教授进中学举行学科（专业）讲座等形式，在广泛层面上传播科学与工程的相关知识、培育中学生的专业兴趣。通过系列丰富多彩、类型多样的前沿科学讲座及实践活动让学生受益匪浅，激励了学生的学习热情，激发了学生的学习兴趣。

第二阶段，以能力与人格养成为培养目标。面向小范围的高二学生，经由大学与中学共同商定的程序和办法自愿报名、共同选拔后，组成各种类型的兴趣小组，以不占用高中基础课程教学时间为前提，合理利用中学原课表中拓展课程和研究型课程的时间，外加少量的课外时间，引导学生开展创新型小课题研究、参加各种学科竞赛创新活动等。

第三阶段，参与各类创新训练、创新活动的基础上，以"选苗"和部分大学课程的提前植入为特征。高二年级结束时，按照双向选择原则，同济大学对有关学生进行自主招生选拔，确定真正成为"同济苗子"的学生名单，享受同济大学的自主招生优惠政策。

计划实施中，参与的各种类型创新项目，不仅增强了学生的信心，激发了他们的兴趣、热情，还给予了他们很多意料之外的知识实验、动手类的活动，让学生找到了学以致用的乐趣。在实际操作中，满足了学生的好奇心，感觉兴趣更浓了。学生说：自从参加同济大学的"苗圃计划"后，一边做实验，一边学功课。如此多重思维的协调运作开发了我们的大脑潜能，让我们以一种新姿态面对生活、学习，感觉头脑更清晰、心理更自信了。[①]

（三）中学主导型科研实践活动模式

青少年科研实践活动的中学主导型模式，是指以中学为主兴办，以选拔品学兼优、学有余力、有创新潜质的中学生，走进著名大学，开展科研实践活动的形式和方式。以江苏省南通市第一初中少年科学院等为例，呈现研学性、选拔性、专业性、实践性等主要特点。

江苏省南通市第一初中少年科学院，旨在破解"钱学森之问"，通过创建校级少年科学院方式，对创新人才的早期培养进行大胆实践探索。

一是开展研究性学习。新课程标准把课程分为两大类：学科课程和拓展课程。学科课程一般在课内进行；综合实践是拓展课程的主要方式，一般需在课外开展。传承是课堂教学的立足点，而创新则是综合实践的重点。学校

---

① 陶伟忠，田晖. "苗圃计划"是实现中学与大学贯通式培养的有效方式——同济大学"苗圃计划"工作的体会 [J]. 经济师，2015（10）：203-204.

少年科学院模式创新的关键，就是找到这两类课程的平衡点，开展研究性学习。

二是开展研究展示交流。以课题为载体的研究性学习是联系学科课程与拓展课程的纽带，需要一个能够展示研究成果的平台，并形成模式，使综合实践活动与学科课程保持平衡。少年科学院就为学生搭建了这样的平台。学生每年有一次参加中国少年科学院"小院士"课题研究成果答辩与展示的机会，有一次通过"学校—南通市—江苏省—全国"四个层次，分层选拔青少年科技创新大赛的机会。这些较高层次的创新成果展示与评比活动，为科技创新人才的早期发现和培养注入了新的活力。

三是推行院校共建。学校抓住契机，成为全国第一批与中国少年科学院共建校级少科院的基层学校，并依靠这一平台，在短短的六年中，培养出 35 位中国少年科学院小院士。同时，利用从南通中学走出的 21 位院士的人文资源，在教学楼门厅设立"大院士墙"与"小院士墙"，架设液晶显示器，展示"大院士"的科技人生和"小院士"的科技作品，以激励学生。此外，还邀请院士来校分享他们为科学梦而奋斗的励志故事、传奇经历和人生态度，用院士的名字命名各研究所，开展学习院士的系列活动。

四是学生自主管理。少科院的总院、分院、研究所的正副院长、所长都由学生竞聘产生，并形成了一套学生自我管理的系统，保证少科院各项工作有条不紊地进行，充分发挥了学生在科技活动中的主体作用。少年科学院开展三类活动。一是创新发明。创新发明作品围绕"方案设计—模型制作—实物加工—申报专利"四个步骤进行。二是实验探究。要求学生将日常生活中值得思考的问题转化为研究课题，将教材上部分弱化的知识升华为探究课题进行研究，让学生经历提出问题、猜想假设、设计实验验证假设等过程。三是科技实践。科技实践活动是学校学生进行研究性学习和开放式探讨活动的重要方式，其显著特点是参与人数众多，彰显的是群体创新成果，通常包括活动背景、目的、过程、成果、评价 5 个要素。①

---

① 杨丽. 科技创新人才早期培养模式的创新探索——以校级少年科学院的创建和发展为例 [J]. 基础教育参考，2017（23）：16 – 17.

第五章　青少年科技竞赛活动

　　青少年科技竞赛活动，是指面向青少年的、科学技术领域内的竞争性比赛，是借由青少年的好胜心，通过比赛的形式，为他们搭建展示自身科技方面才能的平台，使其在比赛中有机会展示自我、获得认可。青少年科技竞赛活动须具科学性、展示性、公正性。一般青少年科技竞赛活动，主要包括以笔试为主的基础科学学科竞赛，以操作为主的科技创意制作竞赛，以及集笔试、操作、答辩等于一体的综合的科技创新竞赛等。

第一节　科学学科竞赛

　　学科竞赛是通过纸笔测试，必要时辅以实验等方式，来考查学生某个学科的知识和技能水平，根据其成绩进行相应评定和奖励。科学学科竞赛所考查的内容以科学课堂教学内容为基础，但在深度和广度上有更高要求，可以视为正规科学教育的拓展和延伸。

一、科学学科竞赛概述

　　处于中小学阶段的青少年，学习数学、物理、化学、生物、地理和技术等基础学科的知识，是其主要任务之一。为了激发青少年学习基础学科知识的兴趣，为他们交流学习经验和展示才能搭建平台，相应的竞赛活动自然应运而生，这就是被称为数学、物理、化学、生物、信息学等基础学科的学科竞赛系列活动。

（一）学科竞赛概况

　　全国中学生五项学科竞赛是我国学科竞赛的重要代表，主要包括数学、物理、化学、生物和信息学竞赛，是由中国科学技术协会所属中国数学会、中国物理学会、中国化学会、中国计算机学会、中国动物学会和中国植物学会六个学会主办，并得到教育部及各级教育主管部门认定与支持的赛事。该竞赛是面向全国中学生的学科竞赛活动，宗旨是向中学生普及科学知识，激发他们学习科学的兴趣和积极性，为他们提供相互交流和学习的机会；促进中等学校教育改革；通过竞赛和相关活动培养和选拔优秀学生，为参加国际学科奥林匹克竞赛选拔参赛选手。全国五项学科竞赛活动属于课外活动，坚持学有余力、有兴趣的学生自愿参加的原则，是在教师指导下学生研究性学习的重要方式。每年，通过全国学科奥赛选拔优秀的中学生组成国家集训队，依托北京大学、清华大学、复旦大学、南开大学等著名院校，由专家和领队对学生进行培训和进一步选拔，最后组成中国代表队参加国际学科奥林匹克竞赛。①

国际学科奥林匹克竞赛是世界上最有影响力的中学生学科竞赛活动，数学竞赛始于1959年的，此后又分别开始举办物理、化学、信息学、生物学竞赛。其宗旨是促进科学知识的普及，培养中学生对科学知识的兴趣，同时也有寻觅和发现天才，以及扩大国际间的教育交流作用。中国在1985年首次派队参加这项活动，这些年来中国代表队取得了非常优异的成绩，截至2018年，我国学生在国际数学、物理、化学、信息学和生物奥赛中分别获得152、126、93、81、73枚奖牌。② 参加这项活动对于促进我国科学教育的发展，加强各国优秀青少年间的交流与友谊，发现和培养科技后备人才等方面都起到了积极的作用。除派队出国参加竞赛，我国还于1990年、1994年、1995年、2000年、2005年分别成功举办国际数学、物理、化学、信息学和生物奥林匹克竞赛。③

（二）学科竞赛组织

我国的中学生五项学科竞赛，包括不同层级的比赛，主要有：全国高中数学联赛，中国数学奥林匹克；全国中学生物理竞赛复赛（省级赛区），全国中学生物理竞赛决赛；中国化学奥林匹克（初赛），中国化学奥林匹克（决赛）；全国青少年信息学奥林匹克联赛，全国青少年信息学奥林匹克竞赛；全国中学生生物学联赛，全国中学生生物学竞赛等。

全国中学生五项学科竞赛主管单位为中国科协，日常管理工作由中国科协青少年科技中心负责，主要职责是审定各学科竞赛章程（条例）和实施细

① 胡咏梅，李冬晖，薛海平. 中国青少年科技竞赛项目评估及国际比较研究 [M]. 北京：北京师范大学出版社，2012：13 - 14.

② 赵博. 我国学科竞赛活动发展报告 [M] //李秀菊，王挺. 中国科学教育发展报告（2019）. 北京：社会科学文献出版社，2020：224 - 225.

③ 学科奥林匹克竞赛 [EB/OL]. [2020 - 12 - 30]. http://cso. xiaoxiaotong. org/.

则，定期召集学科竞赛管理工作会议，协调解决各学科竞赛中遇到的问题，审批国家集训队、国际竞赛国家队组成和国际竞赛承办手续，资助国家集训队培训及国际竞赛组队参赛工作。

全国中学生五项学科竞赛主办单位为中国数学会、中国物理学会、中国化学会、中国计算机学会、中国植物学会和中国动物学会等相关全国学会，负责制定和修订本学科竞赛章程（条例）及实施细则，举办竞赛，遴选国家集训队员并组织培训，遴选国际竞赛国家队员。

省级赛区竞赛（联赛）管理部门为各省（区、市）科协。日常管理工作由省级科协青少年科技教育机构协商当地教育行政管理部门和各有关省级学会共同进行。省（区、市）成立由当地科协、教育行政部门和有关学会共同组成的省级赛区竞赛（联赛）管理委员会。省级赛区竞赛（联赛）管理部门的主要职责是：监督、协调本省学科竞赛的各项组织工作；监督省级赛区竞赛（联赛）组织实施单位的工作；审核省级赛区竞赛（联赛）获奖学生名单。

（三）学科竞赛程序

——报名与资格认定。省级赛区竞赛（联赛）的报名及资格认定工作，根据各学科竞赛章程（条例）或实施细则，由省级赛区竞赛（联赛）组织实施单位负责；全国竞赛（决赛）的相关工作由主办单位负责。

——竞赛时间和地点。各省根据参加竞赛学生人数和地域分布设立多个分赛点。赛点设立在地级市以上办学条件较好、管理规范的学校或机构。设立赛点须经主办单位批准。各赛点的竞赛时间必须按照主办单位的规定统一进行。全国竞赛（决赛）的时间、地点由主办单位确定。

——命题。竞赛的命题工作由主办单位负责。竞赛大纲由主办单位确定并予以公布。命题工作可由主办单位组织专家承担，也可以征集试题后由主办单位确定竞赛题目。

——试卷管理。学科竞赛试卷与评分标准须按照各学科竞赛章程（条例）或实施细则中有关保密规定进行印制、分发、保管和拆封。全国竞赛试卷由主办单位印制。省级赛区竞赛（联赛）试卷由主办单位按照各学科竞赛章程（条例）或实施细则的要求寄发各省。未经主办单位许可，任何单位和个人不得复印试卷。

——比赛流程与阅卷。各学科竞赛章程（条例）或实施细则须对比赛流程和阅卷工作进行详细的规范性说明，明确流程的时间点、相应工作内容及相关人员具体职责规范。

——奖项评定。全国竞赛（决赛）及省级赛区竞赛（联赛）的成绩判定办法、获奖比例及人数由主办单位确定，报主管单位备案。全国竞赛（决赛）一、二、三等奖证书由主管单位和主办单位共同颁发，省级赛区竞赛（联赛）获奖证书由主办单位颁发。全国竞赛（决赛）一、二、三等奖证书和省级赛区竞赛（联赛）一等奖证书由主管单位统一印制。省级赛区竞赛（联赛）其他奖项证书由主办单位负责印制。全国竞赛（决赛）一、二、三等奖及省级赛区竞赛（联赛）一等奖获奖学生名单（包括姓名、性别、所在省份、毕业中学、获奖名称）由主办单位在本部门指定网站进行公示。公示时间不少于 10 个工作日。公示结束后，相关奖项最终予以确认，并由主办单位报主管单位备案。每年主办单位需在赛前将全国竞赛（决赛）活动计划提前报主管单位备案，包括时间、地点、承办单位、参赛总人数（学生、领队）、各省学生名额分配及收费情况。全国竞赛（决赛）参赛人数的增长应与竞赛活动目标相匹配，保证获得竞赛等级奖的学生相对水平稳定。省级赛区竞赛（联赛）一等奖以上奖项获奖人数由主管单位实行总量控制。增加全国竞赛（决赛）参赛人数，主办单位须在上一年比赛结束后向主管单位提出书面申请，参赛人数不能连年增长。全国竞赛（决赛）的考试内容应理论与实践并重，除考试活动之外，应围绕学科主题组织至少一项学生的交流或参观学习活动。

　　——国家集训队和国家队选拔。国家集训队是由全国竞赛（决赛）一等奖获奖学生组成，每年五项学科竞赛国家集训队总人数不超过规定人数。国家集训队员须按主办单位要求参加国家集训队培训。参加国际竞赛国家队的队员从本年度国家集训队队员中选拔产生。各学科国家集训队员只能参加本学科的国家队成员选拔。经国家集训队培训后，主办单位须在当年国际竞赛开始前 3 个月向主管单位报送国际五项学科竞赛国家队成员名单，确认后代表国家参加相应竞赛。[①]

（四）学科竞赛作用

　　学科竞赛使一部分有学科天赋学生的潜能得以充分展现与发展，它在师生、家长心中有较大的影响力。不同层级的竞赛和选拔体系以及相应培训，广泛地激发了学生学习科学的热情和兴趣，促进了学校的重视，也为科学学科中有潜质的学生提供了培养机会。

　　第一，我国学科竞赛活动较好地完成了学科科普的首要教育目标，同时有效肩负起学科人才选拔的任务。学科竞赛活动作为一类非正规科学教育活动，有明确的教育目标和精准的定位，在此基础上建立的活动框架完整、内

---

　　① 中国科协办公厅关于印发《全国中学生五项学科竞赛管理条例（修订）》的通知，科协办发青字〔2014〕40 号〔EB/OL〕.〔2020 - 12 - 30〕. http://www.cyscc.org/News/noticeView.aspx? AID = 25313.

容清晰。通过省内资格赛、省级联赛和全国决赛逐级递进的方式，一方面保障了吸引尽可能多的中学生参与其中，另一方面也保障了对学生素质有效地分层筛选。历年来我国学生在国际学科奥赛中的夺金率也反映出学科竞赛活动选拔推举的学生确实素质优秀。

第二，学生个人参与学科竞赛活动的体验丰富多样，呈现个性化。促进学生参与学科竞赛活动的动机来源多样且程度不一，总体来看，内部动机比外部动机更为强烈。从各项动机来源来看，内部动机方面基于个人兴趣和知识扩展需求的两项动机较高，外部动机中教师鼓励和高校招生青睐两项动机相对较高。此外，在备赛过程中，学生往往结合多种方式展开学习。从学生整体反馈来看，自学对于备赛的过程贡献最高，其次是教师的讲解或学校对应课程的开设。

第三，我国学科竞赛活动在学生情感态度价值观方面有较好的提升效果。调查显示，学生在参加学科竞赛活动后不但情感态度价值观得到整体提升，在对个人兴趣、学科价值观认同、自我效能感以及未来从事相关职业意愿几个维度方面均有提升。相比而言，活动对学生学科兴趣和价值观认同两个方面的提升效果最为明显。学生在参与学科竞赛后会在一定程度上认同自己相较于同伴表现更优秀，但是他们仍觉得自己与科学家这一角色有距离。此外，学生对于参赛学科相关工作岗位的意向变得更为强烈。

第四，从学生备赛学习方式的角度来看，有多种方式与活动效果提升有关。从学生的参赛动机来看，学生的内在动机与其得到的提升效果有强相关性，其中，学生兴趣满足、知识扩展需求和从业意向三方面也均有强相关性。而在外部动机方面，教师的鼓励与学生得到提升效果有一定相关，但相关性弱于学生的内部动机。值得注意的是，学校的强制要求与家长的命令对学生参赛效果产生的是负面影响。另外，学科竞赛中获奖情况对于学生学科价值认同和自我效能感两方面的提升有一定的相关性。[①]

二、科学学科竞赛要领

学科竞赛是锻炼人的智力且超出课本范围的一种特殊的考试。学科竞赛往往要求学生补充大量知识，需要的思维量很大，从而使学生对学科知识掌握具有很高的灵活性和熟练度，也能锻炼提高学生的思维能力。

（一）坚持以赛促学

学科竞赛是促进学习的手段而非目的。学科竞赛要结合学科特点考查学

---

① 赵博. 我国学科竞赛活动发展报告［M］//李秀菊，王挺，编. 中国科学教育发展报告（2019）. 北京：社会科学文献出版社，2020：224－225.

生运用知识解决问题的能力，要激发学生学习相关学科的兴趣和主动性，帮助学生掌握学习方法，提高其学习能力。

（二）坚持课外为主

学科竞赛属于课外活动，是课内教学的拓展、选手的培养以中学教师指导下的课外活动为主，严格遵守教育部文件的规定，不要搞层层培训，不得冲击其他学科的学习，不搞选手的异地培训。

（三）坚持自愿参加

学科竞赛必须坚持学生有兴趣、有余力和自愿参加的原则。反对不顾学生是否有兴趣、学校是否有条件而盲目开展学科竞赛活动的做法。要避免造成学校、家长盲目追捧，逼迫学生参加的现象。

（四）坚持公平竞赛

竞赛、命题、评判等竞赛过程，实行保密和回避制度，竞赛的组织者和竞赛的参加者均应遵守竞赛规则，且应受到监督。一旦发现违纪行为应给予必要处分，以保证竞赛的公平性。

三、科学学科竞赛主要活动

按照分科的不同，青少年科学学科竞赛主要活动主要可分为数学、物理、化学、生物、信息学等主要活动。

（一）数学学科竞赛

目前竞赛活动，主要有全国高中数学联赛、中国数学奥林匹克、国际数学奥林匹克等。

——全国高中数学联赛，缘起1981年，当时在大连召开的第一届全国数学普及工作会议上，确定将数学竞赛作为中国数学会及各省、市、自治区数学会的一项经常性工作，每年9月第二个星期日举行"全国高中数学联合竞赛"。该竞赛是中国高中数学学科的较高等级的数学竞赛，旨在选拔在数学方面有突出特长的同学，让他们进入全国知名高等学府，而且选拔成绩比较优异的同学进入更高级别的竞赛，直至国际数学奥林匹克（IMO）；通过竞赛的方式，培养中学生对于数学的兴趣，让学生爱好数学，学习数学，激发学生的钻研精神、独立思考精神以及合作精神。该竞赛中取得优异成绩的全国约400名学生有资格参加由中国数学会主办的中国数学奥林匹克（CMO）竞赛，在CMO中成绩优异的约60名学生可以进入国家集训队。经过集训队的选拔，将有6名表现最顶尖的选手进入中国国家代表队，参加国际数学奥林匹克（IMO）竞赛。

——中国数学奥林匹克，前身为全国中学生数学冬令营，是在全国高中数学联赛的基础上进行的一次较高层次的数学竞赛。1985年，由北京大学、南开大学、复旦大学和中国科技大学四所大学倡议，中国数学会决定，自1986年起每年1月份举行全国中学生数学冬令营，从1990年开始，冬令营设立了陈省身杯团体赛，从1991年起被正式命名为中国数学奥林匹克，成为中国中学生最高级别、最具规模、最有影响的数学竞赛。该竞赛邀请各省、市、自治区在全国高中数学联赛中的优胜者参加，人数100多人。活动为期5天，第一天为开幕式，第二天、第三天考试，第四天学术报告或参观游览，第五天闭幕式，宣布考试成绩和颁奖。分数最高的前20—30名选手，将组成参加当年国际数学奥林匹克（International Mathematical Olympiad，IMO）的中国国家集训队。[①]

——国际数学奥林匹克，旨在激发青年对数学的兴趣，培养青年人的数学才能，发现科技人才的后备军，促进各国数学教育的交流与发展。该竞赛是中学学科竞赛中历史最悠久的一项，一般认为始于1894年由匈牙利数学界为纪念数理学家厄特沃什－罗兰而组织的数学竞赛，为把数学竞赛与体育竞赛相提并论，特把数学竞赛称为数学奥林匹克。20世纪上半叶，不同国家相继组织了各级各类的数学竞赛，形成国际竞赛的必要条件。1956年，罗马尼亚数学家罗曼教授提出倡议，于1959年7月在罗马尼亚举行了第一次国际数学奥林匹克，以后每年举行一次（中间只在1980年断过一次），参加的国家和地区逐渐增多。目前参加这项赛事的国家代表队有80余支，我国第一次参加国际数学奥林匹克是在1985年。[②] 30多年来，我国参赛代表队每届都取得很好成绩。

（二）物理学科竞赛

目前物理学科竞赛活动，主要有全国中学生物理竞赛、国际物理学奥林匹克等。

——全国中学生物理竞赛，对外称中国物理奥林匹克，英文名称为Chinese Physics Olympiad，缩写为CPhO，是青少年群众性的课外学科竞赛活动。活动由中国科学技术协会主管，中国物理学会主办，并得到教育部的批准。竞赛目的是激发学生学习物理的兴趣和主动性，促使他们改进学习方法，增强学习能力；帮助学校开展多样化的物理课外活动，活跃学习空气。发现具有突出才能的青少年，以便更好地对他们进行培养。参赛对象是面向物理学习有兴趣并学有余力的在校普通高中学生。竞赛坚持学生自愿参加的原则。竞赛活动主要在课余时间进行。竞赛内容的深度和广度可以比中学物理教学大纲和教材有所提高和扩展。学生参加竞赛主要依靠平时的课内外学习和个

---

①② 中国数学奥林匹克活动简介［EB/OL］.［2020－12－31］. http://cso. xiaoxiaotong. org/math/intro. aspx？ ColumnID＝10180400.

人努力。学校和教师不需要为了准备参加竞赛而临时突击，不要组织"集训队"或搞"题海战术"，以免影响学生的正常学习和身体健康。学生在物理竞赛中的成绩只反映学生个人在这次活动中所表现出来的水平，不应当以此来衡量和评价学校的工作和教师的教学水平。[①]

——国际物理学奥林匹克，英文名称是 International Physics Olympiad，缩写为 IPhO。其宗旨是通过组织国际性中学生物理竞赛，来促进学校物理教育方面国际交流的发展，以强调物理学在一切科学技术和青年的普通教育中日益增长的重要性。该活动由原捷克斯洛伐克、匈牙利和波兰的物理学家倡议发起，1967 年在波兰首都华沙举行第一届竞赛，除发起国以外，还有保加利亚和罗马尼亚。自第二届起，参加的国家逐渐增多，1972 年西欧、北美国家也加入这个竞赛，从此成为国际性的物理竞赛。IPhO 竞赛于每年 6 月底举办一次，由各会员国轮流主办，其国际声望越来越高，它的作用已被联合国教科文组织（UNESCO）和欧洲物理学会（EPS）所肯定。[②]

（三）化学学科竞赛

目前化学学科竞赛竞赛活动，主要有全国高中学生化学竞赛、国际奥林匹克化学竞赛等。

——全国高中生化学竞赛，旨在普及化学知识，鼓励青少年接触化学发展的前沿、了解化学对科学技术、社会经济和人民生活的意义、学习化学家的思想方法和工作方法，以激发他们学习化学的兴趣爱好和创造精神；探索早期发现和培养优秀人才的思想、方法和途径；促进化学教学新思想与新方法的交流，推动大学与中学的化学教学改革，提高我国化学教学水平；选拔参加一年一度的国际化学竞赛的选手。全国高中学生化学竞赛暨冬令营是全国高中学生最高水平的化学赛事，它与国际化学奥林匹克竞赛接轨，是中国高中学生的化学"全运会"。该竞赛活动受到广大青少年的重视，每年都有近 10 万名高中学生报名参加竞赛活动。通过竞赛激励了那些才华出众的中学生参加国际化学奥林匹克竞赛活动，为我国早期发现一批优秀化学人才奠定了基础，并扩大了化学教育思想、化学教材、化学教学方面的国际交流，同时激发了千百万中学生学习化学的热情。

——国际奥林匹克化学竞赛，英文名称为 International Chemical Olympiad，是世界上规模和影响最大的中学生化学学科竞赛活动，源于捷克斯洛伐克。

[①]　全国中学生物理竞赛章程［EB/OL］.［2020 – 12 – 31］. http://www2. phy. pku. edu. cn/academy/competition/1 – 1. pdf.

[②]　国际物理学奥林匹克简介［EB/OL］.［2020 – 12 – 31］. http://www2. phy. pku. edu. cn/academy/competition/171115. xml.

旨在强调化学的重要作用,激发学生对化学的兴趣,提高学生的思考与创造能力,同时也是为了在青少年中选拔优秀人才。竞赛内容包括无机化学、有机化学、物理化学和 1984 年起增加的生物化学。自 1968 年在捷克举行第一届竞赛以来,除 1971 年停赛一年外,每年一届,现今已有 50 多个国家和地区参加这项活动。该竞赛题分理论题与实验题两部分,理论题 60 分,实验题 40 分。竞赛的工作语言是英语、法语、德语和俄语。

(四)生物学科竞赛

目前生物学科竞赛活动,主要有全国中学生生物学联赛、国际生物学奥林匹克竞赛等。

——全国中学生生物学联赛(以下简称全国生物学联赛),英文名称为 China High School Biology Olympiad,缩写为 CHSBO,对外称中国生物学奥林匹克,英文名称为 China National Biology Olympiad,缩写为 CNBO。该联赛是在中国科学技术协会领导及教育部的支持下,由中国动物学会和中国植物学会联合主办,由在校高中学生自愿参加的群众性生物学科竞赛活动。活动旨在加强中学生物学教学,提高生物学教学水平;丰富中学生生物学课外活动;向青少年普及生物学知识,提高青少年的生命科学素养;为参加国际生物学奥林匹克竞赛(以下简称国际生物学奥赛)选拔人才。全国生物学联赛以省、自治区、直辖市(以下简称省)为单位组织学生参加,各省在全国生物学联赛基础上选拔、组队参加全国生物学竞赛,根据全国生物学竞赛成绩选拔学生参加国家集训队。[①]

——国际生物学奥林匹克竞赛,英文名称为 The International Biology Olympiad Competition,缩写为 IBO,是一个为中学生举办的国际科学奥林匹克竞赛。生物学奥赛起源于东欧一些国家,原为这些国家的国内学科竞赛。20世纪 80 年代末,由苏联、波兰、捷克等国发起成立国际性组织——国际生物奥林匹克竞赛委员会,并于 1990 年组织了第一届 IBO,此后每年举办一届,IBO 竞赛委员会设在捷克的布拉格。该竞赛旨在为有天赋的学生推广科学事业并强调生物在现今社会的重要性,并提供比较教育方式和交换经验的良好机会,推进生物教育。所有的参赛国均派 4 名赢得国内生物奥林匹克竞赛的代表参加 IBO,并通常伴随有一名领队和两名观察员或陪审员。中国科协于 1993 年开始组队参赛。

以作者随中国代表队参加的 2018 年第 29 届国际生物学奥林匹克竞赛为例,7 月 14—23 日竞赛在伊朗德黑兰市,由伊朗教育部负责举办,来自 68 个

---

① 全国中学生生物学联赛、竞赛章程[EB/OL].(2020 – 01 – 22)[2020 – 12 – 31]. http://czs. ioz. cas. cn/swxjs/zcjssxz/202001/t20200122_541406. html.

国家和我国台湾地区的共 269 名选手参加比赛，另有 3 个国家和地区派出观察员进行观摩。本届竞赛的中国代表队由中国动物学会具体牵头组队，由中国科协青少年科技中心委派，共 4 名参赛学生和 6 名成人。领队为全国中学生生物学竞赛委员会副主任、北京师范大学生命科学学院教授，副领队为全国中学生生物学竞赛委员会副主任、北京大学生命科学学院教授；4 名观察员分别来自北京师范大学生命科学学院、清华大学生命科学学院的教师和中国科协青少年科技中心的一名副研究员。4 名参赛学生来自河南省郑州外国语学校、湖南省长沙市第一中学、浙江省镇海中学、四川省绵阳中学，是我国生物学科竞赛中的成绩优异者，选拔自 2018 年生物奥赛冬令营（全称：2018 年国际生物学奥林匹克竞赛国家集训队）。该冬令营于 2018 年 3 月 1—4 日在清华大学生命科学学院举行。来自 18 个省（自治区、直辖市）的 50 名选手参加了这次冬令营选拔活动，他们是 2017 年 8 月在河南省郑州外国语学校举办的第 26 届全国中学生生物学竞赛一等奖获得者，并被遴选为 2018 年参加国际生物学奥林匹克竞赛国家集训队队员。第 29 届国际生物学奥赛的考试，由理论和实验考试组成。理论分为 A 和 B 两部分，4 门实验分别为植物解剖和生理学、动物系统和解剖、生化和分子生物学、生态、行为和进化。本届竞赛最终决出金牌 27 枚、银牌 55 枚、铜牌 65 枚。中国大陆代表队 4 名选手均获金牌，并取得了团体总分第一名的成绩。

（五）信息学学科竞赛

目前信息学学科竞赛活动，主要有全国青少年信息学奥林匹克竞赛、全国青少年信息学奥林匹克联赛、冬令营、国际信息学奥赛等。

——全国青少年信息学奥林匹克竞赛，由中国科协主管，由中国计算机学会主办。活动旨在向那些在中学阶段学习的青少年普及计算机科学知识；给学校的信息技术教育课程提供动力和新的思路；给那些有才华的学生提供相互交流和学习的机会；通过竞赛和相关的活动培养和选拔优秀计算机人才。该活动从 1984 年开始，中国计算机学会于当年创办全国青少年计算机程序设计竞赛（NOI），参加竞赛的有 8000 多人。从此每年一次 NOI 活动，吸引越来越多的青少年参与其中。30 多年来，通过竞赛活动培养和发现了大批计算机爱好者，选拔出了许多优秀的计算机后备人才。当年的许多选手已成为计算机硕士、博士，有的已经走上计算机科研岗位。

——全国青少年信息学奥林匹克联赛，英文名称为 National Olympiad in Informatics in Provinces，缩写为 NOIP，始于 1995 年。每年由中国计算机学会统一组织。NOIP 在同一时间、不同地点以各省市为单位由特派员组织。全国统一大纲、统一试卷。初、高中或其他中等专业学校的学生可报名参加联赛。联赛分初赛和复赛两个阶段。初赛考查通用和实用的计算机科学知识，以笔试为主。复赛为程序设计，须在计算机上调试完成。参加初赛者须达到一定分数线后才有资格参加复赛。联赛分普及组和提高组两个组别，难度不同，分别面向初中和高中阶段的学生。参加 NOI 的各省都应先参加联赛，参加联赛是参加 NOI 的必要条件。

——全国青少年信息学奥林匹克冬令营，英文名称为 Winter Training Campus，始于 1995 年。每年在寒假期间开展为期一周的培训活动。冬令营共 8 天，包括授课、讲座、讨论、测试等。获得 NOI 前 20 名的选手为正式营员，由大学教授作为指导教师。

——国际信息学奥林匹克，英文名称为 International Olympiad in Informatics，缩写为 IOI，为中国队选拔赛，英文名称为 IOI China Team Selection Competition，缩写为 IOI CTSC。旨在为参加当年举行的 IOI 而进行的选拔赛。IOI 的选手是从获 NOI 前 20 名选手中选拔出来的，获得前 4 名的优胜者代表中国参加国际竞赛。

——国际信息学奥林匹克竞赛，英文名称为 International Olympiad in Informatics，缩写为 IOI。中国是 IOI 创始国之一。自 1989 年起中国开始组队参加国际信息学奥林匹克（IOI）竞赛，中国科协和国家自然科学基金委资助我国青少年出国参赛。[①]

第二节 科技创意制作竞赛

青少年将头脑中科技方面的创意想法以实物的形式呈现出来，即创意物化，青少年科技创意制作竞赛是对其中创意、设计、制作水平的考察，是以赛促培，促进青少年科学素质的培养。

一、科技创意制作竞赛概述

创意制作可理解为现代教育中提倡的创意物化。创意物化（Materialization）一词源于芬兰，指个体利用不同感官、多种材料及不同场域获取体验的整体认识，将头脑中的想法、概念或某种结构以实物的形式呈现；广义创意物化指主体创造性地解决问题的能力。[②]

---

① 全国青少年信息学奥林匹克竞赛系列活动简介［EB/OL］.（2020 – 09 – 29）［2020 – 12 – 31］. http://www.noi.cn/gynoi/jj/.

② 郭荣，安菊梅. 创意物化：芬兰工艺课程开发的经验及启示——基于对芬兰 2016 年工艺课程大纲的解读［J］. 教学研究，2020，43（1）：72 – 78.

（一）科技创意制作的定义

科技创意制作，也就是指创意物化。教育部 2017 年印发的《中小学综合实践活动课程指导纲要》中提出"创意物化"概念，并对不同学段做了不同程度的要求。小学阶段创意物化：通过动手操作实践，初步掌握手工设计与制作的基本技能；学会运用信息技术，设计并制作有一定创意的数字作品。运用常见、简单的信息技术解决实际问题，服务于学习和生活。初中阶段创意物化：运用一定的操作技能解决生活中的问题，将一定的想法或创意付诸实践，通过设计、制作或装配等，制作和不断改进较为复杂的制品或用品，发展实践创新意识和审美意识，提高创意实现能力。通过信息技术的学习实践，提高利用信息技术进行分析和解决问题的能力以及数字化产品的设计与制作能力。高中阶段创意物化：积极参与动手操作实践，熟练掌握多种操作技能，综合运用技能解决生活中的复杂问题。增强创意设计、动手操作、技术应用和物化能力。形成在实践操作中学习的意识，提高综合解决问题的能力。①

（二）科技创意制作的主题

2017 年《中小学综合实践活动课程指导纲要》里中小学（7—9 年级）设计制作活动推荐主题中有关科技的内容。从表 5 - 1 中不难看出，现代中小学科学教育非常强调将头脑中的创意思维通过动手制作变为可见实物的过程，并按学段进阶，开展不同难度的任务，更加贴合了有效学习的规律。同时，引进了新的事物和理念，在一定程度上突破了以往中小学科技教育和科技竞赛中的困境。比如，关注"开源机器人"，低价的开源机器人产品、设备和方案为机器人竞赛正本清源提供了重要条件，使这类竞赛可以突破昂贵器材设备的限制，使学校、师生买得起、用得好，使竞赛走向均衡发展的普及教育成为可能。②

科技创意制作竞赛，为青少年创意制作作品提供了展示交流的平台，不仅是对参赛学生实物作品在创意、设计、制作水平上的考察，更是希望以竞赛促进青少年科学素质的培养。

---

① 教育部. 教育部关于印发《中小学综合实践活动课程指导纲要》的通知［EB/OL］.（2017 - 09 - 27）［2020 - 12 - 31］. http://www. moe. gov. cn/srcsite/A26/s8001/201710/t20171017_316616. html.

② 钟柏昌. 中小学机器人教育的困境与突围［J］. 人民教育，2016（12）：52 - 55.

表 5 – 1   中小学（7—9 年级）设计制作活动推荐主题中有关科技的内容①

活动主题	简要说明
创作神奇的金属材料作品	认识生活中常用的金属材料，初步掌握金属工具的使用方法，学习易加工金属材料（金属丝、金属片等）的加工技能和金属作品设计的一般方法，完成金属作品的创意设计与制作，如金蝉脱壳、九连环等。激发技术学习兴趣，使个体主观表现和创造发挥相结合，提高实践创新能力
设计制作个性化电子作品	学习电子相关知识，了解电路原理，初步掌握电子制作的基本技术和方法，能阅读简单电子线路图，运用相关工具和材料，照线路图进行连接。在此基础上，设计制作各类创意电子作品。亲历电子作品的制作过程，提高对电子产品的认识，增强学习电子知识的兴趣，提升电子制作的能力
智能大脑——走进单片机的世界	认识生活中无处不在的单片机控制系统（如红绿灯、电梯、自动门等），了解单片机的功能，学会简单的图形化编程方法，能够实现传感器、控制电路、执行器的简单电路搭建，完成一定的功能，如模拟红绿灯、车库抬杆控制器等，激发创新精神，锻炼动手能力。有条件的学校可以开展基于单片机的智能控制学习，搭建寻迹小车、温控风扇等智能控制产品
模型类项目的设计与制作	学习设计、制作"三模"（航模、海模、车模）等，掌握相关工具、设备的使用方法，初步认识常见的具有动力源的机械，可尝试通过改变某些条件来提高运动能力，以此增强对不同动力的再认识并取得实际操作经验。亲历模型的设计、制作过程，理解简单机械的组装、传动方式及制作流程，弘扬勤于实践、敢于质疑、勇于创新的精神，养成科学严谨的制作态度
基于激光切割与雕刻的创意设计	了解激光切割的技术原理，会操作激光切割机，学习使用计算机辅助设计类软件，设计模型构件并进行激光切割，组装成立体模型；了解激光雕刻的技术原理，会进行构件表面的雕刻设计与操作。了解与认识先进技术，激发创新意识，搭建创意设计的快速展现平台

① 教育部. 教育部关于印发《中小学综合实践活动课程指导纲要》的通知[EB/OL]. (2017 – 09 – 27) [2020 – 12 – 31]. http://www. moe. gov. cn/srcsite/A26/s8001/201710/t20171017_316616. html.

续表

活动主题	简要说明
"创客"空间	大胆想象，提出符合设计原则且具有一定创造性的构思方案，主动参与创新实践，自主确定创新作品主题并进行设计，完成制作，实现奇思妙想。注意传统手工技术与现代技艺结合，在技术创新实践过程中，提升技术并交流创意，提高批判质疑和问题解决能力，弘扬"创客"精神
生活中的仿生设计	通过调查了解生物仿生的常识，如参观博物馆仿生展览、实地考察仿生建筑，调查仿生学在生活中的应用；根据仿生原理进行仿生设计，关注生物多样性，利用各种生物的特性进行仿生设计，提高创新精神和解决问题的能力
生活中工具的变化与创新	观察生活中灯具、清洁工具、学具、教具、灶具等各种工具存在的问题，通过参观博物馆、访谈等方式收集各种生活工具发展与变化的资料，进行创新设计或改进，制作出一个新型工具。关注生活中工具的发展带来的生活变化，体验科技的进步，激发创新精神，提高动手实践能力
制作我的动画片	认识视频和动画文件的格式，了解视频的含义以及动画的基本原理，了解视频和动画的主要应用领域，掌握动画的制作流程，能根据主题制作简单的视频和动画作品。了解动画的应用及发展前景，学习简单的动画软件，体验动画在日常生活中的广泛应用，提高数字化学习与创新素养，增强信息意识和信息社会责任
开源机器人初体验	通过常见的电子模块，用3D打印或者激光切割等方式自制各种结构件，结合开源硬件，设计有行动能力的机器人。初步了解仿生学，分析生物的过程和结构，并把得到的分析结果用于机器人的设计，体验跨学科学习

（三）科技创意制作的意义

2017年10月，教育部发布了《中小学综合实践活动课程指导纲要》，将综合实践活动的学习目标分为价值体认、责任担当、问题解决、创意物化等方面，列举了考察探究、社会服务、设计制作和职业体验等基本活动形态。

"创意物化"目标强调"实践"的重要，而这一目标的实现，学生在学以致用的造物过程中，不仅能够提高实践能力，还能加深对学科知识的理解，激发学习兴趣。只有重视"创意物化"目标，才能让综合实践活动从普通的"学生活动"升级到能激发学生高阶思维的跨学科学习活动。

设计制作过程中，学生运用各种工具、工艺（包括信息技术）进行设计，并动手操作，将自己的创意、方案付诸现实，转化为物品或作品的过程。学生手脑并用，灵活掌握、融会贯通各类知识和技巧，提高学生的技术操作水平、知识迁移水平，体验工匠精神等。设计制作往往是基于真实生活提出问题，最终解决问题并以"物化"的形式服务于生活。价值体认、责任担当、问题解决等目标，在设计制作的过程中得到体现。[①]

二、科技创意制作竞赛要领

开展青少年科技创意制作竞赛活动，须做好以下工作。

（一）坚持以赛促培

科技创意制作竞赛本身是手段而非目的，其目的是通过竞赛来推动青少年在科技方面的学以致用、创意设计、动手制作的能力水平，通过竞赛提升青少年的技术素养，培养工匠精神、科学精神。

（二）贴近生活实际

生活是创意制作的源泉。在科技创意制作竞赛中，要鼓励、引导青少年从自身日常学习生活、社会生活或与大自然的接触中提出选题，建立学习与生活的有机联系，从生活实际出发去思考、创意、设计、制作。

（三）倡导人人动手

细分不同年龄和个性特点，降低学生参与科技创意制作竞赛的门槛，让尽量多的青少年参加到竞赛活动中来。鼓励学生根据自己的兴趣，亲自动手完成属于自己的科技创意作品，在玩的过程中体验科学、参与创新、快乐成长，从而形成良好的、广泛参与的氛围。

（四）公平公开竞赛

在科技创意制作竞赛中，竞赛组委会要精心策划、推敲方案、注重细节，确保每个环节都公开公平公正，为选手搭建一个公平竞争的平台。竞赛场景，要有利于充分展示青少年技能水平，有利于评委充分检阅青少年真实技能水平，有利于青少年学生的充分学习交流。

三、科技创意制作竞赛主要模式

按照创意制作呈现结果的不同，青少年科技创意制作竞赛主要模式可分为创意类、设计类、制作类等主要模式。

（一）创意类科技创意制作模式

青少年创意类科技创意制作模式，是指为鼓励青少年围绕科技大胆创意

---

① 谢作如，郭小娜. 升级综合实践活动实现"创意物化"［N］. 中国教育报，2018－07－14（3）.

而开展的以呈现设想、点子、建议等的竞赛活动的形式和方式。以北京市中小学生科学建议奖评选为例，呈现科技性、畅想性、创新性、综合性等主要特点。

北京市中小学生科学建议奖评选，旨在以社会主义核心价值观为导向，坚持"立德树人"的育人宗旨，引导学生主动关注社会、关心生活，积极参与首都北京的建设与发展，培育学生的核心素养，鼓励中小学生关注社会进步和发展，培养和增强中小学生的社会责任意识、创新精神和实践能力，推动科技教育广泛深入开展。该活动由北京市主办，面向在读的北京市中小学生。① 2020 年的参考议题主要包括城市建设与管理、乡村振兴发展、公共卫生与健康、生态环境保护、防灾与安全、冬奥文化普及、京津冀区域协同发展等方面的建议。活动期间，组织开展教师培训，提高学校科技教师对本项活动的专业指导水平；学生网上提交自己撰写的科学建议项目报告，通过手机客户端（App）申报建言献策；评审委员会对学生提交的项目进行初评、复评和终评；组织科学建议获奖项目交流，展示活动成果，促进交流学习。

（二）设计类科技创意制作模式

青少年设计类科技创意制作模式，是指为鼓励青少年把科技创意变为实验报告、设计作品等呈现的竞赛活动的形式和方式。以全国青年科普创新实验暨作品大赛为例，呈现科技性、设计性、可见性、综合性等主要特点。

全国青年科普创新实验暨作品大赛，旨在促进科学思想、科学精神、科学方法和科学知识的传播和普及，紧密结合科技馆教育理念，以科技馆展品展项为依托，以馆校结合为载体，以全国科技馆行业联合为组织形式，面向全国青年学生开展科普赛事活动，鼓励更多的青年学生积极参与科普实践，激发青年学生对科技创新的热情。活动由中国科学技术协会主办，由中国科技馆、中国科协青少年科技中心承办，由三星（中国）投资有限公司独家公益支持，由中国青少年发展基金会、中国科技馆发展基金会提供公益合作支持。该活动参加选手分为大学组和高中组，大赛分为初赛、复赛和决赛三个阶段。根据行政区划设置 32 个分赛区（含新疆生产建设兵团），各分赛区由各省（区、市）科协主办，由相关科技场馆承办，负责组织本赛区赛事活动。全国总决赛由中国科技馆组织实施。2013 年举办以来，赛事规模呈阶梯式增

---

① 首届北京市中小学生科学建议奖评选实施办法［EB/OL］.（2010 – 09 – 04）［2020 – 12 – 31］. https://wenku.baidu.com/view/9e6b66d9ad51f01dc281f10b.html.

长，全国累计参赛人数超过 20 万人。①

（三） 制作类科技创意制作模式

青少年制作类科技创意制作模式，是指为鼓励青少年把科技创意变为模拟形态、模型作品、模拟场景等呈现竞赛活动的形式和方式。以中国青少年机器人竞赛、世界青少年机器人奥林匹克竞赛、全国青少年航空航天模型锦标赛为例，呈现科技性、模拟性、真实性、综合性等主要特点。

——中国青少年机器人竞赛，英文名称为 China Adolescent Robotics Competition，缩写为 CARC。该竞赛创办于 2001 年，由中国科协主办，旨在为激发青少年对工程和技术的兴趣，培养创新精神、工程思维、解决问题和团队合作能力；为青少年机器人爱好者搭建一个融合多学科知识和技能的学习、交流和展示的平台；促进机器人教育活动的广泛开展，推动机器人科学技术知识的普及。每年，全国共有 9000 多支队伍、25000 多名中小学生参加各省级青少年机器人竞赛选拔赛，辅导教练员超过 5000 人，服务比赛的裁判员数量约 1000 人，参与学校数量达到 3700 所。决赛有来自各省、自治区、直辖市，以及新疆生产建设兵团，香港和澳门特别行政区的约 500 支参赛队、1400 多名选手、500 多名教练员参加。该竞赛包括机器人综合技能比赛、机器人创意比赛、FLL 机器人工程挑战赛、VEX 机器人工程挑战赛和教育机器人工程挑战赛 5 个竞赛项目。②

——世界青少年机器人奥林匹克竞赛，英文名称为 World Robot Olympiad，缩写为 WRO，旨在通过富有挑战性和教育性的比赛项目，培养青少年的创造性和解决实际问题的能力，并推动机器人 STEM 教育在全球范围内的开展。WRO 创办于 2004 年，首届竞赛在新加坡举行。每年全球约有 65 个国家和地区的 26000 多支队伍参与各级 WRO 竞赛活动。WRO 包含 4 个赛项，常规赛（WeDo、小学、初中、高中四个组别）、创意赛（WeDo、小学、初中、高中四个组别）、足球赛（10—19 岁一个组别）、ARC 工程机器人挑战赛（17—25 岁一个组别）。WRO 每年设一个主题，围绕主题设计有挑战性的比赛规则。学生以团队形式参加比赛，每队由 2—3 名学生和 1 名教练员组成。每届 WRO 国际赛由成员国轮流主办，采用申请制，由 WRO 国际组委会考察后确定。每届竞赛期间除比赛外，还有开幕式、友谊之夜和闭幕式等。该竞赛完全采取国际化的组织架构与管理模式。③

---

① 中国科协办公厅关于举办第七届全国青年科普创新实验暨作品大赛的通知［EB/OL］.（2020 - 10 - 12）［2020 - 12 - 31］. https://www. cast. org. cn/art/2020/10/12/art_459_136509. html.

② 中国青少年机器人竞赛简介［EB/OL］.［2020 - 12 - 31］. http://robot. xiaoxiaotong. org/Intro. aspx? ColumnID = 1013000000.

③ 粟可文. 世界青少年机器人奥林匹克竞赛［J］. 中国科技教育，2020（5）：16 - 18.

——全国青少年航空航天模型锦标赛，主办单位为国家体育总局航管中心、中国航空运动协会，支持单位为国家体育总局、教育部、中国科协、共青团中央、全国妇联。竞赛项目包括个人赛和团体赛。个人赛包括四类。自由飞类：牵引滑翔机（F1H）、二级牵引滑翔机（P1A－2）、二级橡筋动力飞机（P1B－2）、橡筋动力室内飞机（P1D－P）、活塞式发动机动力飞机（F1P）。线操纵类：国际级线操纵特技（F2B）、线操纵特技（P2B）、三级线操纵特技（P2B－3）、二级线操纵特技（P2B－P，室内）、线操纵特技编队飞行（P2B－D，双人组）、室内电动线操纵编队飞行（P2B－D/P，双人组）、电动线操纵编组竞速（P2C，双人组）、U12电动线操纵编组竞速（P2C－U12，双人组）、电动线操纵空战（P2D）、U12电动线操纵空战（P2D－U12）。遥控类：国际级遥控特技（F3A）、遥控特技（P3A）、三级遥控特技（P3A－3）、遥控牵引滑翔机（P3B）、国际级遥控直升机特技（F3C）、二级遥控直升机特技（P3C－2）、遥控手掷滑翔机（F3K）、遥控留空时间滑翔机（P3K－U12）、遥控双机分离定点（P3S，双人组）、遥控弹射滑翔机（P3T）、遥控电动绕标竞速（P3U－P）、二对二遥控空战（P3Z－4，双人组）、遥控涡喷特技飞行（P4J）、遥控电动滑翔机（P5B）、遥控纸飞机编队飞行（P5M－3Z，3人组）。航天模型类：高度火箭（S1A/2）、伞降火箭（S3A/2）、助推滑翔机火箭（S4A/2）、仿真高度火箭（S5B）、带降火箭（S6A/2）、仿真火箭（S7）、火箭助推遥控滑翔机（S8D/P）、自旋转翼火箭（S9A/2）；团体赛包括各竞赛项目的单项团体，每项限报3人（或3组）。电动线操纵编组竞速P2C和P2C－U12，以2组计入单项团体。[①]

第三节　科技创新竞赛

创新是民族进步的灵魂，是国家兴旺发达的不竭动力。一个国家或民族要跻身于世界先进民族之林，在激烈的国际竞争中立于不败之地，不仅要在科学技术发展中拥有优势，更要下大力气提高国民的科学素质，把科学思想、科学精神植根于民族精神，转化为全社会的创新能力。开展青少年科技创新竞赛，发现具有科学潜质的青少年，培养、形成一大批具备科学家潜质的青少年群体，是现代社会发展的需要，也是时代赋予科技教育、传播与普及的重任。

---

① 2019年全国青少年航空航天模型锦标赛规程［EB/OL］.（2019－04－02）［2020－12－31］.http://www.sport.gov.cn/hgzx/n14912/n14915/n14925/c899884/content.html.

一、科技创新竞赛概述

具有良好创新精神和创造能力的青少年科技后备人才的培养，依赖于高质量的科技活动。而以创造为主题的科学探究和技术设计活动，则正是实现上述目标的最主要途径之一。

（一）科技创新竞赛的定义

青少年科技创新竞赛，是以创造为主题的科学探究和技术设计活动。近些年来，欧洲、北美等发达国家和一些发展中国家都在进行基础教育改革，特别是科学技术教育的改革，而关注科学探究和技术设计学习活动，培养青少年的科学探究能力和技术设计能力，则是上述改革的核心之一。

从 1996 年开始，美国国家科学院相继推出了美国历史上第一部《国家科学教育标准》和《国家技术教育标准》，为科学探究和技术设计活动的开展提供了理论依据和实施标准。而以创造为主题的科学探究和技术设计活动，实际上从 20 世纪中叶世界各国就在相继探索。就我国而言，始于 20 世纪 80 年代的全国青少年发明创造比赛和科学讨论会（现在更名为全国青少年科技创新大赛）系列活动，就是鼓励青少年开展基于科学探究的创造——科学发现，以及基于技术设计的创造——技术发明。上述主题活动对于我国具有良好科学素质的创新人才队伍和劳动者大军的培养，起到了不可估量的作用。①

（二）科技创新竞赛的特点

科技创新竞赛"三性"原则，也就体现了这类活动的特点。一是创新性：指项目内容在解决问题的方法、数据的分析和使用、设备或工具的设计或使用方面的改进和创新，研究工作从新的角度或者以新的方式方法回答或解决了一个科学技术课题。二是科学性：指项目选题与成果的科学技术意义，研究方案、研究方法的合理和正确性，依据的科学理论的可靠性等。三是实用性：指项目成果可预见的社会效益或经济效益，研究项目的影响范围、应用价值与推广前景。

（三）科技创新竞赛的意义

研究发现，由于科技竞赛宗旨的明确性、竞赛内涵的丰富性以及竞赛组织的灵活性，参赛青少年通过赛前学习准备、赛中集中展示、赛后持续研究的全过程，在以科学素质为核心的综合素质方面均得到了明显提高。科技竞赛对青少年科学技术知识的扩展、科学方法的掌握、科学思想的确立、科学精神的引导方面发挥了有效的积极作用，已经成为提升青少年科学素质的有

---

① 中国青少年科技辅导员协会. 科技辅导员学习指南 [M]. 北京：科学普及出版社，2013：42–62.

效路径之一。[①]

第一，创新大赛增进了参赛者对于科学技术知识的掌握与了解，提升了解决实际问题的能力。根据"创新大赛"的评审原则，项目评审对参赛项目的创新性、科学性提出了较高的要求，是评审的重要维度。评审对于项目所涉及的科学原理、相关概念、设计思路、实施路径提出了明确要求。据对第31届全国青少年科技创新大赛的参赛学生、裁判、指导教师的调查以及深度访谈结果，在长达半年的准备参赛过程中，参赛选手中有97.0%的学生认为参加创新大赛扩展了科学知识，98.0%的学生认为参加创新大赛增强了科学兴趣。在对参赛选手的访谈中，学生也纷纷表示，参加大赛能够拓展自己的科学知识，增加了对相关科学技术领域的兴趣。访谈中，参赛选手纷纷表示，创新大赛的准备过程和参赛过程，促使其学习了更多的知识，学会了在解决实际问题中更全面、更综合地思考问题，激发了学习兴趣。

第二，创新大赛强化了参赛者以学习能力为重点的科学方法的掌握。学习能力的高低将会影响学习效率的高低以及知识获取的程度，对青少年学习能力的培养将会使其终身受益。青少年参加科技竞赛的过程也是学习能力培养的过程。创新大赛调研中，发现学生通过参加科技创新大赛，其自主学习能力得到显著增强，在学习中的时间使用效率得到提升，也提高了学习成绩。据对第31届全国青少年科技创新大赛的参赛学生、裁判、指导教师的调查以及深度访谈结果，93.0%的参赛学生认为参加本次竞赛提高了自主学习能力，85.9%的参赛学生认为通过参加本次竞赛提高了自身的时间使用效率，同时有60.8%的参赛学生认为通过参加创新大赛对自己的学习成绩有一定的积极影响，提高了学习成绩。此外，在访谈中，多数学生也指出了准备大赛的过程，并没有挤占其他科目学习，影响学习成绩，而是提高了时间使用效率，同时也都表示参加创新大赛的过程也是学习的过程，科学知识面得到进一步扩展。

第三，创新大赛推进了以创新为标志的科学思想的普及。青少年时期是培养创新精神和创新能力的最佳时期，其创新能力的培养越来越受到国家和社会的关注和重视。张宝臣在研究中小学生创新能力时指出，创新能力是个体运用一切已知信息（包括已有的知识和经验等）产生某种独特的、新颖的、有社会或个人价值的产品的能力。具体包括创新意识、创新思维和创新技能三部分。曾燕波在《青少年创新能力培养策略研究》中指出青少年创新能力

① 石磊，王燕妮，李梅，等. 青少年科学素质提升路径研究［M］//重庆市科学技术协会编. 科协服务纵横谈. 重庆：重庆出版社，2017：253－262.

具体表现为创造性、主体性、实践性和开放性。据对第 31 届全国青少年科技创新大赛的参赛学生、裁判、指导教师的调查以及深度访谈结果，平均 69.4% 的评委认为科学性和创新性是参赛作品获奖的最主要因素；平均 75.8% 的评委认为求知欲、好奇心和创造力是获奖选手应具备的最主要特质和能力。基于这样的竞赛规则和评审原则，参赛学生将按照这样的标准准备参赛作品，其过程培养自身的创新能力。在抽样调查和访谈中，发现参赛学生的创新意识、创新思维以及实践能力都得到了训练和提高。95.7% 的参赛学生认为参加创新大赛提升了自己的实践动手能力。访谈中，学生均表示，整个项目的设计过程促使其去思考生活中方方面面的问题，锻炼了其发现问题、分析问题和解决问题的能力，提升了动手能力，活跃了思维，考虑问题会更全面、更综合；科技辅导员指出，学生参加创新大赛主要是激发了学生的想法，锻炼了学生的思维能力；学生领队表示，学生参加科技竞赛，除科学知识的获取外，最主要是对其思考方式也是一种锻炼，在研究中发现问题之后，自己摸索答案，锻炼了学生的独立思考能力；学校相关负责人认为，创新大赛提升了学生的创造力，增强了学生的动手和动脑能力，实际解决问题能力得到增强。不难看出，参赛学生及其接触者都肯定了创新大赛对参赛学生创新能力培养的积极作用和影响，说明创新大赛对提升参赛学生创新能力是有益的。

第四，创新大赛激发了参赛学生热爱科学的精神气质。青少年时期也是个性品格形成的重要阶段，其中个性倾向性是推动人进行活动的动力系统，是个性结构中最活跃的因素，决定着人对周围世界的认识和态度，决定人追求什么，主要包括需要、动机、兴趣、爱好、态度、理想、信仰和价值观。在创新大赛参赛学生中的调研发现，创新大赛对参赛学生的个性倾向性具有积极引导作用。特别是在科学兴趣和职业倾向方面表现尤为明显。据对第 31 届全国青少年科技创新大赛的参赛学生、裁判、指导教师的调查以及深度访谈结果，在科学兴趣方面，64.4% 的参赛学生是因为对科学的兴趣而参赛，98.0% 的参赛学生认为通过参加创新大赛提高了科学兴趣；在职业倾向性方面，67.4% 的参赛学生认为将来肯定会从事与科技相关的专业，29.9% 的参赛学生不清晰自己未来的职业倾向，仅有 2.7% 的参赛学生认为将来不会从事与科技相关的专业。在访谈中，多数学生也表示将来会选择与科技相关的专业或工作。说明了创新大赛满足了学生某一方面的科学兴趣，同时学生在竞赛的准备过程和参赛过程中，进一步培养了科学兴趣，对其职业倾向性产生了一定的影响，多数学生将倾向于继续从事与科技相关的专业或工作。[①]

二、科技创新竞赛要领

开展青少年科技创新竞赛活动，需做好以下环节工作。

（一）坚持以赛促新

科技创新竞赛本身是手段，不是目的。科技创新竞赛的真正目的，是通过竞赛，为激发广大青少年的科学兴趣和想象力，培养其科学思维、创新精神和实践能力，促进青少年科技创新活动的广泛开展和科技教育水平的不断提升，发现和培养一批具有科研潜质和创新精神的青少年科技创新后备人才。科技创新竞赛，就是要以竞赛促兴趣、促思维、促创新、促实践，以竞赛知人才、促成长，全面提升青少年学生的创新思维、创新能力，培养创新人格。

（二）坚持开门办赛

科技创新只有第一，没有第二。真正的科技创新竞赛，不是关起门的竞赛，而是开门的公开竞赛，是世界的竞赛，唯其如此，才能真正促成创新型国家的建成，世界科技强国的建成。在青少年科技创新竞赛中，坚持开门办赛，赛事对外开放，吸纳来自全球不同国家和地区的青少年同场比拼。要制定和执行世赛标准，引领青少年科技创新紧跟时代潮流，倒逼科学教育及时使用最新最前沿技术和教学，培养适合世界经济社会发展潮流的现代科技人才。要充分展现青少年科技创新的魅力，提升青少年科技创新的自豪感和自信心。

（三）坚持自主自立

在青少年科技创新竞赛中，注重培养学生的科学精神，规范科技创新行为。要坚持青少年科技创新竞赛"三自"和"三性"的评审标准和要求，一是自己选题。选题必须是作者本人提出、选择或发现的。二是自己设计和研究。设计中的创造性贡献必须是作者本人构思、完成。主要论点的论据必须是作者通过观察、考察、实验等研究手段亲自获得的。三是自己制作和撰写。作者本人必须参与作品的制作。项目研究报告必须是作者本人撰写的。

（四）坚持诚信竞赛

在科技创新竞赛中，竞赛组委会要坚持评审标准，确保每个环节都公开公平公正，为选手搭建一个展示、交流、公平竞争的平台。特别是大赛考题有越来越"高、大、上"的趋势，要避免发生"部分获奖成果的确明显超出

---

① 石磊，王燕妮，李梅，等. 青少年科学素质提升路径研究［M］//重庆市科学技术协会编. 科协服务纵横谈. 重庆：重庆出版社，2017：253－262.

中小学生的认知水平、科研能力，有些项目甚至达到硕士、博士研究水平"的情况。要坚守科技创新竞赛回归本源，让青少年在学校课堂科技教学和课外科技活动的基础上，对所学的知识能够充分理解，举一反三，有所发挥，应用到实际生活中，即使有所创新，也不要一味追求原始的创造发明。青少年的科技创新过程，实际上是在体会、了解、学习、模仿科学家从事科研工作的方法和游戏规则，不宜追求项目名称和内容的"高，大，上"，切忌过深过偏甚至过怪的题目和内容。如果中小学生为了参加大赛取得名次，不切实际地选择了"高、大、上"的题目和内容，一般是学校的辅导老师和作为专家学者的家长过分"代劳"的结果，这可以认为是成年人的学术腐败。入围终评的项目必须要求申报者本人参加终评评审活动。科技界反对学术造假，高考、考研等国家级考试也强调诚信应试，作为青少年科技创新大赛，更要为青少年补上诚信科研这一课。

三、科技创新竞赛的主要模式

按照竞赛性质的不同，青少年科技创新竞赛主要模式可分为综合类、人物类、项目类等。

（一）综合类科技创新竞赛模式

青少年综合类科技创新竞赛模式，是指包括科技创新的人物、成果、作品等多种奖项竞赛的形式和方式。以全国青少年科技创新大赛、国际科学与工程大奖赛等为例，呈现科技性、创新性、多样性、先进性、综合性等主要特点。

——全国青少年科技创新大赛，英文名称为 China Adolescents Science & Technology Innovation Contest，缩写为 CASTIC，前身是 1982 年全国青少年发明创造比赛和科学讨论会，2000 年更名为全国青少年科技创新大赛。该大赛旨在激发广大青少年的科学兴趣和想象力，培养其科学思维、创新精神和实践能力；促进青少年科技创新活动的广泛开展和科技教育水平的不断提升；发现和培养一批具有科研潜质和创新精神的青少年科技创新后备人才。该大赛的主办单位为中国科协、教育部、科技部、生态环境部、体育总局、知识产权局、自然科学基金会、共青团中央、全国妇联。大赛活动包括：青少年科技创新成果竞赛、科技辅导员科技教育创新成果竞赛、青少年科技实践活动比赛和少年儿童科学幻想画比赛等。终评活动期间开展一系列科学主题交流和体验活动。每年有 1000 万名青少年参加不同层次的大赛活动，从中选拔出 500 多名青少年科技爱好者、200 名科技辅导员相聚一起进行竞赛、展示和交流活动。该大赛不仅是国内青少年科技爱好者的一项重要赛事，也是与国际上许多青少年科技竞赛活动建立联系，选拔出优秀的科学研究项目参加国际科学与工程大奖赛（ISEF）、欧盟青少年科学家竞赛等科技竞赛活动的平台。①

——国际科学与工程大奖赛，英文名称为 International Science and Engineering Fair，缩写为 ISEF，是由美国科学与公众社团（Society for Science & Public）主办，主要面向 9—12 年级（初三至高三）的青少年科技竞赛，有全球青少年科学竞赛的"世界杯"美誉。ISEF 的历史可追溯至 1928 年在美国纽约举办的中学生科学研究项目博览会。ISEF 比赛学科涉及自然科学、工程和部分社会科学等 21 个学科内容，每年有来自 80 余个国家和地区超过 1800 名的青少年参加比赛。每年 ISEF 大约招募 1000 名科学家、大学教师、企业和相关机构专业人士等担任评委，评审注重创新性、科学性思维或工程学目标、完整性、技能、清晰性、团队合作等方面。2000 年开始，每年中国科协青少年科技中心组织国内优秀青少年科技爱好者参加 ISEF，截至 2019 年，共组织 479 名青少年、携 353 个青少年科研项目参赛，获得 248 个奖项。②

（二）人物类科技创新竞赛模式

青少年人物类科技创新竞赛模式，是指主要针对科技创新人物选拔的竞赛形式和方式。以"明天小小科学家"奖励活动、中国少年科学院"小院士"评选活动等为例，呈现科技性、创新性、优秀性、人物性等主要特点。

——"明天小小科学家"奖励活动，始于 2000 年，由中国科协、中国科学院、中国工程院、国家自然科学基金委员会和香港周凯旋基金会共同主办，是面向高中生开展的科技创新后备人才选拔和培养活动，旨在发现具有科研潜质的优秀学生，鼓励他们选择学习科学技术专业、未来投身科学研究事业。活动接受品学兼优且拥有个人科学研究成果的高中生自由申报，通过对学生创新意识和科研能力等综合素质的考察，遴选出 130 名学生给予不同等级的表彰和奖学金资助，并授予其中 3 名学生"明天小小科学家"称号。每届活动组委会都会在国内重点高校和科研院所聘请约 200 名教授或研究员，组成不同阶段的评委会，分学科组对参赛学生进行测评。终评阶段的现场问辩是按照参赛学科，由相应评审组专家逐一对本学科参赛者进行问辩，评价维度包括创造力与创新性、科学思维、完整性、真实性、表达沟通能力等方面；综合素质考查采取每个评审组专家分别与所分配的学生进行座谈的方式，考查科学精神与态度、情感与价值观、心理与道德、逻辑与思维、知识与思想等方面，要求学生具有较好的现场应变和交流能力；知识水平测试是以闭卷考试的方式考查学生对高中主要课程基础知识的掌握程度，考试时长 1 小时，

---

① 全国青少年科技创新大赛大赛概况 [EB/OL]. [2020 - 12 - 31]. http://castic. xiaoxiaotong. org/ intro. aspx.

② 钱程. 国际科学与工程大奖赛 [J]. 中国科技教育，2020（5）：12 - 15.

考查科目涉及物理、化学、数学、生物、语文、英语和逻辑等。通过两天的测评考查，对参赛学生的能力、素质和潜力等方面进行综合评价。最终根据参赛学生在评审各阶段的成绩排序，经评审委员会全体专家投票表决，确定最终奖项。①

——中国少年科学院，始于1999年，以各级少先队组织、少年科学院和各中小学校红领巾科技小社团、兴趣小组为依托，以培养少年儿童科学意识和创新能力为重点，引导少年儿童根据当地实际情况，开展各种探索性研究或创意项目、科学小发明、小制作等。该活动是共青团中央、全国少工委在基层少先队组织探索、实践的基础上创办的，旨在通过形式新颖、对少年儿童有吸引力、有激励作用的载体，向少年儿童普及科技知识，引导少年儿童参与科技创新活动，培养少年儿童的科学意识和科学精神。该活动包括"青少年走进科学世界"科普活动、中国少年科学院"小院士"课题研究活动、"科学实验嘉年华"全国少年儿童科学体验活动、少年科学院科技创新夏令营等系列科普活动，在各级少先队组织和少年儿童校外教育领域中引起强烈反响，得到了少年儿童和少年儿童工作者的积极参与和高度认可，也得到了社会各界的大力支持和广泛关注。每年直接或间接参与活动人数约为20万人，直接参加省市级少年科学院课题研究活动的人数约为3万人，每年由各地推荐到全国参加"小院士"课题研究成果展示交流活动的课题数量为1000余个。②

（三）项目类科技创新竞赛模式

青少年项目类科技创新竞赛模式，是指针对科技创新项目评比的竞赛形式和方式。以全国科学表演大赛为例，呈现科技性、创新性、沉浸性、项目性等主要特点。

全国科学表演大赛，由中国青少年科技辅导员协会、中国科普作家协会主办，旨在以"鼓励原创科学表演作品，注重综合实践能力运用"为出发点，突出科学与艺术相融合的比赛活动。该活动作为运用艺术表演的方式演绎科学原理，是目前国际上流行的全新而独特的科学传播与科学教育形式之一，它将科学知识、科学原理以表演剧的形式表现出来，让观众在观看表演的过程中学习科学知识，感受科学精神。该活动包括微型科普剧本创作、科普剧、科学秀表演3项活动形式。科普剧，是呈现在舞台上的科学戏剧艺术，包括

---

① "明天小小科学家"奖励活动简介［EB/OL］. ［2020 – 12 – 31］. http://mingtian. xiaoxiaotong. org/activity/summary. aspx.

② 中国少年科学院"小院士"评选活动简介［EB/OL］. ［2020 – 11 – 28］. 中国少年科学院微信公众号.

话剧、歌舞剧、音乐剧、木偶剧等，演员综合运用文学、音乐、舞蹈、美术等艺术手段演绎剧情，揭示生活中的科学现象，传播科学知识，激发观众对科学的兴趣与探究。科学秀，将科学实验的教育元素与互动表演的趣味元素完美结合，在一些实验道具的特效衬托下，突出魔幻、趣味、互动的特征，使观众沉浸在有趣的科学世界里。①

---

① 关于举办第六届全国科学表演大赛的通知，辅协发文字［2018］24 号［EB/OL］.（2018 - 06 - 21）［2020 - 12 - 12］. http://www.cacsi.org.cn/Home/Index/articelInfo/articelId/265296/categoryId/6.

第 三 篇
青少年科技活动的管理与评价

　　好奇心是人的天性，对科学兴趣的引导和培养要从娃娃抓起，使他们更多地了解科学知识，掌握科学方法，形成一大批具备科学家潜质的青少年群体。① 青少年科技活动必须面向未来，贴近青少年，以呵护好奇心，激发科学兴趣为使命，讲好科学的故事，讲好科学家的故事，让中国科学家精神和工匠精神薪火代代相传，激励一代又一代青少年不负韶华，爱祖国爱科学、报国情强国志。

　　十年树木，百年树人，青少年科技活动的开展，需要千千万万的科学家和科技工作者加入其中，为青少年梦想插添科学翅膀，让祖国花朵在科学沐浴下茁壮成长，让祖国未来科技天地群英荟萃，让祖国未来科学的浩瀚星空群星闪耀。

---

① 习近平. 在科学家座谈会上的讲话[EB/OL]. (2020 - 09 - 11)[2020 - 12 - 12]. http://www. xinhuanet. com/politics/2020 - 09/11/c_1126483997. htm.

第六章　青少年科技活动管理

青少年科技活动管理，是行使青少年科技活动管理的组织或个人，如政府部门和业务部门，对涉及青少年科技活动范围内的对象，包括人群、物质、资金、科技和信息等的管理。其管理活动的出发点和归宿点是使其活动预期达到的新境界，管理的方式包括行政方法、经济方法、法律方法和思想教育方法。

第一节　青少年科技活动的规范管理

青少年科技活动管理是指政府管理部门或活动组织者，通过法律、管理制度、规划计划、组织领导、协调控制等方式，来协调与青少年科技活动相关的组织和个人，使其协同一起实现既定其活动目标的行为过程。青少年科技活动的行政管理是运用国家权力对其活动进行管理的行为，主要指国家行政机关对青少年科技活动事务的管理。

一、活动的法律保证

法律是由国家制定或认可并以国家强制力保证实施，反映由特定物质生活条件所决定的统治阶级意志的规范体系。我国青少年科技活动已经纳入有关教育、科技、科普等的法律规定。

（一）活动的法律保障

1995 年 3 月 18 日颁布的《中华人民共和国教育法》是中国教育工作的根本大法，是依法治教的根本大法。该法在第六章教育与社会部分的第四十六条规定"国家机关、军队、企业事业组织、社会团体及其他社会组织和个人，应当依法为儿童、少年、青年学生的身心健康成长创造良好的社会环境"。第四十八条规定"国家机关、军队、企业事业组织及其他社会组织应当为学校组织的学生实习、社会实践活动提供帮助和便利"。第五十一条规定"图书馆、博物馆、科技馆、文化馆、美术馆、体育馆（场）等社会公共文化体育设施，以及历史文化古迹和革命纪念馆（地），应当对教师、学生实行优待，为受教育者接受教育提供便利。广播、电视台（站）应当开设教育节目，促进受教育者思想品德、文化和科学技术素质的提高"。第五十二条规定"国家、社会建立和发展对未成年人进行校外教育的设施。学校及其他教育机构应当同基层群众性自治组织、企业事业组织、社会团体相互配合，加强对未成年人的校外教育工作"。

（二）参与的权益保障

《中华人民共和国义务教育法》是为了保障适龄儿童、少年接受义务教育的权利，保证义务教育的实施，提高全民族素质，根据宪法和教育法而制定的法律。《中华人民共和国义务教育法》于 1986 年 4 月 12 日由第六届全国人民代表大会第四次会议通过，1986 年 7 月 1 日起施行。最近版本是 2018 年 12 月 29 日第十三届全国人民代表大会常务委员会第七次会议通过，第十三届全国人民代表大会常务委员会第七次会议修改。该法第七条规定"义务教育实行国务院领导，省、自治区、直辖市人民政府统筹规划实施，县级人民政府为主管理的体制。县级以上人民政府教育行政部门具体负责义务教育实施工作；县级以上人民政府其他有关部门在各自的职责范围内负责义务教育实施工作"。第三十四条规定"教育教学工作应当符合教育规律和学生身心发展特点，面向全体学生，教书育人，将德育、智育、体育、美育等有机统一在教育教学活动中，注重培养学生独立思考能力、创新能力和实践能力，促进学生全面发展"。第三十五条规定"国务院教育行政部门根据适龄儿童、少年身心发展的状况和实际情况，确定教学制度、教育教学内容和课程设置，改革考试制度，并改进高级中等学校招生办法，推进实施素质教育。学校和教师按照确定的教育教学内容和课程设置开展教育教学活动，保证达到国家规定的基本质量要求"。第三十七条规定"学校应当保证学生的课外活动时间，组织开展文化娱乐等课外活动。社会公共文化体育设施应当为学校开展课外活动提供便利"。

（三）组织的法律义务

《中华人民共和国科学技术普及法》由中华人民共和国第九届全国人民代表大会常务委员会第二十八次会议于 2002 年 6 月 29 日通过，自公布之日起施行。为了实施科教兴国战略和可持续发展战略，加强科学技术普及工作，提高公民的科学文化素质，推动经济发展和社会进步，根据宪法和有关法律，制定该法。该法适用于国家和社会普及科学技术知识、倡导科学方法、传播科学思想、弘扬科学精神的活动。开展科学技术普及，应当采取公众易于理解、接受、参与的方式。该法第十四条规定"各类学校及其他教育机构，应当把科普作为素质教育的重要内容，组织学生开展多种形式的科普活动。科技馆（站）、科技活动中心和其他科普教育基地，应当组织开展青少年校外科普教育活动"。

二、活动的规划指引

规划是个人或组织制定的、比较全面长远的发展计划，是对未来整体性、长期性、基本性问题的思考和考量，是设计未来行动的依据。我国青少年科技活动已经纳入有关教育、科技、科普等发展规划中。2021年6月3日，国务院印发《全民科学素质行动规划纲要（2021—2035年）》，为新发展阶段科普和科学素质建设工作提供了根本遵循。该纲要明确在"十四五"时期要针对青少年、农民、产业工人、老年人、领导干部和公务员五大人群组织实施5项提升行动。

其中，"青少年科学素质提升行动"着力于激发青少年好奇心和想象力，增强科学兴趣、创新意识和创新能力，培育一大批具备科学家潜质的青少年，为加快建设科技强国夯实人才基础。

——将弘扬科学精神贯穿育人全程。坚持立德树人，实施科学家精神进校园行动，将科学精神融入课堂教学和课外实践活动，激励青少年树立投身建设世界科技强国的远大志向，培养学生爱国情怀、社会责任感、创新精神和实践能力。

——提升基础教育阶段科学教育水平。引导教学方式变革，倡导启发式、探究式、开放式教学，保护学生好奇心，激发求知欲和想象力。完善中学的科学、数学、物理、化学、生物学、通用技术、信息技术等学科的学业水平考试和综合素质评价制度，引导有创新潜质的学生个性化发展。加强农村中小学科学教育基础设施建设和配备，加大科学教育活动和资源向农村倾斜力度。推进信息技术与科学教育深度融合，推行场景式、体验式、沉浸式学习。完善科学教育质量评价和青少年科学素质监测评估。

——推进高等教育阶段科学教育和科普工作。深化高校理科教育教学改革，推进科学基础课程建设，加强科学素质在线开放课程建设。深化高校创新创业教育改革，深入实施国家级大学生创新创业训练计划，支持在校大学生开展创新型实验、创业训练和创业实践项目，大力开展各类科技创新实践活动。

——实施科技创新后备人才培育计划。建立科学、多元的发现和培育机制，对有科学家潜质的青少年进行个性化培养。开展英才计划、少年科学院、青少年科学俱乐部等工作，探索从基础教育到高等教育的科技创新后备人才的贯通式培养模式。深入实施基础学科拔尖学生培养计划2.0，完善拔尖创新人才培养体系。

——建立校内外科学教育资源有效衔接机制。实施馆校合作行动，引导中小学充分利用科技馆、博物馆、科普教育基地等科普场所广泛开展各类学习实践活动，组织高校、科研机构、医疗卫生机构、企业等开发开放优质科学教育活动和资源，鼓励科学家、工程师、医疗卫生人员等科技工作者走进校园，开展科学教育和生理卫生、自我保护等安全健康教育活动。广泛开展科技节、科学营、科技小论文（发明、制作）等科学教育活动。加强对家庭科学教育的指导，提高家长科学教育意识和能力。加强学龄前儿童科学启蒙教育。推动学校、社会和家庭协同育人。

——实施教师科学素质提升工程。将科学精神纳入教师培养过程，将科学教育和创新人才培养作为重要内容，加强新科技知识和技能培训。推动高等师范院校和综合性大学开设科学教育本科专业，扩大招生规模。加大对科学、数学、物理、化学、生物学、通用技术、信息技术等学科教师的培训力度。实施乡村教师支持计划。加大科学教师线上培训力度，深入开展"送培到基层"活动，每年培训10万名科技辅导员。①

三、校内外活动有效融合

校外教育机构一般是指专门从事青少年校外教育成建制的单位。在校外教育机构广泛开展的各类青少年科技活动，是校外教育机构基本职能的体现，是对青少年学生进行校外科技教育的主要载体。随着社会的发展，校外科技活动作为学校教育的重要补充，越来越成为科学教育的常态，校内外的密切衔接成为青少年科技活动的必然。

（一）学校科技实践活动

青少年科技活动是中小学校综合实践活动课程的重要形式和组成部分。2017年9月，教育部印发的《中小学综合实践活动课程指导纲要》，对中小学校综合实践活动课程做出明确规定（表6-1）。

第一，课程性质。综合实践活动是从学生的真实生活和发展需要出发，从生活情景中发现问题，转化为活动主题，通过探究、服务、制作、体验等

---

① 国务院关于印发全民科学素质行动规划纲要（2021—2035年）的通知［J］. 中华人民共和国国务院公报，2021（19）：12-20.

方式，培养学生综合素质的跨学科实践性课程。综合实践活动是国家义务教育和普通高中课程方案规定的必修课程，与学科课程并列设置，是基础教育课程体系的重要组成部分。该课程由地方统筹管理和指导，具体内容以学校开发为主，自小学一年级至高中三年级全面实施。

第二，基本理念。一是课程目标以培养学生综合素质为导向。该课程强调学生综合运用各学科知识，认识、分析和解决现实问题，提升综合素质，着力发展核心素养，特别是社会责任感、创新精神和实践能力，以适应快速变化的社会生活、职业世界和个人自主发展的需要，迎接信息时代和知识社会的挑战。二是课程开发面向学生的个体生活和社会生活。该课程面向学生完整的生活世界，引导学生从日常学习生活、社会生活或与大自然的接触中提出具有教育意义的活动主题，使学生获得关于自我、社会、自然的真实体验，建立学习与生活的有机联系。要避免仅从学科知识体系出发进行活动设计。三是课程实施注重学生主动实践和开放生成。该课程鼓励学生从自身成长需要出发，选择活动主题，主动参与并亲身经历实践过程，体验并践行价值信念。在实施过程中，随着活动的展开，在教师指导下，学生可根据实际需要，对活动的目标与内容、组织与方法、过程与步骤等做出动态调整，使活动不断深化。四是课程评价主张多元评价和综合考察。该课程要求突出评价对学生的发展价值，充分肯定学生活动方式和问题解决策略的多样性，鼓励学生自我评价与同伴间的合作交流和经验分享。提倡采用质性评价方式，避免将评价简化为分数或等级。要将学生在综合实践活动中的各种表现和活动成果作为分析考察课程实施状况与学生发展状况的重要依据，对学生的活动过程和结果进行综合评价。

第三，课程目标。总目标是学生能从个体生活、社会生活及与大自然的接触中获得丰富的实践经验，形成并逐步提升对自然、社会和自我之内在联系的整体认识，具有价值体认、责任担当、问题解决、创意物化等方面的意识和能力。①

---

① 教育部. 教育部关于印发《中小学综合实践活动课程指导纲要》的通知[EB/OL]. (2017-09-27)
[2020-12-31]. http://www.moe.gov.cn/srcsite/A26/s8001/201710/t20171017_316616.html.

表6-1 不同阶段学生综合实践活动课程的具体目标

	小学阶段	初中阶段	高中阶段
价值体认	通过亲历、参与少先队活动、场馆活动和主题教育活动，参观爱国主义教育基地等，获得有积极意义的价值体验。理解并遵守公共空间的基本行为规范，初步形成集体思想、组织观念，培养对中国共产党的朴素感情，为自己是中国人感到自豪	积极参加班团队活动、场馆体验、红色之旅等，亲历社会实践，加深有积极意义的价值体验。能主动分享体验和感受，与老师、同伴交流思想认识，形成国家认同，热爱中国共产党。通过职业体验活动，发展兴趣专长，形成积极的劳动观念和态度，具有初步的生涯规划意识和能力	通过自觉参加班团活动、走访模范人物、研学旅行、职业体验活动，组织社团活动，深化社会规则体验、国家认同、文化自信，初步体悟个人成长与职业世界、社会进步、国家发展和人类命运共同体的关系，增强根据自身兴趣专长进行生涯规划和职业选择的能力，强化对中国共产党的认识和感情，具有中国特色社会主义共同理想和国际视野
责任担当	围绕日常生活开展服务活动，能处理生活中的基本事务，初步养成自理能力、自立精神、热爱生活的态度，具有积极参与学校和社区生活的意愿	观察周围的生活环境，围绕家庭、学校、社区的需要开展服务活动，增强服务意识，养成独立的生活习惯；愿意参与学校服务活动，增强服务学校的行动能力；初步形成探究社区问题的意识，愿意参与社区服务，初步形成对自我、学校、社区负责任的态度和社会公德意识，初步具备法治观念	关心他人、社区和社会发展，能持续地参与社区服务与社会实践活动，关注社区及社会存在的主要问题，热心参与志愿者活动和公益活动，增强社会责任意识和法治观念，形成主动服务他人、服务社会的情怀，理解并践行社会公德，提高社会服务能力

续表

	小学阶段	初中阶段	高中阶段
问题解决	能在教师的引导下，结合学校、家庭生活中的现象，发现并提出自己感兴趣的问题。能将问题转化为研究小课题，体验课题研究的过程与方法，提出自己的想法，形成对问题的初步解释	能关注自然、社会、生活中的现象，深入思考并提出有价值的问题，将问题转化为有价值的研究课题，学会运用科学方法开展研究。能主动运用所学知识理解与解决问题，并做出基于证据的解释，形成基本符合规范的研究报告或其他形式的研究成果	能对个人感兴趣的领域开展广泛的实践探索，提出具有一定新意和深度的问题，综合运用知识分析问题，用科学方法开展研究，增强解决实际问题的能力。能及时对研究过程及研究结果进行审视、反思并优化调整，建构基于证据的、具有说服力的解释，形成比较规范的研究报告或其他形式的研究成果
创意物化	通过动手操作实践，初步掌握手工设计与制作的基本技能；学会运用信息技术，设计并制作有一定创意的数字作品。运用常见、简单的信息技术解决实际问题，服务于学习和生活	运用一定的操作技能解决生活中的问题，将一定的想法或创意付诸实践，通过设计、制作或装配等，制作和不断改进较为复杂的制品或用品，发展实践创新意识和审美意识，提高创意实现能力。通过信息技术的学习实践，提高利用信息技术进行分析和解决问题的能力以及数字化产品的设计与制作能力	积极参与动手操作实践，熟练掌握多种操作技能，综合运用技能解决生活中的复杂问题。增强创意设计、动手操作、技术应用和物化能力。形成在实践操作中学习的意识，提高综合解决问题的能力

（二）校外科技实践活动

校外教育是基础教育的重要组成部分。校外教育机构一般是指专门从事青少年校外教育成建制的单位。在校外教育机构广泛开展的各类青少年科技活动，是校外教育机构基本职能任务的体现，是对青少年学生进行校外科技教育的主要载体。在当前教育改革，尤其是基础教育新课程改革的形势下，就校外教育机构开展青少年科技活动谈谈初步的认识和思考，以期校外教育机构在推进素质教育和培养科技创新后备人才方面发挥更大的作用。①

第一，校外活动的重要性。2016 年 9 月发布的《中国学生发展核心素养》，以培养"全面发展的人"为核心，分为文化基础、自主发展、社会参与三方面；综合表现为人文底蕴、科学精神、学会学习、健康生活、责任担当、实践创新六大素养。在六大素养有关阐述中特别强调培养学生具有理性思维、批判质疑、勇于探索等价值标准、思维方式和行为表现。要求培养学生能运用科学思维方式认识事物、解决问题、指导行为；能独立思考、独立判断、思维缜密，能多角度、辩证地分析问题，作出选择和决定；具有好奇心和想象力，能不畏困难，有坚持不懈的探索精神，大胆尝试，积极寻求有效的问题解决方法等。核心素养是对素质教育内涵的具体阐述，也是对素质教育过程中存在问题的反思与改进，使素质教育更具有指导性、操作性。青少年科技活动在培养中小学生科学精神和实践创新能力方面具有不可替代的重要作用，在校外活动场所有效开展青少年科技活动是实现核心素养要求的重要举措。

第二，校外活动的必要性。中小学校科学课程教育和校外教育机构开展科技实践教育也同样具有不同的功能和特点。学校科学课程教育注重和强调的是科学技术知识的系统性、完整性，是面向全体学生的普遍性、一般性、完整性的科学教育。校外教育机构开展的科技实践活动注重和强调参与者的自主性、个性化、实践性。它以实践性为基础和灵魂；以自主选择、自主参与为核心特征；可以最大限度地培养、满足、发展青少年个体的兴趣爱好、创新精神和动手实践能力。校外教育在少年儿童乃至青少年成长过程中，有学校教育不可替代的特殊作用。对于急需发展科技兴趣爱好而且又具备相应发展潜质的青少年来说，校外教育机构开展的满足其兴趣爱好发展需求的各类科技、科普活动，在其成长过程中是不可或缺的。②

第三，与校内活动的衔接。青少年科技活动的重点应放在普及上，要让大面积的学生接受科普知识教育，整体提高青少年的科学素质，这才是开展科技活动应达到的真正目的。要充分利用校园文化（学校、班级、学生会墙报，学校广播站，学生社团活动等）阵地，开设科技教育栏目或专题，宣传科普知识。坚持常年的小发明、小论文、小制作、小种植、小养殖、小考察

---

①② 李晓亮. 关于校外教育机构开展科技活动的认识和思考 [J]. 中国科技教育，2017 (2)：6-7.

多种形式的活动，展现各自学校的办学特色。要结合中小学综合实践活动课程的实施，利用和上好中小学各年级每周的科技活动课、课外兴趣活动课、综合实践课、研究性学习课等课型，尽可能每一节课做到定时间、定方向、定师资、定情景、定场地，使课程尽可能做到常态化、课程化。有条件的中小学校，应积极邀请一些科技人员、环保专家等专业人士，制订好学年、学期计划，定期或不定期地到学校作专题讲座、科技发展最新动态介绍等，使各年级青少年学生能从多角度了解我国及其世界最新科技发展的趋势，初步认识和掌握科学与人类、环境与人类的密切关系。要充分整合、利用校内各学科教师的科技优势、部分学有专长教师的特殊技能，以及学校学科综合的资源合力，加上社区资源、家长资源、校园环境资源等配合，共同开展区域性或校本化的多方面科技教育活动，开展少先队活动、科技艺术节、科技活动月等集体活动。①

（三）校内校外活动的融合

学校和教师要根据综合实践活动课程的目标，并基于学生发展的实际需求，设计活动主题和具体内容，并选择相应的活动方式。

在设计活动主题和具体内容方面，《中小学综合实践活动课程指导纲要》对中小学校综合实践活动课程的内容选择做出明确规定。

第一，自主性。在主题开发与活动内容选择时，要重视学生自身发展需求，尊重学生的自主选择。教师要善于引导学生围绕活动主题，从特定的角度切入，选择具体的活动内容，并自定活动目标任务，提升自主规划和管理能力。同时，要善于捕捉和利用课程实施过程中生成的有价值的问题，指导学生深化活动主题，不断完善活动内容。

第二，实践性。综合实践活动课程强调学生亲身经历各项活动，在"动手做""实验""探究""设计""创作""反思"的过程中进行"体验""体悟""体认"，在全身心参与的活动中，发现、分析和解决问题，体验和感受生活，发展实践创新能力。

第三，开放性。综合实践活动课程面向学生的整个生活世界，具体活动内容具有开放性。教师要基于学生已有经验和兴趣专长，打破学科界限，选择综合性的活动内容，鼓励学生跨领域、跨学科学习，为学生自主活动留出余地。要引导学生把自己成长的环境作为学习场所，在与家庭、学校、社区的持续互动中，不断拓展活动时空和活动内容，使自己的个性特长、实践能力、服务精神和社会责任感不断获得发展。

---

① 张灿祥. 略谈综合实践活动课程与学校青少年科技教育的联系［EB/OL］.（2011 – 08 – 23）
［2020 – 12 – 12］. https://wenku.baidu.com/view/6ef62ec56137ee06eff918f9.html.

第四，整合性。综合实践活动课程的内容组织，要结合学生发展的年龄特点和个性特征，以促进学生的综合素质发展为核心，均衡考虑学生与自然的关系、学生与他人和社会的关系、学生与自我的关系这三个方面的内容。对活动主题的探究和体验，要体现个人、社会、自然的内在联系，强化科技、艺术、道德等方面的内在整合。

第五，连续性。综合实践活动课程的内容设计应基于学生可持续发展的要求，设计长短期相结合的主题活动，使活动内容具有递进性。要促使活动内容由简单走向复杂，使活动主题向纵深发展，不断丰富活动内容、拓展活动范围，促进学生综合素质的持续发展。要处理好学期之间、学年之间、学段之间活动内容的有机衔接与联系，构建科学合理的活动主题序列。①

在设计活动方式方面，《中小学综合实践活动课程指导纲要》对中小学校综合实践活动课程的主要方式及其关键要素做出明确规定。

第一，考察探究。考察探究是学生基于自身兴趣，在教师的指导下，从自然、社会和学生自身生活中选择和确定研究主题，开展研究性学习，在观察、记录和思考中，主动获取知识，分析并解决问题的过程，如野外考察、社会调查、研学旅行等，它注重运用实地观察、访谈、实验等方法，获取材料，形成理性思维、批判质疑和勇于探究的精神。考察探究的关键要素包括：发现并提出问题；提出假设，选择方法，研制工具；获取证据；提出解释或观念；交流、评价探究成果；反思和改进。

第二，社会服务。社会服务指学生在教师的指导下，走出教室，参与社会活动，以自己的劳动满足社会组织或他人的需要，例如，公益活动、志愿服务、勤工俭学等，它强调学生在满足被服务者需要的过程中，获得自身发展，促进相关知识技能的学习，提升实践能力，成为履职尽责、敢于担当的人。社会服务的关键要素包括：明确服务对象与需要；制订服务活动计划；开展服务行动；反思服务经历，分享活动经验。

第三，设计制作。设计制作指学生运用各种工具、工艺（包括信息技术）进行设计，并动手操作，将自己的创意、方案付诸现实，转化为物品或作品的过程，如动漫制作、编程、陶艺创作等，它注重提高学生的技术意识、工程思维、动手操作能力等。在活动过程中，鼓励学生手脑并用，灵活掌握、融会贯通各类知识和技巧，提高学生的技术操作水平、知识迁移水平，体验工匠精神等。设计制作的关键要素包括：创意设计；选择活动材料或工具；

---

① 教育部. 教育部关于印发《中小学综合实践活动课程指导纲要》的通知 [EB/OL]. (2017 – 09 – 27) [2020 – 12 – 31]. http://www.moe.gov.cn/srcsite/A26/s8001/201710/t20171017_316616.html.

动手制作；交流展示物品或作品，反思与改进。

第四，职业体验。职业体验指学生在实际工作岗位上或模拟情景中见习、实习，体验职业角色的过程，例如，军训、学工、学农等，它注重让学生获得对职业生活的真切理解，发现自己的专长，培养职业兴趣，形成正确的劳动观念和人生志向，提升生涯规划能力。职业体验的关键要素包括：选择或设计职业情景；实际岗位演练；总结、反思和交流经历过程；概括提炼经验，行动应用。[①]

（四）深度融入科学课程

课外科技活动是科学课程的重要组成部分，对学生的科学兴趣爱好、特长、创新创造能力等个性特征的和谐发展起着不可替代的作用。我国《义务教育小学科学课程标准（2017版）》表明，为了培养学生的科学素养，教师要为学生提供多样化的学习机会，如探究的机会，综合运用知识解决真实情景问题的机会，讨论辩论的机会，关心与环境、资源等有关议题的机会等。

第一，动手动脑做科学。小学科学课与其他课的重要区别之一是，很多情况下学生要通过动手做来学习科学，比如，做实验，制作模型，观察、测量，种植与饲养……这些活动不仅是学生喜欢的学习方式，也是学生理解科学概念的重要经验支撑。动手不应是纯粹的操作性活动，还应与动脑相结合。边动手边思考，可以使两者相互支持，相得益彰。

第二，开展探究式学习。探究式学习类似于科学研究的方式，这种符合儿童天性的学习方式可以激发儿童学习科学的兴趣，有利于科学概念的理解，也是培养小学生科学探究能力、科学思维能力、科学精神的有效学习方式。

指导学生进行探究式学习，应注意以下问题。一是重视探究活动的各个要素。科学探究包括提出问题、作出假设、制订与实施研究方案、收集和分析数据、得出结论、表达交流、反思评价等要素。每个要素都会涉及多个科学思维方法。只有让学生有机会充分练习这些思维方法，科学思维才能逐渐形成。要避免程式化、表面化的科学探究。二是精心设计探究问题。探究问题可以来自学生，也可以来自他人。无论问题来自何方，都必须与学生探究能力的水平相符。在时空都有限的课堂上，探究问题应结构良好、容量合适，对于学生科学思维发展更有价值的真实问题也应该占有一席之地，时空的局限可以通过与综合实践活动课程或校本课程的结合等途径加以解决。三是处

---

① 教育部. 教育部关于印发《中小学综合实践活动课程指导纲要》的通知[EB/OL]. (2017 – 09 – 27) [2020 – 12 – 31]. http://www.moe.gov.cn/srcsite/A26/s8001/201710/t20171017_316616.html.

理好探究式学习中学生自主和教师指导的关系。探究式教学强调要以学生为主体，但这并不意味着教师要放弃指导。从学生原生态的发现活动到较严谨的探究性实验设计与操作，离不开教师的精心指导。为了保证指导的适时有效，教师要对学生在探究中出现的问题保持高度的敏感，必要时给予适当的指导。指导要富于启发，最好是在教师的提示下学生自己发现问题所在。四是不要把探究式学习作为唯一的科学学习方式。科学素养包括多个维度，不同的素养要通过不同的学习活动加以培养，科学教师应尽可能掌握多种科学教学方法和策略。要多采用能激发学生兴趣、符合学生认知发展规律，以及能充分调动学生积极性的教学方法和教学策略，使学生愿意主动学习。戏剧表演、科学游戏、模型制作、现场考察、科学辩论会等，都是科学学习的有效方式。

第三，突出学生的主体地位。学习是学生自己的事，他人无法替代；教师不能只关注自己的教学，更应关注学生的学习。学生在学习科学探究、学习运用科学知识解决实际生活中的问题时，不可能一蹴而就、一帆风顺，教师要为学生的活动留有充足、必要的时间。匆匆而过、急于求成的活动对于学生能力的提升是无益的。教师要讲究为学生的科学活动提供帮助的艺术，变告诉为启发，变单向传输为师生互动，变学生被动为学生主动。

第四，广泛选择科学学习场所。教室、实验室是科学学习的重要场所，但教室、实验室外还有更广阔的科学学习天地。校园、家庭、社区、公园、田野、科技馆、博物馆、青少年科普教育实践基地……到处都有科学学习资源，到处都可以作为科学学习的场所。不要把学生束缚在教室、实验室这些狭小的空间里，不要把上下课铃声当作教学的起点和终点。

在更广阔的时间和空间里学习科学，需要教师的精心策划。要让课堂内所学的内容有活化、整合、运用的机会，要让科学经验与科学概念建立有机联系，科学作业的设计应承担这些任务。一份厨房中的科学学习清单，可以引导学生对司空见惯的油、盐、酱、醋产生浓厚的兴趣；要使学生在科技馆、博物馆、青少年科普教育实践基地流连忘返，最好的方法是让他们带上任务清单，事前由教师设计好观察什么、计算什么、操作什么、思考什么……教室和实验室以外的科学学习活动应该是科学教育的有机组成部分。

第五，开发与利用校园资源。校园环境和学校的一些活动场所、设施等都是实施科学课程的有效资源。学校和教师应当充分利用校园环境中与科学有关的资源，让校园成为科学学习的大课堂。同时，可合理规划、利用各类资源建立校园科学学习中心，例如，校园气象站、校园种植园、校园养殖场、校园科普宣传区、校园科学活动区、校园探索实验区等，让这些资源为学生理解科学概念、进行科学探究和运用知识解决实际问题服务。

第六，开发与利用校外资源。科学课程的社会资源十分丰富，应当积极开发、利用社会教育资源。各地有专业的科技工作者，应充分发挥科技工作者对科学教育的重要作用，可聘请科学技术领域的有关专家作科学技术报告，参与教师培训和课堂教学活动，也可以直接针对学生进行科普教育活动。

一是要发挥各类科普场馆的作用。因地制宜设立定点、定时、定人的科学教育基地，便于学生在课程实施过程中进行参观和学习。还要利用学校周围的自然资源和社会资源，如公园、田野、山林、自然水域、矿山等，以补充校内资源的不足。

二是报纸杂志、电视广播和网络等媒体。常常可以提供很多贴近时代、贴近生活、有意义的科学议题，教师要利用好社会媒体，将这些科学议题作为科学学习的重要资源。

三是网络资源的开发与利用。互联网已经深入到日常生活的各个方面，网络资源以其信息的丰富性、生动性和便捷性很好地弥补了现实教学的一些不足。利用和开发能促进小学生科学学习的网络资源，成为当前科学教师的重要技能。教师要充分利用网络资源，运用合适的方法，例如，在线学习、专题研讨、微课、资料查询等，促进学生的科学学习，为教学服务（可以把网络资源作为教师教学研究的重要资源，也可以利用网络技术开展学习评价。教师要积极参与网络资源建设，为科学教学提供更多的优质资源。网络资源的积累、共享有赖于全体科学教师的参与和贡献，促进教师开展网络研修活动，提高教师的专业水平。①

第二节 青少年科技活动的组织责任

青少年科技活动组织者是指动议、首倡、鼓动、发起、实施、执行有青少年科技活动目的的行为组织机构或个人。目前，我国青少年科技活动的组织者主要包括科技社团、高等院校、研究机构，以及学术管理部门、学术传播机构等。

---

① 教育部. 教育部关于印发《义务教育小学科学课程标准》的通知[EB/OL]. (2017-02-06)[2020-12-31]. http://www.moe.gov.cn/srcsite/A26/s8001/201702/t20170215_296305.html.

一、中小学校

中小学校是综合实践活动课程规划的主体，应对综合实践活动课程进行整体设计，将办学理念、办学特色、培养目标、教育内容等融入其中。[①] 2017年9月，我国教育部印发的《中小学综合实践活动课程指导纲要》明确中小学校的职责。

（一）活动计划

要依据学生发展状况、学校特色、可利用的社区资源（如各级各类青少年校外活动场所、综合实践基地和研学旅行基地等）对综合实践活动课程进行统筹考虑，形成综合实践活动课程总体实施方案；还要基于学生的年段特征、阶段性发展要求，制定具体的"学校学年（或学期）活动计划与实施方案"，对学年、学期活动做出规划。要使总体实施方案和学年（或学期）活动计划相互配套、衔接，形成促进学生持续发展的课程实施方案。

第一，综合实践活动课程的预设与生成。学校要统筹安排各年级、各班级学生的综合实践活动课时、主题、指导教师、场地设施等，加强与校外活动场所的沟通协调，为每一个学生参与活动创造必要条件，提供发展机遇，但不得以单一、僵化、固定的模式去约束所有班级、社团的具体活动过程，剥夺学生自主选择的空间。要允许和鼓励师生从生活中选择有价值的活动主题，选择适当的活动方式创造性地开展活动。要关注学生活动的生成性目标与生成性主题并引导其发展，为学生创造性的发展开辟广阔空间。

第二，综合实践活动课程与学科课程。在设计与实施综合实践活动课程中，要引导学生主动运用各门学科知识分析解决实际问题，使学科知识在综合实践活动中得到延伸、综合、重组与提升。学生在综合实践活动中所发现的问题要在相关学科教学中分析解决，所获得的知识要在相关学科教学中拓展加深。防止用学科实践活动取代综合实践活动。

第三，综合实践活动课程与专题教育。可将有关专题教育，例如，优秀传统文化教育、革命传统教育、国家安全教育、心理健康教育、环境教育、法治教育、知识产权教育等，转化为学生感兴趣的综合实践活动主题，让学生通过亲历感悟、实践体验、行动反思等方式实现专题教育的目标，防止将专题教育简单等同于综合实践活动课程。要在国家宪法日、国家安全教育日、

---

① 教育部. 教育部关于印发《中小学综合实践活动课程指导纲要》的通知[EB/OL]. (2017 – 09 – 27)[2020 – 12 – 31]. http://www.moe.gov.cn/srcsite/A26/s8001/201710/t20171017_316616.html.

全民国防教育日等重要时间节点，组织学生开展相关主题教育活动。①

（二）活动实施

作为综合实践活动课程实施的主体，学校要明确实施机构及人员、组织方式等，加强过程指导和管理，确保课程实施到位。

第一，课时安排。小学1—2年级，平均每周不少于1课时；小学3—6年级和初中，平均每周不少于2课时；高中执行课程方案相关要求，完成规定学分。各学校要切实保证综合实践活动时间，在开足规定课时总数的前提下，根据具体活动需要，把课时的集中使用与分散使用有机结合起来。要根据学生活动主题的特点和需要，灵活安排、有效使用综合实践活动时间。学校要给予学生广阔的探究时空环境，保证学生活动的连续性和长期性。要处理好课内与课外的关系，合理安排时间并拓展学生的活动空间与学习场域。

第二，实施机构与人员。学校要成立综合实践活动课程领导小组，结合实际情况设置专门的综合实践活动课程中心或教研组，或由教科室、教务处、学生处等职能部门，承担起学校课程实施规划、组织、协调与管理等方面的责任，负责制定并落实学校综合实践活动课程实施方案，整合校内外教育资源，统筹协调校内外相关部门的关系，联合各方面的力量，特别是加强与校外活动场所的沟通协调，保证综合实践活动课程的有效实施。要充分发挥少先队、共青团以及学生社团组织的作用。

要建立专兼职相结合、相对稳定的指导教师队伍。学校教职工要全员参与、分工合作。原则上每所学校至少配备1名专任教师，主要负责指导学生开展综合实践活动，组织其他学科教师开展校本教研活动。各学科教师要发挥专业优势，主动承担指导任务。积极争取家长、校外活动场所指导教师、社区人才资源等有关社会力量成为综合实践活动课程的兼职指导教师，协同指导学生综合实践活动的开展。

第三，组织方式。综合实践活动以小组合作方式为主，也可以个人单独进行。小组合作范围可以从班级内部，逐步走向跨班级、跨年级、跨学校和跨区域等。要根据实际情况灵活运用各种组织方式。要引导学生根据兴趣、能力、特长、活动需要，明确分工，做到人尽其责，合理高效。既要让学生有独立思考的时间和空间，又要充分发挥合作学习的优势，重视培养学生的自主参与意识与合作沟通能力。鼓励学生利用信息技术手段突破时空界限，进行广泛的交流与密切合作。

---

① 教育部. 教育部关于印发《中小学综合实践活动课程指导纲要》的通知[EB/OL]. (2017-09-27)[2020-12-31]. http://www.moe.gov.cn/srcsite/A26/s8001/201710/t20171017_316616.html.

第四，教师指导。在综合实践活动实施过程中，要处理好学生自主实践与教师有效指导的关系。教师既不能"教"综合实践活动，也不能推卸指导的责任，而应当成为学生活动的组织者、参与者和促进者。教师的指导应贯穿于综合实践活动实施的全过程。

在活动准备阶段，教师要充分结合学生经验，为学生提供活动主题选择以及提出问题的机会，引导学生构思选题，鼓励学生提出感兴趣的问题，并及时捕捉活动中学生动态生成的问题，组织学生就问题展开讨论，确立活动目标内容。要让学生积极参与活动方案的制订过程，通过合理的时间安排、责任分工、实施方法和路径选择，对活动可利用的资源及活动的可行性进行评估等，增强活动的计划性，提高学生的活动规划能力。同时，引导学生对活动方案进行组内及组间讨论，吸纳合理化建议，不断优化完善方案。

在活动实施阶段，教师要创设真实的情景，为学生提供亲身经历与现场体验的机会，让学生经历多样化的活动方式，促进学生积极参与活动过程，在现场考察、设计制作、实验探究、社会服务等活动中发现和解决问题，体验和感受学习与生活之间的联系。要加强对学生活动方式与方法的指导，帮助学生找到适合自己的学习方式和实践方式。教师指导重在激励、启迪、点拨、引导，不能对学生的活动过程包办代替。还要指导学生做好活动过程的记录和活动资料的整理。

在活动总结阶段，教师要指导学生选择合适的结果呈现方式，鼓励多种形式的结果呈现与交流，如绘画、摄影、戏剧与表演等，对活动过程和活动结果进行系统梳理和总结，促进学生自我反思与表达、同伴交流与对话。要指导学生学会通过撰写活动报告、反思日志、心得笔记等方式，反思成败得失，提升个体经验，促进知识建构，并根据同伴及教师提出的反馈意见和建议查漏补缺，明确进一步的探究方向，深化主题探究和体验。[①]

（三）活动评价

综合实践活动情况是学生综合素质评价的重要内容。各学校和教师要以促进学生综合素质持续发展为目的设计与实施综合实践活动评价。要坚持评价的方向性、指导性、客观性、公正性等原则。

突出发展导向。坚持学生成长导向，通过对学生成长过程的观察、记录、分析，促进学校及教师把握学生的成长规律，了解学生的个性与特长，不断激发学生的潜能，为更好地促进学生成长提供依据。评价的首要功能是让学

---

① 教育部. 教育部关于印发《中小学综合实践活动课程指导纲要》的通知[EB/OL]. (2017 – 09 – 27) [2020 – 12 – 31]. http://www.moe.gov.cn/srcsite/A26/s8001/201710/t20171017_316616.html.

生及时获得关于学习过程的反馈，改进后续活动。要避免评价过程中只重结果、不重过程的现象。要对学生作品进行深入分析，挖掘其背后蕴藏的学生的思想、创意和体验，杜绝对学生的作品随意打分和简单排名等功利主义做法。

做好写实记录。教师要指导学生客观记录参与活动的具体情况，包括活动主题、持续时间、所承担的角色、任务分工及完成情况等，及时填写活动记录单，并收集相关事实材料，如活动现场照片、作品、研究报告、实践单位证明等。活动记录、事实材料要真实、有据可查，为综合实践活动评价提供必要基础。

建立档案。在活动过程中，教师要指导学生分类整理、遴选具有代表性的重要活动记录、典型事实材料以及其他有关资料，编排、汇总、归档，形成每一个学生的综合实践活动档案，并纳入学生综合素质档案。档案是学生自我评价、同伴互评、教师评价学生的重要依据，也是招生录取中综合评价的重要参考。

开展科学评价。原则上每学期末，教师要依据课程目标和档案袋，结合平时对学生活动情况的观察，对学生综合素质发展水平进行科学分析，写出有关综合实践活动情况的评语，引导学生扬长避短，明确努力方向。高中学校要结合实际情况，研究制定学生综合实践活动评价标准和学分认定办法，对学生综合实践活动课程学分进行认定。①

二、科普教育机构

科普教育机构，或称科普教育基地，主要是指依托教学、科研、生产、传媒和服务等资源载体，面向青少年和社会公众开放，具有特定科学技术教育、传播与普及功能的机构。

（一）分类司职

2014 年 10 月，中国科协办公厅印发的《全国科普教育基地认定与管理试行办法》中，将科普教育基地（科普教育机构）分为五大类。

第一，科技场馆类科普教育基地，是指专门面向公众普及科学知识、弘扬科学精神的科技、文化、教育类场馆，分为综合性科技馆和专业科技场馆。综合性科技馆包括科技馆、自然博物馆、青少年活动中心等，专业科技馆包括天文馆、气象馆、地震馆等。

第二，公共场所类科普教育基地，是指具有科普展教功能的自然、历史、

---

① 教育部. 教育部关于印发《中小学综合实践活动课程指导纲要》的通知[EB/OL]. (2017–09–27) [2020–12–31]. http://www.moe.gov.cn/srcsite/A26/s8001/201710/t20171017_316616.html.

旅游、休憩等公共场所，如动物园、植物园、生态旅游区、森林公园、海洋公园、地质公园、矿山公园、地质遗迹、自然遗产、文化保护地、旅游景点、人文景观等。

第三，教育科研类科普教育基地，是指依托各类教育和科研机构，面向社会和公众开放、具有特定科学传播与普及功能的场馆、设施或场所，如教育和科研机构中的博物馆、标本馆、陈列馆、天文台（馆、站）、实验室、工程中心、技术（推广）中心（站）、野外站（台）等研究实验基地，医院等。

第四，生产设施类科普教育基地，是指企业面向公众普及科学知识的场馆、设施或场所，如生产设施（或流程）、科技园区、企业科技展厅、企业展览馆等。

第五，信息传媒类科普教育基地，是指以网络、电子、印刷品等为载体，面向公众普及科学知识的机构，如科普网站、科教电视频道、科普报刊等。

（二）职责任务

2014年10月，中国科协办公厅印发的《全国科普教育基地认定与管理试行办法》中规定，科普教育基地（科普教育机构）须同时满足以下6个条件。

第一，具有法人资格或受法人正式委托，能独立开展科普活动的单位，且所在单位领导重视，设有专门的科普工作机构。

第二，重视科普工作，具备开展科普工作的制度保障，有科普工作的长期规划和年度计划，将科普工作纳入年度工作目标考核及表彰奖励范围。

第三，具有专项科普经费，列入本单位年度财务预算，并实行专款专用，能确保科普教育工作正常运行。

第四，具备开展科普工作所需的专兼职队伍和志愿者队伍，并有计划地开展科普工作人员业务培训。

第五，能够积极参加全国大型科普活动，并结合基地实际组织特色科普教育活动。

第六，建有基地科普教育网站或在主管单位网站设有科普栏目，并做到内容及时更新。

（三）活动评价

2014年10月，中国科协办公厅印发的《全国科普教育基地认定与管理试行办法》中，对各类科普教育基地（科普教育机构）活动提出具体明确的评价标准（表6-2）。

表 6 - 2 科普教育机构的评价标准

	场地（栏目）	活动	投入
科技场馆类	一是要有专用参观场所：综合性科技馆用于科普展教活动的室内展厅总面积不小于 5000 平方米；专业科技馆用于科普展教活动的室内展厅总面积不小于 1000 平方米。 二是要有互动体验类展品：除常规科普展品外，综合性科技馆应有数量不少于总展品 60% 可供观众演示、体验、互动的展品，专业科技馆应有数量不少于总展品 20% 可供观众演示、体验、互动的展品，同时要根据科技前沿和社会热点定期更新、补充科普展品，展品总完好率保持 90% 以上。 三是要有场馆科普教育网站：科普教育网站内容应做到及时更新，每月更新不低于 3—5 篇文稿或图片	一是经常性地开展科学性、趣味性、体验性科普教育活动，保证活动频率和活动规模，要常年对外开放，并向社会公布开放时间，年开放天数综合性科技馆不少于 260 天，专业科技馆不少于 240 天。年接待参观人数综合性科技馆不少于 50000 人，专业科技馆不少于 10000 人。 二是在全国科普日、科技活动周等全国性大型科普活动期间基地能对公众开放，积极参加全国科普日、科技活动周等全国性大型科普活动，以及当地科协、科技部门组织的重大科普活动。每年开展 4 次以上重大科普活动。 三是针对社会热点和公众需求，结合本单位特色，每年开展 6 次以上有新意、特色明显、讲究实效、形式多样的专题品牌科普活动。 四是积极利用互联网、手机等新媒体开展线上和线下科普教育活动。 五是与所在地的社区、乡镇、学校、部队及其他企事业单位等建立固定联系和工作制度，经常开展科普活动进社区、进学校、进乡村等社会化科普活动。 六是基地拓宽创新科普宣传渠道，充分利用电视、广播、报刊、网络等新闻媒体，每年省级以上媒体公开报道科普工作信息 3 次以上	一是有专门的科技场馆领导机构，单位建立的科技场馆，其正职应由该单位中层以上领导干部担任。二是要配备不少于 5 名的专职科技辅导员或讲解员，并建立长期稳定的科普志愿者队伍，志愿者人数 30 人以上。三是有科普队伍继续教育制度，科普工作人员每年业务培训时间不少于 40 学时。四是要设有专项科普经费，由单位建立的科技场馆，资金应列入该单位年度财务预算并实行专款专用；除一次性科普基础设施投入外，每年投入占单位年度总经费 10% 以上的科普专项经费，确保科普教育工作正常运行

	场地（栏目）	活动	投入
公共场所类	一是要具有一定规模、固定用于科普教育展示及活动的室内外场所。其中科普展示面积在10000平方米以上，并备有开展科普活动所需的演示设施设备等。二是具有基地科普教育网站（网页），其内容要做到及时更新，每月更新不低于3—5篇文稿或图片。三是有较为完善的基地说明牌、解说牌、导览牌等，科普内容科学准确，通俗易懂	一是经常性地开展具有科学性、趣味性、体验性科普教育活动，保证活动频率和活动规模，能常年向公众开放，年开放天数不少于320天，受气候等外在因素影响的基地可酌量减少。二是积极参加全国科普日、科技活动周等全国性大型科普活动，以及当地科协、科技部门组织的重大科普活动。每年开展3次以上重大科普活动，每年接待观众不少于70000人次。三是针对社会热点和公众需求，结合本单位特色，每年开展4次以上有新意、特色明显、讲究实效、形式多样的专题品牌科普活动，如科普教育专题展、各类科普讲座或报告、夏（冬）令营、专题实践活动等。四是积极利用互联网、手机等新媒体开展线上和线下科普教育活动。五是积极促进科普与旅游结合，扩大科普教育影响面，并与所在地的社区、乡镇、学校、部队及其他企事业单位等建立固定联系和工作制度，经常开展科普活动进社区、进学校、进乡村等社会化科普活动。六是拓宽创新科普宣传渠道，充分利用电视、广播、报刊、网络等新闻媒体，每年省级以上媒体公开报道科普工作信息3次以上	一是由热爱科普教育工作、有较强组织协调能力、社会活动能力和管理工作经验的中层以上干部担任负责人，并配有不少于4名的科普专职人员。二是建立长期稳定的志愿者队伍，志愿者人数30人以上，定期或不定期为受众提供免费咨询或科普讲解服务。三是有科普队伍继续教育制度，科普工作人员每年业务培训时间不少于40学时。四是有专项科普经费，列入该单位年度财务预算并实行专款专用。五是除一次性科普基础设施投入外，每年投入占单位年度总经费5%以上的科普专项经费，确保科普教育工作正常运行

	场地（栏目）	活动	投入
教育科研类	科研院所中的博物馆、标本馆、陈列馆、天文台（馆、站）、医院、中小学展教场所面积不少于 1000 平方米；实验室、工程中心、技术中心、野外站（台）等研究实验基地展教场所面积不少于 300 平方米。建立面向公众的科普教育网站（网页），并及时更新内容	一是科研院所中的博物馆、标本馆、陈列馆、天文台（馆、站）、医院、中小学科普设施全年开放在 110 天以上；实验室、工程中心、技术中心、野外站（台）等研究实验基地全年开放在 40 天以上。二是积极参加全国科普日、科技活动周等全国性大型科普活动，以及当地科协、科技部门组织的重大科普活动。每年开展 2 次以上重大科普活动，年参观接待人数不少于 3000 人次。三是针对社会热点和公众需求，结合本单位特色，每年开展 4 次以上有新意、特色明显、讲究实效、形式多样的专题品牌科普活动，如科普教育专题展、各类科普讲座或报告、夏（冬）令营、专题实践活动等。四是积极利用互联网、手机等新媒体开展线上和线下科普教育活动。五是与所在地的社区、乡镇、学校、部队及其他企事业单位等建立固定联系和工作制度，经常开展科普活动进社区、进学校、进乡村等社会化科普活动。六是基地应拓宽创新科普宣传渠道，充分利用电视、广播、报刊、网络等新闻媒体，每年省级以上媒体公开报道科普工作信息 1 次以上	要有开展科普活动的科普工作机构，科普工作人员 1 人以上，并建立 15 人以上相对稳定的科普志愿者队伍。要有稳定持续的科普经费，每年投入占单位年度总经费 3% 以上的科普专项经费，能够保障经常性科普活动的开展，以及展教设备的运行和更新

续表

场地（栏目）	活动	投入
生产设施类 具有可供公众参观学习的生产线、科普展示厅等参观活动场所。企业生产线（车间、生产场所）或科普展厅应不少于 500 平方米，能完整展示产品的生产全过程或部分重要过程，供公众参观学习相关科普知识。建立面向公众的基地科普教育网站（网页），其内容应做到及时更新	一是具有经常接待公众参观的能力，企业生产线年开放日应不少于 60 天，企业室内科技展厅每年开放天数不少于 250 天。在全国科普日、科技活动周期间开放，平时每周设开放日，接待有预约的团队参观。二是积极参加全国科普日、科技活动周等全国性大型科普活动，以及当地科协、科技部门组织的重大科普活动。每年开展 2 次以上重大科普活动，企业年接待公众参观人数应不少于 10000 人。三是针对社会热点和公众需求，结合本单位特色，每年开展 2 次以上有新意、特色明显、讲究实效、形式多样的专题品牌科普活动，如科普教育专题展、各类科普讲座或报告、夏（冬）令营、专题实践活动等。四是积极利用互联网、手机等新媒体开展线上和线下科普教育活动。五是基地与所在地的社区、乡镇、学校、部队及其他企事业单位等建立固定联系和工作制度，经常开展科普活动进社区、进学校、进乡村等社会化科普活动。六是拓宽创新科普宣传渠道，充分利用电视、广播、报刊、网络等新闻媒体，每年省级以上媒体公开报道科普工作信息 1 次以上	一是由热爱科普教育工作、有较强组织协调查能力、社会活动能力的中层以上干部担任负责人，并配有 3 名以上专职工作人员，并配备规范的讲解词。二是建立长期稳定的科普志愿者队伍，人数不少于 10 人，能够满足企业开展面向公众的科普活动及参观接待的需要。三是除一次性科普基础设施投入外，每年投入占单位年度总经费 3% 以上的科普专项经费，列入年度经费预算，确保科普教育工作正常运行

续表

	场地（栏目）	活动	投入
信息传媒类	要有固定的栏目或版面从事科普宣传，做到内容及时更新。要将科普信息传媒工作纳入本单位工作日程，业务量不少于本单位业务工作的30%	一是要面向公众积极开展科学知识普及、培养公众崇尚科学理念，并在全国科普日、科技活动周等全国性大型科普活动期间提供相关配套服务，每年开展2次以上重大科普活动。二是针对社会热点和公众需求，结合本单位特色，每年开展4次以上的有新意、特色明显的专题品牌科普活动。三是应拓宽创新科普宣传渠道，充分利用电视、广播、报刊、网络等新闻媒体，每年省级以上媒体公开报道科普工作信息4次以上	一是设有中层以上干部担任负责人。二是有专门从事科普内容策划、制作、编辑等职能的部门，有不少于5名的专职人员。三是除一次性科普基础设施投入外，基地每年投入占单位年度总经费10%以上的科普专项经费，列入年度经费预算，确保科普教育工作正常运行

三、科技共同体机构

科技社团、高校、科研机构、科技企业等是科学共同体的主体，是一个国家科技、经济和社会发展的根本力量，是国家创新系统的核心。作为科普工作主体的科技共同体，应该有这样的认识，参与青少年科技活动、科普工作是应有的责任和应尽的义务。

（一）科技研究机构

我国是世界研发大国，财政科技投入增长迅速，每年立项的国家科技计划项目达数千项，一批批优秀的科技人员在政府资金的支持下从事各类有效的科技研发活动，建成大批科研设施和重大装备，产出大批科研成果。这些都是优质的科普题材和科普内容，是从事科普创作、开展科普活动和开发科普产品的良好基础。

第一，打开科普的宝库。科研机构蕴藏着丰富科技资源，如科研成果、科技资料、科研场所、科研装备、科研过程等，这些都是为公众做科普非常好的场景和道具。科研资源科普化，或科研资源科普创意开发，不仅可以让公众更好地了解科研机构，而且还将使当代科普变得更生动、更有场景性、更有吸引力、更有生命力。

科研资源科普化，需要科研机构敞开心扉，在不影响科研和泄密的情况下，最大限度地面向社会公众开放科研资源，将科普由被动做变主动做。例如，在科研之外，科研团队和科研工作者结合自己从事的科研课题，可经常到科技馆、大中小学做科普讲座，在各类科普杂志和公共媒体上发表科普文章，做一些科普著述等。科研机构、课题组或科研工作者也可以主办微信公众号，每天推送丰富多彩的科普文章，让公众特别是青少年关注自己所从事的科研，增长见识，开阔眼界，产生兴趣。可以设立机构或实验室"公众开放日"，定时面向公众开放实验室、大型科学装置、展览室（馆）、标本馆等科研场所，让公众零距离接触科研，促进公众对科研过程的理解。科研机构或课题组发布科研报告，这其实也是一种高级科普，还可进一步碎片化和通俗化，形成科普文章、科普书籍或科普视频，就能发挥更大的科普传播作用。科研工作者特别是著名科学家、科技专家可以把自己丰富的科研经历写成传记，也可以让公众分享和感悟到科学的思想和精神。科研管理部门可以把科研人员开展科普活动、参与科研成果科普转化纳入评价考核中，激发科研人员参与科普的积极性。

第二，担当科普的传者。科研团队或科研工作者，可以借助自己专业做科普。科普是一项越来越专业化的工作，科研、科技创新由专业从事科研的科学家承担，而与之同等重要的科普，也越来越需要由专业人才承担。科研团队组成中可以吸纳科学传播专业人员参加，在科研的同时同步开展科普。科研团队也可以与科技社团合作，借助学会的科普团队力量和平台，开展科研资源的科普创意开发，把科研成果转化为科普产品，如科普文章、科普图书、科普视频节目等，联合开展面向公众的科普活动。科研团队和媒体或者和专业做科普的人士结合起来，科普效果会更好，新媒体和新的传播手段在科学传播中扮演着重要的角色。例如，长征七号火箭在海南文昌发射场成功发射等一些科学事件，通过网络直播，远超过传统媒体的受众人数，因为新媒体所能呈现科学真实的图景，让大家身临其境地感受科学。同时，科普专业力量、新媒体科学传播也需要和期待科技专家团队的参与，例如，某项科研成果是否具有转化成科普成果的可行性，科普内容是否能回应公众关心的那些议题等，实际上只能请科技专家来解决。

第三，开办科学的课堂。青少年科学教育是科普中普遍重视的方面，随着我国素质教育的发展，已经分年龄段制定科学课程标准，在义务教育的中小学阶段开设科学启蒙课将成为常态。但很多中小学校却面临高水平师资不足、教案教材教具匮乏等问题。科研团队可以与中小学的科技教育课结合，既把科学启蒙课开到学校，也可以把科学启蒙课搬到科研现场。例如，美国航天局独到的科普，就为研究机构开展科普树立了很好的榜样。北京时间2012年8月6日，美国国家航天局（NASA）史上耗资最多的火星探测任务进入高潮，"好奇"号探测器成功着陆火星表面，而后开始它搜寻火星生命的任务。在这斥资25亿美元的工程中，NASA同时建立完备的科普体系，力图通过公众可接受方式为公众服务，使得每位渴望融入火星探测的人都能理解这个计划的意义和科学知识。NASA将太空图片视为公共资源，所以民众自然可以免费共享，50多年来在"水星""双子星"载人航天任务、"阿波罗"登月任务、航天飞机和国际空间站等诸多太空项目中积累的大量影像以及视频、音频、文字资料，都可以通过其网站免费下载使用。对青少年的科技教育一直被NASA视为重要的工作，他们会为老师和学生提供精确到年级的科普资料，在NASA网站上，针对不同受众对信息进行分类，为公众、教师、学生和媒体，特别是针对学龄前儿童和小学低年级（Grades K—4）、小学高年级和初中（Grades 5—8）、高中（Grades 9—12）甚至大学生及研究者（Higher Education）提供适合阅读的材料或教材。NASA还对作家进行科学训练，推动科幻小说的发展，以引起年轻人对科学的兴趣。

（二）科技教育机构

教育机构特别是高校，肩负着人才培养、科学研究、社会服务、文化传承创新的重要任务。我国高校承担50%以上国家重大计划和重大科研项目，承担国家自然科学基金面上项目80%以上，获得国家自然科学奖、技术发明奖、科技进步奖的数量占总数的65%，发表论文占全国总数的85%。高校蕴藏着优质的教育资源，在面向社会公众开展科普服务方面具有不可替代的优势，是科普工作的重要载体和支撑力量。

第一，担起科普责任。科普本质上是教育的组成部分，也应该是教育工作者的天然使命。高等学校拥有丰富的科技人力资源优势，拥有一批长期从事教学、科研工作的院士、教授、专家与学者，积累了雄厚的知识，掌握着先进的科学成果，是丰富的科技创新智力源地。同时，大学生群体除具备一定的科学知识外，还具有积极向上、活泼开朗的品格，他们关心社会发展，社会责任感和实践能力强。高等学校是国家科普不可或缺的重要力量，高等教育机构和广大教育工作者一定要把科普列入人才培养、科学研究、社会服务与文化传承等重要工作范畴，将科普指标纳入到高校、院系、教师科技工作的评价体系中，促进教育与科普、科研与科普的有机结合。同时，通过设立科普相关专业、开设科普相关课程、开展科普专业技术继续教育培训等方式，培养大批专业化、职业化的科普人才，为提升国家科普能力做出应有贡献。

第二，突出科普特色。高等教育经过长期的发展与探索，特别是"211工程"和"985工程"的建设，已经形成一批雄厚的学科基础，决定高校在国家发展战略体系中的重要牵引作用。同时，高校科学研究与教学的相互促进与相互补充都有利于滋生新的学科生长点和创新灵感，是进行科普工作的重要支撑。要充分发挥高校科研机构、教研机构、科协组织、学生科技社团等组织优势，组织高校教师、学生、科技工作者开展科普创作和传播。例如，中国科协与教育部持续开展的全国青少年高校科学营，堪称是国内外高校开放活动的典范，该活动自2012年起，由中国科协和教育部共同主办，全国40多所著名高校承担，每年招募包括来自内地、香港、澳门、台湾的中学生营员共计1万名以上，参加为期一周的科技与文化交流活动，走进国家重点实验室和研发中心，聆听名家大师精彩报告，参加科学探究及趣味文体活动等，对激发青少年对科学的兴趣，引导青少年崇尚科学，鼓励青少年立志从事科学研究事业，培养青少年的科学精神、创新意识和实践能力等打下良好基础，受到社会普遍好评。

第三，开放校园之门。在我国大中专院校里，矗立着大量的科技类博物馆、标本馆、陈列馆、天文台（馆、站）和植物园，以及实验室、工程中心、技术中心、野外站（台）、仪器中心、分析测试中心、自然科技资源库（馆）等教育科研基础设施，这是开展科普活动的良好场所。各大中专院校应该充分利用这些独特条件，开展面向公众科普活动，例如，可以设立各自的"校园开放日"，组织科普活动；也可以配合全国科普日、科技活动周、国际气象日、世界卫生日、世界环境日、世界地球日、国家节能宣传周等重要科普活动节日，围绕科普主题，采取"请进来、走出去"的科普活动方式，组织高校师生走出校园，走进广场、社区、街道等公众场所，开展具有高校特色的科普活动。

（三）科技社会机构

除科研机构、高校外，社会其他方面，例如企业、医疗机构、大众媒体、科技团体、公共服务机构等也蕴藏着大量的科普优质资源，这些优质社会资源的科普创意开发，对丰富科普产品、提升科普服务品质至关重要。

第一，尽到社会责任。企业、医疗机构、大众媒体、科技团体、公共服务机构等单位，拥有大量的科技专家和技术人员、专业设施设备、生产车间场所、产品陈列展览、自然或文化博物馆（遗址）等，这是最好的科普资源。这些优质资源的科普创意开发，不仅满足公众的科普需求，也会给这些单位带来社会效益或经济效益。科普是全社会的责任，这些单位可以充分利用自身的资源条件，通过开展特色活动、创办科普教育基地等形式，履行自己的社会科普责任。例如，作为私营科技企业的腾讯公司，热衷公益性科普活动，发起的"腾讯科学周"引发广泛关注，2019 年 9 月 20 日，首届"科学探索奖"50 位获奖人名单正式公布，每位获奖人将在未来 5 年获得 300 万元人民币奖金。同时，将整合旗下腾讯科学 WE 大会、腾讯医学 ME 大会和科学探索奖颁奖三大科学类活动，并计划以后每年 11 月的第一周举办全球性科学探索盛事。

　　一直以来，较为大型的科学、科普活动的主角一般以政府部门、高校、科研院所、科技馆以及科普教育基地等为中坚力量。近年来，情况开始朝着令人欣喜的方向发展，"科学向善"的理念已经得到包括科技企业、社会机构在内社会各方的广泛响应，科普大军中出现越来越多企业的身影，企业已开始成为科普活动的重要力量。例如，国内科技企业的领军者 BAT（百度、阿里、腾讯）在科学传播和普及方面都表现俱佳，我国有 300 多万家一定规模的企业，企业的科技人员、管理人员的优势，生产和经营的优势，可以为科普提供独特的资源，促进企业科技和管理人才的科普化，生产资源和产品资源的科普化，可以提高企业文化资源中的科学文化成分。[①]

　　第二，赋能科普价值。当社会各方面参与科普的潜力充分展现时，科普必将更有活力、更有魅力——这是社会的呼唤，也是公众的期待。整合社会科普资源，建立区域合作机制，逐步形成一定范围内科普资源互通共享的格局，可以提高社会科普资源的利用率。要把开展科普活动与履行社会责任结合起来，将开展具有特色科普活动作为单位社会形象展示的重要窗口，使支持参与科普的单位，在赋能科普的同时，收获其科普活动带来的经济价值和社会价值。例如，海尔集团是我国企业开展科普的典型代表之一，他们兴建了国内第一座由企业出资兴建的现代化产业科技馆——海尔科技馆，于 1999 年 6 月 1 日正式开放并对外纳客。科技馆在回顾世界家电发展历史的同时，展示海尔最新产品、创新信息及海尔文化，集科技性、教育性、娱乐性于一身，融家电产业历史、文化、科技于一体，是全国青少年科普教育基地和青岛市青少年科普教育基地。

　　第三，增进公众理解。企业、医疗机构、大众媒体、科技团体、公共服务机构等单位，可以通过设立"开放日"、开展科普活动等方式，满足公众的好奇心和科普需求，增进公众对这些单位文化的理解，对品牌和产品、服务和口碑等的了解，提升单位社会形象。例如，蒙牛乳业从 2007 年以来，持续开展"蒙牛开放日"活动，"访客"不仅有普通消费者，还有 NBA 巨星及乒乓球世界冠军。蒙牛乳业通过这种开放日活动，积极地与消费者近距离沟通，

---

　　① 陈杰. 腾讯科学周："科技向善"企业助力提升公民科学素养［EB／OL］. （2019 - 10 - 22）［2020 - 12 - 10］. https://baijiahao. baidu. com/s?id = 1648097086876667963&wfr = spider&for = pc.

既为自身发展创造了好的社会环境，也很好地满足公众对乳品生产的好奇和对安全的高度关注。再如，2014 年 12 月上海通用汽车首次举办"开放日"活动，向社会开放其上海、沈阳、烟台、武汉四大基地以及泛亚汽车技术中心，向公众开放上海通用汽车"大本营"，他们借"开放日"让消费者更直观、深入地了解公司所拥有的世界级研发和制造体系，以及全方位的卓越质量体系，增强对其产品的信任和对企业未来发展的信心，同时也能提升广大车主的自豪感。

第三节　青少年科技活动的指导责任

在青少年科技活动中，必须充分发挥科学老师、科技辅导员、学生家长等的主导作用，保证青少年的主体地位，用主导促进主体的发展，实现青少年在行学中自我教育。

一、科学教师

培养青少年科学素养一直是科学教育的主要目标，并成为国际上理科教育的核心目标，越来越受到的重视。要做好科学教育，其中最关键的因素是科学课程改革有大批和接受过新科学教育理念、高水平的科学教师。

（一）科学教师的标准

青少年科技辅导员或称科学教师，是指致力于提高青少年科学素养与创新能力，指导他们开展科学体验、科学探究、创造发明等科技教育活动的中小学教师，以及高校与科研院所、科技场馆、青少年宫、青少年活动中心、科技教育机构、社会团体、企事业单位中的专业人员。中国科协青少年科技中心和中国青少年科技辅导员协会颁布的《青少年科技辅导员专业标准（试行）》以青少年科技辅导员的专业活动为基础、以专业发展为导向、以专业素养为核心，对青少年科技辅导员专业水平等级标准作明确规定，用以指导和规范青少年科技辅导员的队伍建设和青少年科技辅导员的专业发展。

青少年科技辅导员的专业活动主要包括青少年科技教育活动的指导、青少年科技教育活动的组织与实施以及青少年科技教育活动的研究和创新三个方面。辅导员专业水平分为三个等级，分别为高级辅导员、中级辅导员、初级辅导员。高级辅导员是指具有示范带动作用的高水平科技辅导员，中级辅导员是指具有较强业务能力的骨干科技辅导员，初级辅导员是指具有基本业务能力的科技辅导员。其中，高级辅导员的标准包括三个方面 15 条。

一是在师德修养与专业情感方面，包括：①热爱青少年科技教育事业，能够从建设创新型国家的高度，认识青少年科技教育事业的重要意义，具有强烈的事业心、使命感，以及奉献和敬业精神。②尊重教育规律和青少年身心发展规律，为青少年营造自由探究、自主发明、勇于创新的氛围。③通过开展青少年科技活动培养青少年良好的思维品质，以人格修养和专业水平教育感染青少年，做青少年健康成长的引路人。④致力于自身专业发展，做终身学习的典范，为其他科技辅导员的专业成长发挥示范与带动作用。

二是在理论水平与科技素养方面，包括：①掌握国家的教育方针政策和新的科技教育理念，熟悉国际青少年科技教育的最新发展现状与趋势。②掌握从事青少年科技教育活动所需的专业知识和技能，具备科学、技术、工程等领域某一学科的系统专业知识和相关技能。③掌握科学研究的基本过程和方法，掌握创新思维与发明的知识、技能与方法。④了解科技发展史和国内外科技发展最新动态与趋势。

三是在业务水平与实践能力方面，包括：①能够综合运用科学、技术、工程等方法与技能指导青少年开展跨学科的科学体验、科学探究、创造发明等活动。②能够策划、设计、组织与实施多样化的青少年科技教育活动。③能够设计与制作科技教育创新作品，主持编写科技教育活动教材、开发科技教育活动资源包。④能够协调和利用高校、科研院所、科技场馆、企业等各类社会资源组织和实施各类青少年科技活动。⑤能够运用现代教育评价理论与方法对青少年科技活动进行科学评价。⑥能够根据国内外青少年科技教育理论和发展趋势，结合工作实际，总结规律、探索创新，撰写科技教育论文。⑦能够组织开展初、中级青少年科技辅导员专项培训，能够指导初、中级青少年科技辅导员的业务工作，带动和辐射本地区青少年科技活动的开展。

该标准是青少年科技辅导员自身专业发展的基本依据，是青少年科技辅导员队伍建设、培养培训的基本依据，可为有针对性地开展培训培养，提高他们的专业能力，壮大科技辅导员队伍，为广泛开展各类科技教育活动提供有力支撑。①

（二）科学教师的素养

科学教育的目标是增进学习者的科学素养，当今的科技教育对科学教师自身素养也提出新的更高要求。当代科学教师应具备以下素质。

第一，高尚的思想品德，热爱科学教育事业。科学教师承担着教书育人的重任，在向学生传播科学文化知识的同时，教育学生如何做人，做一个有

① 关于印发《青少年科技辅导员专业标准（试行）》和《青少年科技辅导员培训大纲（试行）》的通知［EB/OL］.（2017 - 07 - 07）.［2020 - 12 - 10］. http://www. cyscc. org/news/ArticleView. aspx?AID = 216324.

理想、有责任的人。由此，科学教师自身要具有远大的理想，宏伟的志向，高尚的情操。

第二，较渊博的科学文化知识，较高科学教育理论修养。科学教师是科学文化的传播者，必须具有较渊博的科学知识，在科学文化修养上达到较高的水平。同时，科学教师要学习科学教育科学理论，掌握科学教育规律并善于运用科学教育规律，推进科学教育改革，研究科学教育的新问题、新情况，探索新规律。

第三，良好的课堂教学素质和师生关系。科学教育要求教育从传统模式中解放出来，创建适应信息时代、培养创新人才的教育，科学教师都有责任探索的新模式，设计好每堂课，创新教学形式，充分调动学生的积极性和求知欲，使学生能充分利用短暂的课堂学习，学到科技知识，学到科学方法，开启科学思维。同时，善于建立教师与学生相互尊重、相互理解、感情融洽的良好科学教育氛围。

第四，吸收科技信息和更新知识的能力。科学教师向学生传授科技知识，实际上就是向学生传递科技信息，从而使学生认识自然界和社会规律。科学教师要有获得新知识、扩充新知识的能力，包括从生活中发现科学概念和原理的能力；善于提出尚未和多种答案的探索能力；演算和阐述的能力；善于运用口头和笔头形式有效地交流和研究的能力；善于组织学生，使学生迅速地增长才干的能力等。在课堂中，科学教师要表现出创造性、灵活性、善于运用新的教学方法和教学手段。

（三）科学教师的能力

科学教师需要把科学教学与科技活动融为一体，化理念为方法，化规则为秩序，化规定为智慧，将先进的科学教育理念用技能的方式外化为科技活动，将抽象的科学教育理论用行为的方式表现出来，将划一的科学教育规则用操作的方式凸显出来。为此，需要具备以下科学教学和科技活动的技能。

第一，导入技能。科学教学导入可以集中学生注意力、引发学生兴趣、明确学习目标、铺垫后继学习、沟通师生心理。好的科学教学和科技活动的导入，要合情入理、因课制宜、简洁明快、灵活多变。忌为导入而导入，忌导入时间过长，忌不顾学生心理，忌远离科学教学主题，忌教师演独角戏。

第二，讲解技能。科学讲解要有启发性、要生动易懂、要针对学生、要精讲。精讲体现了科学教师的讲解水平，也直接关系到科学教学的效率。精讲就要做到简明扼要、提纲挈领、避免烦琐，举一反三，闻一知十，内容精选，语言精练，方法精当，效果精彩。要注意反馈与调控，在讲解时适当运用手势、体态、眼神、面部表情等体态语言。

第三，表达技巧。一位好的科学教师，应该是一个运用科学教学语言的大师，这是科学教师最重要的基本功。科学教师主要是通过口头表达与学生交流、解惑答疑。如不善表达，讲不出来，要教好学生恐怕很难。如果科学教师本来就科技知识平平，再加语无伦次，表达混乱，要教好学生恐怕更难。

运用语言要有科学性，概念要准确，逻辑性强；说得准确，条理清楚，不颠三倒四，逻辑混乱，既不能含含糊糊、模棱两可，也不能不得要领、没有主旨、越说越糊涂；说得简明，言简意赅，让学生在脑中形成清晰、正确的深刻印象，浅显易懂为好；说得生动，富有感染力，语言要可亲可信、巧说为妙，切忌枯燥呆板，更不能故弄玄虚；说普通话，语言要规范，要合乎语法和逻辑；运用语言还要有艺术性，说话要清楚、明白、易懂、形象鲜明，表达要生动、活泼、有趣味、流畅贯通。有时还要借助表情和气势，以态势助语言。

第四，提问技能。科学教学和科技活动中的提问，可以检查已学知识，进行教学反馈，集中学生注意力，激发求知欲望，调控教学进程，活跃课堂气氛，增进师生情感，锻炼口语表达，提高学习能力。提问要激发学生科技兴趣、启发学生科学思维、难易适度、面向全体学生。如果提问内容过于浅显，学生无须思考就能回答，学生没有进行紧张的思维活动，提问就成了形式；如果过于深奥，层次过高，超越学生智力范围太远，则学生无从动脑；如果不疼不痒，则学生无意动脑。提问应该由浅入深、由易到难，符合学生认识事物的特点和规律，要让学生可望可及，通过努力能够达到。

提问应该避免徒具形式而不注重提问的作用，表面上有问有答、热闹非凡，但所提科学问题没有多大价值，不能引发学生的深入思考，除了浪费时间、误人子弟而外，毫无意义。提问不能频率失当，过高则学生大脑高度紧张，容易造成认知疲劳和心理厌倦；过低则不利于调动学生积极的科学思维，易形成思维惰性。

问后要总结，如果对学生答案采取放任的态度，答案不正确的不予纠正，不完整的不予补充，零散的意见不予综合，肤浅的认识不予深化，那么学生对科学教师提出的问题始终没有一个清晰的、明确的、完整的认识。另外，科学教学和科技活动中的提问，忌过分控制学生、忌随意提问、忌重复提问。

第五，指导技能。科学教学和科技活动中的指导，不仅要向学生传道授业，还要帮助学生解疑释惑。教师通过精彩讲解、实践演示、创设情景、设置矛盾等方式为学生指明方向、点拨重点、归纳总结，激发学生学习科技的兴趣和积极性，使学生进入跃跃欲试、寻根究底、欲罢不能的学习状态；通过启发学生科学思维、因势利导、循循善诱、过程互动来拨动学生的科学思维，促使学生在思考中探索，在探索中发现，在发现中解决问题。

科学教师指导不是代替学生去寻找答案，而是引导学生自己去科学探索、比较、归纳、综合，自己去解决科技问题，学生在解决科技问题的过程中学会科学思考，科学思维方式在思考中获得，科学思维品质在思考中提升；遵循学生的认知科学规律和知识的逻辑结构，由浅入深、由低到高、由此及彼、由表及里、由已知到未知、由具体到抽象，循循善诱，循序渐进。

如果科学教师只用单调的方式方法指导学生，不但缺乏针对性，还会抑制学生的学习科技积极性。指导忌盲目、忌越俎代庖、忌缺乏耐心、忌简单机械，应该想方设法、灵活处理、巧妙指导。

第六，倾听技能。学生在回答科学教师提问或发表意见时常常词不达意、词义含糊、表达不清，这就要求科学教师学会倾听，能从词不达意中听出真意，从含糊的话语中听出科学主旨，必要时，或给予补充，或给予概括，或给予引申，或给予升华，从而帮助学生理清问题思路、弄清科学概念、学懂科技知识。

如果科学教师不善听、不会听，就会抹掉学生表达中的闪光点，或误解学生甚至听不懂学生的科技问题，势必出现肯定失当、批评有误，使学生不能准确地掌握科技知识。

第七，对话技能。对话是联结师生的纽带。好的科学教学和科技活动中的对话，可以实现师生科技知识共享、促进师生共同成长、构建新型师生关系等。教师要与学生平等交往、对学生真诚以待，师生要相互尊重、交流合作。科学教师在对话中教学，学生在对话中学习。在师生共同的合作对话中，促进科学教师的专业发展，促进学生的学业提高，达到师生的共同成长。这样才能达到真正的教学相长。

第八，呈现技能。心理学研究表明，大脑能记忆的信息，85%来自视觉，10%来自听觉，5%来自嗅觉和触觉。讲解所传递的信息转瞬即逝，仅凭听觉记忆是不够的。有了板书或投影，学生不仅听而且看，一目了然，能形成整体印象，条理化的、揭示内在关系的板书有助于学生理解科技，进而促进记忆；板书或投影可以辅助教学，提高效率、激发科技兴趣，启发科学思考、强化记忆，减轻负担；板书或投影内容要简洁概括，形式要美观大方，结构要系统条理，布局要协调合理；板书或投影忌烦琐冗长、忌无个性、忌讲写脱节、忌乱写乱画、忌只讲不写、忌随写随擦。现代信息技术在教学过程中的运用，为教师的教和学生的学服务。科学教师必须目中有人，坚持以学生发展为本。

科学教学和科技活动的本质，在于科学智慧的创造与传播，要通过信息技术的利用，带来科学教师观念的转变、活动方法的改革、教学模式的革新、教学智慧的创造，乃至教学效益的提高。课件制作要精心准备，但要注意避免重课件制作，轻教学内容，不能过分注重课件制作的形式效果，却忽视了对科学课教材或科技活动的深刻理解、对科学内容的全面把握，忽视了整体的设计。课件制作只是教学辅助工具，要通过教学课件更好地彰显科学教学内容，忌花里胡哨、眼花缭乱、华而不实、本末倒置。

第九，结课技能。研究表明，下课或活动结束前的几分钟，学生的注意力经过发散期之后进入反弹期，科学教师应抓住学生注意力的反弹进行总结概括，使学生及时回顾所学内容。心理学的研究表明，课堂及时回忆要比 6 小时以后回忆的效率高出 4 倍。科学教学或科技活动结束前，可以将课堂或活动内容简明扼要、有条理地进行归纳总结，帮助学生理清科技知识脉络，理清纷乱的思绪，促进学生对科技知识的理解和记忆，使科学教学和科技活动更有启发性和感染力，使学生的科学思维进入积极状态，主动地求索科技知识的真谛。

下课或活动结束前的结课，要水到渠成，自然妥帖，结构完整，首尾照应，语言精练，紧扣中心，内外沟通，立意深远，引导学生在更广阔的空间里拓宽科技知识面、增强学习科技能力，给学生留有思考的余地与活动的空间。[①]

（四）科学教师的任务

科学教育的关键是科学教师的教育观念，是提升教师科学素质的重要方面。科学教育新课程改革强调"科学探究""做中学""过程和技能"等科学本质的教学策略，这就需要科学教师转变传统的教学理念，坚持科学教育理念。

第一，坚持科学教育理念，创新科学课教学方法。在传统科学教育教学中，科学教师大都是照本宣科，单方面地向学生灌输科技知识。这种被动式的科学课教学方式在很大程度上挫伤学生的学习科学积极性，学生学习科学的主体地位难以得到体现，导致科学课教学效果不佳。科学教师要有意识地转变教学方法与教学理念，积极培养学生在课堂上的主动性，利用合作学习、自主探究等方法，培养学生自主学习的能力，凸显学生在科学教育教学中的主体地位。科学教师要不断地学习科学新知识，更新教学理念，要具有丰富的理论知识、较强的实验操作能力、多样化的教学手段，要与时俱进提高自己的科学素养，才能使教学游刃有余。

第二，注重校本教研，做好科学教育方案。校本教研是以学校为基地，以解决学校科学教育中的实际问题为目的，以学校老师为主要研究力量的教

---

① 袁方正. 涉及教师专业能力的 10 项教学技能，你掌握了吗［EB/OL］.（2020 - 09 - 30）［2020 - 12 - 02］. https://mp. weixin. 99. com/s/sphlLXKril3HmQvfAS6xwQ.

育研究，有利于克服科学教育理论脱离实践的弊端，是促进科学教师自主研究学习的有效举措。科学教师不能仅停留在简单完成课堂教学任务上，而应经常对自己的教学进行反思，有计划、有目的地进行探讨和研究，并大力在学校中推广好的科学教育教学方法，提升学校整体科学课教学水平。同时，在进行科学教育教学前，科学教师应当根据学生的实际情况以及教学目标来制定教学方案，对科学教材上的内容进行优化与整合，在保证教学任务能够完成的基础上尽可能简化科学课教学内容，使学生容易理解。在科学课后作业的设计上切记不能采取题海战术。

第三，提高自身科学技能，做好预实验和研究。科学课程标准指出，科学探究既是学生学习的目标，又是重要的教学方法之一，科学课程须以科学探究为中心，科学课程注重学生动手能力的培养，在教材中，实验特别是探究性实验所占比重增加，这就要求科学教师具备较高的实验操作能力。科学新课程实验内容对于新教师来说，是一种挑战，做好预实验便于发现问题及时调整，以免由于设计不周，盲目开展实验而造成不良的教学效果。要深入研究，做到推陈出新，推进实验的生活化和地方化，增强实验的适用性，提高科学教师对实验举一反三的能力。科学教师可利用网络所提供的丰富资源，捕捉教育教学信息，整合学科教学与现代信息技术进行自行研修，也可以开展网上学术交流形成学习共同体（学习社区），开展学习者与辅导者进行交流、建构知识、分享知识。

第四，注重引导培养学生自主学习和科学思维的能力。科学教育重要的是培养学生创新思维和自我创新的能力，让其在学习过程中逐渐养成科学思维模式，并能够将之应用到生活实践中。科学教师需要从学生的实际情况出发，让学生通过观察、运算、想象、证明、概括等方式来促进科学思维能力的提升，并能够在思维的过程中去进行自我创新。学生在学习科技和运用科技解决问题时，不断地经历直观感知、观察发现、归纳类比等思维过程，有助于学生对客观事物和现象，进行思考和做出判断。

第五，注重培养学生的科学人文融合精神。利用案例教学或者情景教学促进学生科学素养与人文素养的提高，充分体现科学与自然界的本质联系。科学教师在教学过程中，可以利用有趣的自然现象、生产生活、社会发展情况等案例或实景，激发学生的兴趣，利用案例教学与情景教学方法提升教学的质量，同时也能增强学生的科学素养与人文素养。尽量将科学课堂搬到大自然中，搬到科技场景氛围浓厚的场所，如科技馆、科普教育基地等。

（五）科学老师的"四颗心"

在青少年科技活动中，开始时大部分青少年往往是"围观"的兴趣浓，少部分才有强烈的动手欲望。要激发更多的青少年参与其中，必须心怀"四颗心"。

第一，激发学生的好奇心，老师要有一颗"年轻"的心。要以饱满的热情向学生传授科学知识，以老师自己对科学浓厚的兴趣去感染学生激励学生。然后用科学知识去解释自然的奥秘，剖析日常生活用品中蕴含的科学知识，讲解平时所见到的玩具、机器中的原理和涉及的科学知识，使学生具备一定的科学知识和电子技术基础，带着学生走进奇妙的科学世界，使之在科学的世界中流连忘返，达到更好的教学效果。

带领学生参观仪器室，是一种最直接的激发学生兴趣的方法。科学仪器形状各异，用途多种多样，仪器室同样也是一本好的教材。在教师介绍仪器的用途、结构原理、实验效果以及外观设计的同时，学生由于好奇，对仪器不够了解，专业知识薄弱，因而问到的关于科学仪器的问题也会是"莫名其妙"的，有时不知道问的是什么，教师要体谅他们，弄清楚他们的意思，不厌其烦地一一作答，必要时可拆开仪器的外壳，使学生认识仪器的本质，消除对仪器的神秘感。能够遇上一个对科学饱含热情，有一颗年轻之心的老师，这样的学生是多么幸运啊！

第二，要有充足的时间让学生感受实验的乐趣，老师要有一颗耐心。在接触做实验的初期，会有较多的学生动手能力较差。这时候，老师应该适当降低实验的难度，并且在授课时给学生留足充裕的时间做实验，让每一个学生都能掌握实验技能，体会实验乐趣。学生不爱动手做实验，还有相当大的原因是很多老师片面追求学生对理论知识的掌握，因为这直接关系到考试的分数，而忽略了学生是否掌握了实验的技能技巧。因此在课堂的时间配比上，会出现严重的不平衡。

第三，更高的实验质量意味着更大的实验乐趣，老师要有一颗追求完美的心。实验不是做给哪个人看的，而是探究问题，培养素质教育的需要。实验要讲究实效，既要能解决问题，又要能提高学生的能力。要记得每位学生，知道他们的实验成果，不失时机地肯定他们，肯定了他们的成果。孩子和成人都一样，在做事的时候非常需要别人的认可和赞许。成就感对他们来讲，是非常强大的动力，让学生在以后的实验中学会坚持不懈地完成。

第四，感受团队协作的力量与乐趣，老师要有一颗团结的心。合理配置实验小组人员。分配一个个实验小组，不能光凭着他们所在位置的关系来定，而应分析所有学生的性格、能力，进而进行优化组合。小组中，要有负责实验准备的、负责实验设计的、负责实验操作的、负责总结发言的，等等。

一堂真正的科学课，并不只是为了完成课时目标，而是引导学生走上科学之路。一堂课，真正上好了，是让学生掌握举一反三的能力，独立自主的（协作）探索之路。教师能教给学生的知识毕竟是有限的，更重要的是让学生一直保持对科学学习的乐趣和兴趣，带着孩子们一起去享受课堂。①

二、科技辅导员

青少年科技活动的开展，需要组织者和领路者。对于成长中的青少年学生来说，正处在知识、经验、思想的积累阶段，需要及时地指导和帮助，青少年科技辅导员就是他们在科技活动中是组织者和引领者。

（一）导向作用

一般来说，人类活动包括三个要素：目标、方式（方法）、调控。青少年学生的科技活动也总是指向一定目标的，不论是系列的活动，还是单个的具体行动，总是在一定的目标下进行的。虽然活动的总目标是培养青少年的科技素质，这是由科技活动性质决定的。但总目标是抽象的，缺乏操作性的。对于每一项具体的科技活动来说，其目标却是十分具体的。它的确定又总是由辅导员在总目标的指导下，根据客观条件以及学生的知识经验、认识水平等因素确定的。比如一次科技考察活动，它的目标是由辅导员根据考察对象的特点及学生的知识能力等确立的。所以，对于一项具体的科技活动，目标主要是辅导员确定的。目标确立以后，为了确保目标的实现，还必须选择在具体条件下的最科学、最经济的，能保证目标顺利实现的方式、方法。这种在既定目标下所选择的方式方法，也就带有一定的倾向性了。那些被认为最有可能有助于目标达成的方式、方法，被选中的可能性极大。再说，确定了目标，选择了方式方法后，往往还涉及怎样调控的问题。而调控，则是为了百分之百地将活动导向既定目标。在科技活动中，有时会因为意外情况的发生，影响活动的进行。或者学生的节外生枝，这时，如果任其发展下去，结果就可能偏离既定的目标，从而严重影响总目标的达成。这就需要及时进行调控。虽说调控主要是在活动中实施，怎样调控，大多是在活动方案的拟定时就着手考虑的。这就要求辅导员在制定方案时，要充分预计各种可能发生的意外情况。

（二）知识传授

青少年的科技活动是在学生已有的知识指导下的实践活动。活动前他们已经具备了与活动内容相关的磁场中养蚕的实验活动。实验前，学生已经学过磁场的知识及蚕的生理机制，蚕的生长、发育，蚕的习性等方面的知识。这些知识在初中物理及生物教材中已有学习过。但是，学生有了这些书本知识，并不一定能成功地进行这一活动。在这中间，还有一个知识转化的过程，也就是理性知识如何结合活动中的具体情景、具体条件，从而指导活动的开

---

① 蒋东华. 科学老师的四颗"心"［J］. 小学科学（教师论坛），2011（6）：111.

展。这个转化过程，就是一个飞跃——理论向实践的飞跃。这个飞跃，并不是每一个参加活动的学生都能顺利进行实现的。这时，辅导员就必须针对学生转化过程中的困难，向他们传授有关转化程序、转化策略等方面的知识，帮助他们尽快完成这一转化。况且，随着活动的进一步深入进行，活动就有可能进入一个全新的领域，一个学生从未接触过的领域，仅凭他们已有的那点知识，是远远不能解决他们眼前所遇到的问题的。学生在养蚕过程中，会越来越发觉自己的知识，解释不了养蚕过程中产生的一系列现象，这样，他们就要向老师、向专家求教，辅导员在这里起到的就是"教师""专家"的作用。要在自己知识所及的范围内，尽可能地给学生以更多的相应知识。另一方面，科技活动作为一项实践活动，多数情况下，需要学生动手操作。因而，操作知识的传授也是辅导过程中的一个重要方面。一般是通过讲解与示范，引导学生掌握要领。在辅导员的指点下，学生掌握正确的操作知识。

（三）解答疑难

青少年科技活动按性质来分，有再现性活动与创造性活动两类。在前人和当代科学科技水平已经达到的范围内的活动，是再现性活动；超出现今人们科学技术水平范围内的活动，是创造性活动。在青少年科技活动中，主要有"小发明""小制作"以及"小论文"活动等，大多是再现性活动，像一般的实验、试验、制作等，基本上是再现已有的水平，极少创新。即使是再现，对学生来说，大多是新的未接触过的东西。在活动中，除了知识方面的困难外，还受动手能力和经验等，主客观条件的制约，有许多现象他们还解答不了。就一般的实验来说，实验过程中一系列现象的产生，他们可能会束手无策，有赖于辅导员的指点。小制作，一般是在讲解、示范后，参照样品的情况下进行的。学生仍可能感到陌生，困难仍时时产生，这些有赖于辅导员的帮教。至于"小发明""小论文"之类的创造性强的活动，对于导与学的双方都是新领域，需要双方在活动中共同学习，共同探讨攻克难关。但是，发明创造也不是从零开始的，它总是在双方已有知识和经验的基础上进行的。辅导员，不论在知识还是经验上是先于学生的。因此，在创造性活动中，辅导员仍然在一定的条件下，要为学生解答某些疑难问题。

（四）活动评价

青少年科技活动，其成果主要有物质性和观念性的。物质性的成果，表现为可视的有形的器件，主要是小发明和一般的小制作的成果。观念性的成果主要是随着小发明和小制作过程中，所形成的知识、经验，或者认识性的科技实践能力。每项科技活动都有明确的目标，活动结束后，辅导员都应对活动进行评价。

第一，对物质性成果进行评定。可以将所有参加者的成品收集起来，当堂进行比较，评定其优劣。让学生看到自己的进步和不足，明确自己的实际水平与目标的距离，从而发扬优点，改进不足。

第二，观念性成果的概括化、理性化。青少年学生在活动中，或观察到许多新现象，或者认识了许多新事物，或者有了某种心理体验。感性经验总是比较肤浅的、零碎的、片面的。而要培养与提高学生的科技素质，仅有一些感性经验是不够的。因为感性经验仅能反映事物的表象，而认识不到其本质规律。还必须使感性经验上升到理性认识，形成文字，并进一步内化到学生的头脑中。要引导学生对感性经验进行一番加工改造，从而成为能够反映事物本质属性及规律的理性知识。

第三，将理性化的知识进一步内化，感性经验进一步概括为理性化，从而内化为青少年科技素质。没有成果的评定与概括的做法，等于是行百里路，只走了九十九里。

（五）品德塑造

科技活动的过程，既是培养青少年科技意识，提高科技素质的过程，也是形成优良品质的过程。青少年科技活动基本上是集体活动。心理学认为，集体是对学生进行道德品质译制的基本形式。在集体中，大家共同学习，共同提高。还可使他们看到集体的力量、集体的智慧，看到大家共同协作的优势。辅导员应该鼓励学生互相友爱、互相学习、取长补短。培养他们相互协作的精神，培养他们的集体主义精神。还必须教育青少年发挥自己的创造才能，树立创造光荣，剽窃可耻的风气。灵魂的塑造是贯穿整个活动始终的，辅导员要不失时机地加以注意。[①]

三、学生家长

家庭教育既是摇篮教育，又是终身教育。孩子要成才，必须先成人。父母要重视青少年不同年龄段的生理心理特点，培养健全独立的人格，培养他们对学习科学的浓厚兴趣；引领青少年认识社会，增长科技知识，开阔视野，启迪心智。父母自身必须不断学习、研究、提高，以身示范，以实际行动引导青少年不断提升科技素养。

（一）培养人格

重视孩子不同年龄段生理、心理特点，培养健全独立的人格，使其身心全面和谐发展。父母应培养孩子健康积极的人生观、价值观，开朗乐观的性格，健康的体魄，团结互助的团队意识。孩子身体好，心态好，学习就好。

---

① 王磊，刘克. 科技辅导员在青少年科技活动中的地位及作用的探讨 [J]. 科协论坛，2011 (9)：38－39.

积极参加科技和社会活动，培养积极乐观向上的品质、团结协作的精神。

（二）培养兴趣

从小学到大学，学习科学，尽力就行。但每学期得有一定的目标，而且这个目标通过努力是能达到的，跳起来是能把桃子摘到的。有合适的目标就能激发孩子学习科学的动力。不给孩子太大的学习科学压力，学习态度好、心态好，学习科学的成效就不会差。

（三）开阔眼界

从旅游中培养孩子对大千世界的科技兴趣，对生活的热爱，对幸福美好未来的憧憬。通过旅游认识未知世界，让孩子增长科技知识，开阔视野，启迪创新思维。自然山水是人赖以生存发展的环境，让他们到大自然中去听、去看、去感受大自然的美丽，在旅行中体味和感念科学。

（四）以身作则

父母有科学兴趣，品德高尚，遵纪守法，认真负责，对孩子生理、心理成长、培养科学兴趣非常重要。著名教育家叶圣陶先生曾说过："什么是教育？往简单方面讲，只需一句话，教育就是培养各种良好习惯。"父母在通过自己的示范，每天都影响着孩子成长。①

---

① 雷慧青，黄新宁. 浅谈家庭教育在青少年成长中的作用［J］. 教师，2011（35）：5 - 6.

第七章 青少年科技活动评价

青少年科技活动评价具有判断、预测、选择、导向、激励等功能。不能评价就不能管理。青少年科技活动评价在管理战略规划、业务规划、系统实施和实施管理的持续改进中扮演着重要角色，是青少年科技活动的开端，并贯穿活动过程的始终。

第一节 青少年科技活动评价要义

青少年科技活动评价是根据其活动的教育价值或教育目标，运用可行的科学手段，通过系统地搜集信息资料和分析整理，对其活动设立、活动过程和活动结果进行价值判断，从而不断自我完善和为其活动决策提供依据的过程。

一、活动评价概述

评价是指对一件事或人物进行判断、分析后的结论。青少年科技活动评价，简言之，就是对面向青少年举办、旨在激发科学兴趣、丰富科技知识、培养创新思维和创新能力，促进科学素养提高的各类校外课外活动的评价和估量。

（一）活动评价的定义

青少年科技活动评价，是指以青少年科技活动目标为依据，运用科学的理论、方法和程序，从其活动中收集数据，并将其与整个活动目标和青少年的需求联系起来，对活动及其结果给予价值上的判断，即对活动及其结果进行测量、分析和评定的过程。

青少年科技活动评价，一般涉及青少年需求、活动设计、活动实施、活动效果等方面。开展青少年科技活动评价，能够对青少年科技活动的绩效、管理水平、社会效益等进行挖掘，并做出客观、公正的考核与评价，从而对促进青少年科技活动管理水平提升，彰显其活动效果和影响等具有重要作用。

（二）活动评价的分类

青少年科技活动评价，可以按照不同的维度或标准进行分类。如果按照活动组织的实施过程进程顺序，可以分为可行性评价、形成性评价、结果性评价。

第一，可行性评价。所谓可行性评价，是指青少年科技活动正式实施前，针对其活动的立项、策划、方案设计等，进行可行性和不可行性的评估。可行性评价需要依据青少年科技活动的需求，分析其活动的可行性，评价包括：拟参加青少年科技活动的目标群体的行学需求调查，评价其活动方案能否满足这种需求、主办和承办单位有无足够的资源来组织实施活动等内容。可行性评估重在考察青少年科技活动项目的目标定位、活动内容及其方案设计的科学性、合理性和可操作性，发现活动计划中可能存在的问题。青少年科技活动的可行性评价可以由组织者和实施者自己进行评价，也可以委托外部专家或机构进行评价，通常情况下更多的是依靠充分调研基础上的定性评价来实现。

第二，形成性评价。所谓形成性评价，是指在青少年科技活动开始实施后、完成前之间的某个时间节点上，对其活动实施情况进行评估。形成性评价分析和考察的内容包括青少年科技活动实施的基本情况、检查活动项目的执行情况、诊断实施过程中的困难和问题、找到解决问题的办法和措施、提出推进活动实施的对策建议等。形成性评估重在通过考察青少年科技活动实施情况，对比设计目标，找出可能存在的问题，及时进行方案调整与修正，防止出现影响其活动成功的可能问题，提高活动的推进效率。形成性评估可以成为青少年科技活动过程监控的一种重要手段。

第三，结果性评价。结果性评价或总结性评价是在青少年科技活动结束后，根据原定活动目标和实际实施情况，进行全面和系统的评价。总结性评价要给出青少年科技活动结论性的评价意见，评价的内容包括：青少年科技活动是否达到预期的目的和目标，达到的程度如何，活动的效果如何，对青少年产生了什么影响，等等。总结性评价还需要分析青少年科技活动的优势特点，找出实施出现的问题，提出对未来（或类似）活动的组织实施有参考价值的意见和建议。为保证评价的客观性和全面性，总结性评估通常情况下需要引入外部评估家或评估机构，至需要通过调查和访谈，广泛收集参与者意见，使用定量、定性的评价方法，对青少年科技活动的内容、活动方式、组织实施、活动效果等方面进行全面深入的分析和评价。

此外，根据评估者的来源和评估的方式，青少年科技活动评估可以分为内部评价（自我评价）、外部评价和参与式评价。根据活动评估的内容范围不同，青少年科技活动还可以区分为综合性评价和专题性评价。青少年科技活动评价及其分类，实际上并没有固定的模式，需要根据具体的任务和情况来定。①

（三）活动评价的视角

青少年科技活动评价，需要定性描述，也需要定量分析。多元的评估角度与评估方法可以确保评估中定量与定性的有机结合。评估角度不同，关注的重点不同，其结论就会不同。对青少年科技活动而言，青少年、组织与服务者、专家和宣传是通常要考虑到的评估角度。评估指标不同、角度不同，选用的评估方法也有差异。

第一，站在青少年的角度。青少年是科技活动的直接服务对象。一方面，青少年能够根据亲身经历与体验、对活动的主题、内容、形式等前期策划、服务、设施、秩序等实施过程的实现效果做出最直接的评价；另一方面，青少年科技活动的行学效果是直接体现在青少年身上的，因而青少年角度是其活动效果评估中关键的角度。

第二，站在组织与服务者的角度。组织与服务者在活动中具有多种身份。首先，他们是活动组织者，他们经历活动全程，所以掌握的一些信息是青少年等其他角度所不具备的。因而，从组织与服务者角度审视活动组织与实施过程的有效性与合理性，实际上也是一个自我评价过程。其次，组织与服务者作为科技老师或科技辅导员，还是活动的另一个受益群体，通过评估可以了解活动对他们产生的影响。最后，通过这个角度评估，还可以得到组织与服务者眼中公众参与活动的形象、组织与服务者角度的评估数据与结论，往往能与公众角度、专家角度评估得到的数据进行对照，互相佐证，从而增强评估的客观性与自我纠正能力。组织与服务者角度评估经常采用问卷调查法、访谈法和数据分析方法。

第三，站在专家的角度。青少年科技活动本身与教育学、科普密切相关，活动主题往往涉及一个或多个自然科学领域，活动实施也与公共安全领域相关。因此，组织相关领域的专家进行现场观摩与评估，可以获得更为专业的评价信息。专家角度评价与判断也能与公众角度、组织与服务者角度评估数据进行对照，互相佐证，同时也是活动今后改进和提高的重要

---

① 任福君，翟杰全. 科技传播与普及概论 [M]. 北京：中国科学技术出版社，2012：313－318.

根据与对策。专家角度评估通常采用的方法包括现场参观活动并打分和场外集体访谈。

　　第四，站在宣传的角度。青少年科技活动既是实实在在的现场活动，也是一个科技宣传社会平台。因此，增加活动的社会知晓度、营造整体社会氛围、扩大活动受益面，同样是活动目标所在。从这个意义上说，对活动的宣传和报道效果进行检验也十分必要，可以形成日后宣传工作改进的依据。宣传角度评估通常采用方法包括文献分析法、媒体报道监测法、问卷调查法、访问法、统计法等。其中，媒体报道监测法主要是利用现代电子专用设备系统和统计软件，对媒体新闻报道和广告宣传片进行实时跟踪与监测。该方法是国际上近年比较流行和公认的，可以通过与专业市场研究公司合作来实现。

二、活动评价的功能

　　青少年科技活动评价功能，是指评价活动本身所具有的能引起活动变化的作用和能力。它通过评价活动与结果，作用于活动而体现出来，内容取决于评价活动的结构及运行机制。

（一）鉴定诊断

　　青少年科技活动评价结果是在科学鉴定的基础上实现的，只有认识对象才能改变对象。"鉴定"首先是"鉴"，即仔细审查活动，然后才是"定"结论。对青少年科技活动的科学鉴定是在其活动事实判断之后做出的价值判断。青少年科技活动评价的鉴定功能，既能为青少年科技活动领导部门（单位）决策提供参考依据，在科技教育发展中发挥积极的促进作用，也能为改进青少年科技活动效能发挥积极的推动作用。评价者只有通过对青少年科技活动评价，根据被评价者达到目标的程度，才能进行有针对性的正确指导；被评价的青少年科技活动也只有通过评价，才能确切地了解自己与评价目标的差距，明确自己的努力方向。

　　青少年科技活动评价的过程是评价者利用观察、问卷、测验等手段，搜集其活动的有关资料并进行严格的分析，它能够根据评价标准作出价值判断，分析出或者说出、诊断出青少年科技活动中哪些部分或环节做得好，应加以保持和提高，同时也能指出哪些地方存在着问题，找出原因，再针对这些原因提供改进途径和措施的过程。青少年科技活动评价过程如同看病就医一样，只有经过科学的诊断才能"对症下药"。青少年科技活动评价的这一作用使其在提高其活动的行学质量上具有特殊重要的作用。

（二）导向调节

　　青少年科技活动评价具有的引导评价对象朝着理想目标前进的功效和能

力，这是由评价标准的方向性决定的。因为在青少年科技活动评价中，对任何活动所作的价值判断，都是根据一定的评价目标、评价标准进行的。这些评价的目标、标准、指标及其权重，对青少年科技活动起着"指挥棒"的作用，为他们的努力指定方向。青少年科技活动必须按目标努力才能达到合格的标准，否则就达不到合格标准，得不到好的评价。其中的评价目标是由青少年科技活动组织者根据需要而制定的，是评判者对青少年科技活动应达到的社会价值的反映，也是需要的体现。总体来说，评价青少年科技活动办得好与不好，关键是看它是否符合青少年科学素质提升的需要，客观评价上和微观评价上都是如此。

同时，青少年科技活动评价对活动具有调节的功效。一方面，评价为青少年科技活动调节目标及进程。例如，通过评价，评价者认为青少年科技活动已达到目标并能达到更高目标时，就会将目标调高，将进程相对调快；认为青少年科技活动几乎没有可能达到目标时，就会将目标调低，将进程相对调慢，使之符合被评价者的实际。总之，要让他们在不同水平上朝目标前进，避免发生达到目标者停滞不前、达不到目标者沮丧气馁的情况。另一方面，青少年科技活动通过评价了解自己的长短、功过，明确努力方向及改进措施，以实现自我调节。在青少年科技活动管理中经常存在着各种调节活动，调节活动是否已经达到了预期的目标，是否具有达到目标的可能，若目标已经达到且还有达到更高目标的可能，或者达到预期目标的可能极小，甚至几乎没有可能，在这种情况下需要对目标进行必要的调整。这些信息的获得依靠的正是青少年科技活动评价。人们对下一步工作做出计划的主要根据之一就是评价的结果。因此，青少年科技活动评价是其管理中一项应该经常进行的活动，以避免我们计划不周或主观判断有误而给工作带来损失。

（三）激励引导

青少年科技活动评价，能够激发和维持青少年科技活动的内在动力，调动其活动共同体的内部潜力，提高其工作的积极性和创造性，从而达到活动管理的目的。青少年科技活动评价的激励是分等鉴定的必然结果，因为在青少年科技活动比较多的情况下，这种不同的等级会使个人与个人、单位与单位之间进行不自觉的比较。这对青少年科技活动来说，是一个积极的刺激和有力的推动，因为无论是个人还是单位组织青少年科技活动，都有获得较高评价和实现自身价值的愿望。恰如其分的评价结果能给人以心理上的满足感，从而激励人们不断进取。对于先进的单位和个人来说，无论是个人还是单位评价的结果是对自己成绩的肯定与表扬，会对成功的经验起强化作用；对于落后者则是一种有力的鞭策，如果仍不努力就会被拉得更远。要发挥这种激励作用，应注意青少年科技活动的评价指标的制订不可过高或过低，最适宜的指标应定在大多数青少年科技活动经过努力能够达到的程度。

青少年科技活动评价还具有影响其活动主体和组织参加者的思想、品质、思维的功效。青少年科技活动评价，以目标为价值取向，无论是何种青少年科技活动评价都要以此为基准，评价对象在评价过程中必然受其熏陶和影响，使评价过程成为"学习—对照—调节—改进—完善"的过程，有利于促进青少年科技活动的自我认识、自我改进、自我提高、自我完善。

（四）监督管理

青少年科技活动评价对其活动起检查、督促的功效。活动评价总是找出青少年科技活动与目标的差距，使其明确以后努力的方向和途径，督促其活动朝着评价目标前进。同时，青少年科技活动评价使其活动顺利完成预定任务、达成预期目的，强化青少年科技活动的积极倾向，抑制消极倾向。

三、活动评价的内容

青少年科技活动评价必须确定较为合理的评估内容，使用规范的评估方法，遵循完善的评估程序，建立科学的评估指标。评价内容通常需要根据青少年科技活动评价的目的和目标来确定，评估的目的和目标不同，评估内容也会有所不同。

（一）活动方案

青少年科技活动正式实施之前，需要进行立项论证、项目策划、方案设计，最后形成一个可执行的具体方案。方案评价就是针对这一方案进行的评价，活动的需求评估、可行性评估、活动理论评估通常都属于活动方案评价的范畴。评价内容涉及活动的主题是否鲜明、目标是否明确、定位是否恰当、活动能否满足青少年科学行学需要、方案是否可行、设计是否科学、安排是否合理等，而分析考察的主要内容是青少年科学行学需要、活动的设计方案、项目策划设计依据的理论。

（二）活动内容

青少年科技活动内容评价，是针对青少年科技活动中开展的具体活动及其内容进行评估。青少年科技活动内容是其活动的核心部分，是青少年科技活动行学效果的核心，活动内容评价需要分析、考察、评价活动及其内容与主题是否相关、知识内容与科学行学需求是否匹配、知识层次与青少年水平是否协调、活动内容是否丰富等。

（三）活动方式

青少年科技活动方式评价，是对青少年科技活动中开展的具体活动及其方式进行的评价。不同的活动方式对青少年科技活动的行学效果会产生巨大差异和不同的效应。活动方式评估需要考察和分析青少年科技活动所采取的活动方式，是否切合其活动主题的需要，是否有助于实现其活动预期效果目标，活动方式本身是否有创新性和示范性，是否能有效激发青少年的科学兴趣和科学热情，是否能有效提升其活动的探究性、互动性、参与性和趣味性等。

（四）活动过程

青少年科技活动组织实施评估是对活动组织者、实施者的组织管理和执行情况进行的评价。评价的主要内容涉及：为活动的组织实施配备硬件条件情况，环境布置和氛围营造与活动主题的协调程度，活动项目承办者的管理执行工作的规范性、有序性和协调性情况，执行团队的整体工作效率及服务水平，以及活动各方参与者对组织工作的整体满意度情况。组织实施评估还应注意对青少年科技活动的宣传推广工作进行分析评价，以利于通过宣传推广工作让更多青少年、科学老师、学生家长等知晓，扩大社会影响，吸引更多青少年参与。

（五）活动效果

青少年科技活动效果情况，通常被认为是衡量活动成功程度的核心指标，因而通常是最受关注的评价内容。青少年科技活动评价，实质上是一种用来获悉青少年个体或群体通过参加活动，是否学到什么的一种手段。也就是说，是否能证明他们理解了目标所要求掌握的信息、概念、技能、程序等。在学校，考试或测验是学生的常规经验，它们旨在测量个体在多大程度上掌握了所学的内容。青少年科技活动属于科学学习的非正式场景，往往不使用学校和工作场所中通常使用的测验、分数、班级排名以及其他做法来记录成绩，而主要依据是否发展科学兴趣、理解科学知识、从事科学推理、反思科学问题、参与科学实践、认同科学事业等行学的结果证据。效果评价通常可以从参加其活动的青少年数量规模、参加活动后受到实际影响的程度、社会媒体对活动情况进行宣传报道的情况、社会各界对整个活动满意与否的评价等方面加以分析评价。鉴于青少年科技活动的教育特性，参与活动的青少年是否因为参加该项活动而更好地理解了科学知识、是否产生了更高的科学兴趣、是否受到了更多的科学启发等，是效果评估需要依据的关键指标。[①]

---

① 任福君，翟杰全. 科技传播与普及概论［M］. 北京：中国科学技术出版社，2012：313-318.

第二节　青少年科技活动评价计划

青少年科技活动评价，要求其活动评价者必须设计好自己的活动评价设计的计划或方案，以保障活动目标的实现。一般而言，评估计划可形成可操作的方案，对评价的任务、内容、方式、保障等进行计划。

一、活动评价指标要义

活动评价者在进行青少年科技活动评价时，要充分考虑其活动目标，活动内容和青少年的活动情景，以及群体或个体差异等，设计适合相应的青少年科技活动行学的评价工具，制定切实可行的评价标准。

（一）活动评价指标含义

一个完整的青少年科技活动评价指标，一般由指标名称、计算单位、计算方法、时空范围、指标数值等要素构成。它是以其具体、生动的数字描述青少年科技活动的状况、变化过程和一般的数量关系，是进行其活动管理和改进活动绩效的基本依据之一。青少年科技活动评价指标体系，是由若干具有内在联系的活动评价指标所组成的统计指标体系。在青少年科技活动评价体系中，借助于统计指标体系可以反映青少年科技活动的全貌和发展的全过程，便于分析活动中各种因素及所起的影响。青少年科技活动评价指标体系在具体的活动中，则以其独特的构成、特点和方法，通过其指标的作用发挥，促成人们对青少年科技活动目标的实现。

（二）评价指标设计原则

青少年科技活动评价指标体系并不是任意建立的，而是要在一定的准则下来构建，这些准则一方面要体现出一般指标评价体系的共性，另一方面要体现出青少年科技活动指标体系的个性。

第一，科学性原则。要求青少年科技活动评价指标体系的设计，应该符合青少年科技活动本身的性质特点、关系和运动过程，要求其指标解释和定义应该规范化、标准化，力求符合青少年科技活动管理的一般特点并与其概念相适应，否则可能会导致认识偏差或错误。

第二，整体性原则。要求从总体上考虑青少年科技活动评价指标之间的联系。在指标体系中，指标间的联系形成了一个多层次的立体网络，只有协调指标间的各种联系，尽可能减少指标间信息的交叉重叠，才能保证青少年科技活动指标体系的有效、稳定和其功能的发挥。

第三，可比性原则。统计指标是描述、分析、评价的工具，也是进行纵横比较的语言。要求在青少年科技活动评价指标设计和改进统计指标时，应注意指标口径、内容、计算方法在纵向和横向上的可比及总体系统内部各子系统之间的协调，以便能够使青少年科技活动评价指标体现在不同单位、不同时期、不同国家和国际组织或不同核算体制之间比较、分析时候发挥功能。

第四，可行性原则。青少年科技活动评价指标体系的建立，力求系统、科学、完整的同时，还要充分考虑主、客观条件的限制，突出其可操作性，与青少年科技活动管理水平和其活动评价的相适应，要同国情、省情、市情紧密结合起来，既要借鉴国外先进西方的体系，还要注意其可行性。

第五，相对稳定性原则。青少年科技活动评价指标体系是描述、测度、评价其活动的体系，必然将随着实践的发展和人们认识的深化而日趋完善和深刻。要保持指标体现的活力，就要使其不断适应变化的客观世界，增强指标体现的弹性，而如果一味地强调指标体系的变动，又势必会增加科技活动时空对比的难度，因此应该保持青少年科技活动评价指标体系的相对稳定性。对其重要指标的更替应该采用渐次替代的方法，不宜采用突变的替换方法。必要时，在更换期内可采用新旧指标并行的方法，然后逐步用新的替代旧的。

（三）评价指标体系结构

评价青少年科技活动的指标，可以按照在活动起的功能作用不同，分为不同类型的指标。

第一，引导性评价指标。引导性指标是根据国家或地方对青少年科技活动的政策导向、规划计划，通过评价指标及其评价权重的设定，有目的地对青少年科技活动的目标、内容、方式等进行倡导和引导，让青少年科技活动的方向在所希望的方向上展开，以期顺利地实现政策导向、规划计划目标、行学价值主张等。

第二，支撑性评价指标。青少年科技活动的开展离不开人力、资金、物质等方面的投入，因此把投入指标引入青少年科技活动评价指标体系，其重要性不言而喻。青少年科技活动的支撑性评价指标，主要包括其活动获得的经费预算强度、参与组织其活动人力投入强度、开展其活动所具备的物质条件等。

第三，活动性评价指标。青少年科技活动的活动性评价指标，是评价的关键指标，主要涉及青少年科技活动的环境布置和氛围营造、活动主题的协调程度、活动承办者的管理执行情况、执行团队的整体工作效率及服务水平，以及活动各方参与者对组织工作的整体满意度等。

第四，效果性评价指标。青少年科技活动的效果性评价指标，是其评价最重要的一方面。青少年科技活动的质量和效能的好坏，最终会从其活动的效果来体现。青少年科技活动的效果指标主要反映青少年个体或群体通过参加其活动，是否学到了其活动目标所要求的内容，是否发展科学兴趣、理解科学知识、从事科学推理、反思科学问题、参与科学实践、认同科学事业等行学目标。

二、活动评价方式选择

为保证青少年科技活动评价的科学性和准确性，必须依据其活动评价的需要，选择适合的评价方式和方法。

（一）问卷法

问卷调查法也称问卷法，是青少年科技活动评价者运用统一设计的问卷向被选取的调查对象了解情况或征询意见的调查方法。问卷调查是以书面提出问题的方式搜集资料的一种评价方法。评价者将所要评价的问题编制成问题表格，以邮寄方式、当面作答或者追踪访问方式填答，从而了解对相应青少年科技活动的看法和意见。问卷法是目前国内外青少年科技活动评价中较为广泛使用的一种方法，其优点在于标准化和成本低。

问卷调查，按照问卷填答者的不同，可分为自填式问卷调查和代填式问卷调查。其中，自填式问卷调查，按照问卷传递方式的不同，可分为报刊问卷调查、邮政问卷调查和送发问卷调查；代填式问卷调查，按照与被调查者交谈方式的不同，可分为访问问卷调查和电话问卷调查。

（二）访谈法

访谈法又称晤谈法，是指青少年科技活动评价者通过访员和受访人面对面地交谈来了解受访人对相应青少年科技活动的看法和意见的方法。因其活动的类型、目的或对象的不同，访谈法具有不同的形式。根据访谈进程的标准化程度，可将它分为结构型访谈和非结构型访谈。访谈法运用面广，能够简单而叙述地收集多方面的工作分析资料，因而深受人们的青睐。

采用访谈法评价青少年科技活动，具有较好的灵活性和适应性，既有事实的调查，也有意见的征询，更多用于个性、个别化研究。访谈有正式的，也有非正式的；有逐一采访询问，即个别访谈，也可以开小型座谈会，进行团体访谈。在访谈过程中，尽管谈话者和听话者的角色经常在交换，但归根到底访员是听话者，受访人是谈话者。访谈以一人对一人为主，但也可以在集体中进行。

（三）观察法

观察法是指青少年科技活动评价者根据对其活动评价的目的、评价提纲或观察表，用自己的感官和辅助工具去直接观察青少年科技活动的方法。观察一般利用眼睛、耳朵等感觉器官去感知观察青少年科技活动。由于人的感觉器官具有一定的局限性，评价者往往要借助各种现代化的仪器和手段，如照相机、录音机、显微录像机等来辅助观察其活动。依其评价者是否参与青少年科技活动，可分为参与观察与非参与观察；依其对青少年科技活动的观察是否具有连贯性，可分为连续性观察和非连续观察。观察法的优点主要包括直观性、可靠性，更接近真实，不受青少年科技活动的意愿影响，而且简便易行，灵活性强，可随时随地进行。观察法的缺点是，通常只有行为和自然的物理过程才能被观察到，而无法了解青少年科技活动的动机、态度、想法和情感。而且只能观察到青少年科技活动公开的行为，并且这些行为的代表性将影响对其活动评价的结果。

（四）统计法

统计法是指青少年科技活动评价者通过收集、整理、分析和解释统计数据，并对其活动所反映的问题作出一定结论的方法。统计法是适用于所有青少年科技活动评价的通用方法，只要有数据的活动就会用到统计法。随着人们对青少年科技活动定量评价的日益重视，统计法已被应用到众多的青少年科技活动评价中。

（五）打分法

打分法或专家打分法是指青少年科技活动评价者通过匿名方式征询有关专家的意见，对专家意见进行统计、处理、分析和归纳，客观地综合多数专家经验与主观判断，对相应青少年科技活动进行定量评价的方法。打分法简便、直观性强、计算方法简单，适用于存在诸多不确定因素、采用其他方法难以进行定量分析的青少年科技活动。

三、活动评价指标设计

青少年科技活动评价是系统工作，涉及面广，活动评价指标体系的设计，直接关系青少年科技活动评价的成败。青少年科技活动评价指标体系往往都是因时因势而设定，是动态的、个性的，不是统一、固定不变的。一个科学客观、理想具体的青少年科技活动评价指标体系，可以根据需要从以下的青少年科技活动评价指标体系框架（表7-1）基础上中去做选择和修订，并设定相宜的权重赋值。

表7-1 青少年科技活动评价指标体系框架

评价指标			评价角度	评价方法
一级指标	二级指标	三级指标		
活动策划	主题	时代性：活动主题与科技发展、科技教育要求的贴切性	专家、青少年	访谈法、打分法
		感召力：活动主题对青少年激发科学兴趣、唤起探究意识的感染力和号召力		
	内容	科学性：活动内容符合青少年科技活动本身的性质特点、关系和运动过程	青少年、组织者、专家	问卷法、访谈法
		贴近性：活动内容与青少年的学习、生活的关联性		
		丰富性：与活动主题对应的活动内容的广度和全面性		
		通俗性：活动内容符合青少年的理解、接受能力的程度		
		兴趣性：活动内容与青少年的兴趣的契合度		
		偏好性：青少年优先喜爱的活动内容		
	形式	多样性：活动的形式新颖、不单调		
		吸引力：活动形式吸引青少年的程度和能力		
		适合性：活动中包含的活动形式满足不同青少年人群喜爱的能力		
		偏好性：青少年优先喜爱的活动形式		
活动投入	经费	数量：按参加活动的每位青少年计算，活动经费的平均投入数量	专家	统计法
		结构：活动经费中，财政拨款、自筹经费及社会资金投入等的比重		
		充足：活动经费满足活动需要的程度		
	物质	设施：活动所需的物资条件充裕程度		
		设备：活动所需设备条件的充裕程度		
		资源：活动所需的科技教育资源的充裕程度		

评价指标			评价角度	评价方法
一级指标	二级指标	三级指标		
活动投入	人员	组织：活动主办或承办单位组织协调能力和人员投入程度	专家	统计法
		外援：活动合作单位人员支援能力与人员投入程度等		
		志愿：动员教育、科普等志愿者参与活动组织能力与志愿者投入程度		
活动实施	安保	设施：活动配备的安全设施的完好型与充足程度	专家、青少年、组织者	统计、问卷、访谈、打分、观察
		人员：活动配备的安保人员的到位率与充足程度		
	指导	态度：活动中科学老师、科技辅导员、科技讲解等人员服务是否热情、主动、友好、平等		
		能力：活动中科学老师、科技辅导员、科技讲解等人员为青少年引导、答疑解惑的能力		
		充足：活动中科学老师、科技辅导员、科技讲解等人员数量与岗位分配的充足程度		
	项目	项目：活动项目与青少年参加的适宜和适配的程度		
		充足：青少年喜爱和能实际参加活动的项目数量占总项目的比例		
	有序	布局：活动项目（或安排）各项活动空间、布局适应活动青少年需求并方便青少年参与的程度		
		秩序：青少年参加活动的组织和有序程度		
	条件	交通：活动场地周边交通的便利性，方便青少年前往程度		
		设施：活动场地休息、卫生等必备设施的便利程度		
		时间：活动时间与青少年可能参与时间的匹配程度		

续表

评价指标			评价角度	评价方法
一级指标	二级指标	三级指标		
活动效果	宣介	渠道：发布活动报道的媒体类型	宣传	统计、问卷、访谈
		数量：媒体发布活动报道的数量		
		深度：媒体报道活动的方式和深度		
	影响	知晓：活动所在地区知晓活动的青少年与同类青少年数量的比例	青少年	问卷、访谈
		满意：参与活动青少年对活动的总体满意度		
	效果	规模：参加活动青少年的人数，占同类青少年的比例		
		知识：青少年通过参加活动在知识、技能等方面实际发生的变化		
		情感：青少年通过参加活动在情感方面实际发生的变化		
		态度：青少年通过参加活动在态度、理念等方面实际发生的变化		
	组织	动员：活动动员社会力量支持参与青少年科技活动的效率	组织者	
		队伍：活动组织者、志愿服务者等通过参与活动，在业务能力上的提升		

第三节 青少年科技活动评价实施

在青少年科技活动评价实施阶段，要做好活动评价的团队组建、评价执行、评价报告等过程。

一、评价的团队组建

青少年科技活动评价团队组建是指聚集具有不同需要、背景和专业的个人，把这些参加的人员变成一个有分工、有合作的工作整体和团队。

（一）评价团队建立

青少年科技活动评价团队的组建，包括以下四个阶段。

第一，准备工作。青少年科技活动评价组织者，首先是决定青少年科技活动评价团队是否为完成任务所必需。应当明白，有些评价任务由个体独自完成效率可能更高。如有必要，再明确评价团队的目标与职权。

第二，创造条件。青少年科技活动评价组织者，应保证为团队提供完成评价任务所需要的各种资源，如物资资源、人力资源、财务资源等。如果没有足够的相关资源，评价团队不可能成功。

第三，形成团队。青少年科技活动评价组织者，要确立谁是团队成员、谁不是团队成员；让成员接受团队的使命与目标；公开宣布团队的职责与权力，让评价团队每位成员按照分工行动。

第四，提供支持。青少年科技活动评价组织者要加强管理和指导，团队开始运行后，尽管可以自我管理、自我学习，但也离不开组织者的领导和指导，以帮助团队克服困难、战胜危机、消除障碍。

（二）团队成员培训

青少年科技活动评价团队培训，是指通过协调所在评价团队成员的个人能力而实现共同评价任务目标。团队培训重在协调为达成共同的评价任务目标，努力实现团队个人之间的合作。培训内容包括知识培训，技能培训，态度培训。培训工具，有团队任务分析，任务模拟与练习，反馈，绩效衡量，原理与或者原则。

（三）团队成员分工

青少年科技活动评价团队每个成员都有分工，但是高效的团队更重视合作。如果有人不按要求去做，哪怕只有一个人犯错，整个团队的目标就不能实现。彼此信任、鼓励远比批评、指责更容易形成强有力的团队精神，更容易达成团队目标。

二、活动评价实施

青少年科技活动评价执行，是指在其活动同期或活动前后某个时间点或时间段，依据既定评价方案，实际开展评估工作的过程。评价执行时，要对评价时间和地点、样本、过程等做好设计。

（一）评价时间

尽量选择没有干扰因素的时间段，对青少年科技活动开展评价和调查。例如，要避开活动繁忙时段，避开活动尾声和结束阶段，也不宜在活动刚一开始时评价。

（二）评价样本

理想状态下，青少年科技活动评价的被访对象必须是充分参与被评估活动的青少年、组织者或志愿者等；被访的组织及服务者必须是亲自参加活动实施的科学老师或科技辅导员。选择调查样本时，要以概率抽样为追求目标，保证样本对总体的代表性。

（三）数据采集

青少年科技活动评价中，通过问卷、访谈、观察、统计等方法获得的数据，统称为评价数据，常以数量的形式给出。对评估数据分析，目的是把隐含在一大批看似杂乱无章的数据中的青少年科技活动信息集中、萃取和提炼出来，以找出所评价活动的内在规律。

三、活动评价报告

青少年科技活动评价，必须出具评价报告。

（一）报告体例

青少年科技活动评价报告，通常包括标题、目录、摘要、导言、主体、结论、附录等部分。标题是对青少年科技活动评价内容的高度概括，目录体现评价报告的框架，摘要对评价报告内容进行总结，导言对其评价情况做基本介绍、主体呈现报告的数据和统计结果，结论概括评估主要结果，并据此提出对策建议，附录用于汇总评估相关文件、资料、数据等。

（二）报告要求

青少年科技活动评价报告撰写的一般要求包括客观、简洁、精准、完整，有针对性、逻辑性，精益求精等。

成功的青少年科技活动评价报告，将科学客观反映其活动预期目标是否达到，主要活动任务指标是否实现，并会查找其活动成败的原因，总结活动的经验教训，不仅有利于提高被评价的青少年科技活动的组织管理水平，而且有利于凝练青少年科技活动的规律，对其他同类青少年科技活动开展也有积极的借鉴作用。

（三）报告反馈

青少年科技活动评价要形成闭环，其报告反馈是关键。如果只评价不反馈，就等于没有评价一样。如果是主办单位自己组织评价，要将评价结果或报告在团队中分享并讨论，作为总结经验、分析问题、改进活动组织、提高成效的依据和重要决策参考；同时还要将青少年科技活动评价报告及时报送上级管理部门和领导，供其领导管理和决策参考。如果是专业机构或研究团队接受青少年科技活动组织单位委托，开展青少年科技活动评价，要及时完成评价报告，并在向其组织单位提交评价报告前，及时向组织单位当面汇报得出的初步结论，讨论相关问题，按照真实客观要求，中肯地完善评价报告，编辑装订成册，及时提交组织单位。

主要参考文献

[1] 林崇德. 创造性心理学 [M]. 北京：北京师范大学出版社，2018.

[2] 林崇德. 拔尖创新人才成长规律与培养模式研究 [M]. 北京：经济科学出版社，2018.

[3] 任福君，张志敏，翟立原. 科普活动概论 [M]. 北京：中国科学技术出版社，2015.

[4] 任福君，翟杰全. 科技传播与普及概论 [M]. 北京：中国科学技术出版社，2012.

[5] 胡卫平. 中国创造力研究进展报告（2017—2018）[M]. 西安：陕西师范大学出版总社，2019.

[6] 衣新发. 创新人才的六种心智 [M] //胡卫平. 中国创造力研究进展报告. 太原：山西师范大学出版总社，2016.

[7] 科学技术部人才中心. 现代科技创新管理概论 [M]. 北京：科学出版社，2018.

[8] 中国青少年科技辅导员协会. 科技辅导员学习指南 [M]. 北京：科学普及出版社，2013.

[9] 杨文志. 当代科普概论 [M]. 北京：中国科学技术出版社，2020.

[10] 杨文志. 公民科学素质建设的中国模式 [M]. 北京：中国科学技术出版社，2018.

[11] 科学技术概论编写组. 科学技术普及概论 [M]. 北京：科学普及出版社，2002.

[12] 詹正茂，舒志彪. 中国科学传播报告（2008）[M]. 北京：社会科学文献出版社，2008.

[13] 乌尔里希·伯泽尔. 有效学习 [M]. 张海龙，译. 北京：中信出版集团，2018.

[14] 胡咏梅，李冬晖，薛海平. 中国青少年科技竞赛项目评估及国际比较研究 [M]. 北京：北京师范大学出版社，2012.

[15] 赵博. 我国学科竞赛活动发展报告 [M] //李秀菊，王挺. 中国科学教育发展报告（2019）. 北京：社会科学文献出版社，2020.

[16] 石磊，王燕妮，李梅，等. 青少年科学素质提升路径研究 [M] //重庆市科学技术协会. 科协服务纵横谈. 重庆：重庆出版社，2017.

[17] 张才龙. 高中科技活动方案设计指南 [M]. 上海：上海科技教育出版

社，2003.

［18］刘立，蒋劲松. 我国公民科学素质的基本内涵与结构［C］//全民科学素质行动计划制定工作领导小组办公室. 全民科学素质行动计划课题研究论文集. 北京：科学普及出版社，2005：29 - 67.

［19］侯怀银，雷月荣. "校外教育"解析［J］. 教育科学研究，2017（5）：27 - 31.

［20］郭戈. 关于兴趣教学原则的若干思考［J］. 教育研究，2012（3）：119 - 124.

［21］袁维新. 好奇心驱动的科学教学［J］. 中国教育学刊，2013（5）：60 - 63.

［22］朱诗勇. 科学根本动力：理论兴趣还是实用精神？——兼论中国古代科学的文化之根［J］. 陕西行政学院学报，2009，23（2）：88 - 91.

［23］翟俊卿，阚阅，杨迪. 英国《科学与数学教育愿景》评析［J］. 全球教育展望，2015（8）：55 - 62.

［24］李竹，林长春. 中外青少年科普教育活动的比较与思考［J］. 教育评论，2017（8）：147 - 150.

［25］王铁成. 英国科技强国发展历程［J］. 今日科苑，2018（1）：47 - 55.

［26］闫瑾. 德国中小学的"关键能力"培养［J］. 基础教育参考，2006（6）：24 - 25.

［27］张运红. 二战以来德国青少年科技教育的途径与特点［J］. 教学研究，2009，32（3）：37 - 40.

［28］王德林，俞佳慧. 美国"2061计划"新进展及其对我国科学教育的启示［J］. 教育与教学研究，2019（4）：43 - 50.

［29］金慧，胡盈滢. 以STEM教育创新引领教育未来——美国《STEM 2026：STEM教育创新愿景》报告的解读与启示［J］. 远程教育杂志，2017（1）：17 - 25.

［30］王通讯. 人才成长的八大规律［J］. 决策与信息，2006（5）：53 - 54.

［31］汪忠. 青少年科技活动的三种方法［J］. 科学大众（中学版），2000（5）：24.

［32］周婧. 从剑桥科学节看科学普及的有效形式［J］. 科技传播，2011（24）：3 - 4.

［33］李宏，陈晓怡，刘溦，等. 世界各国的科学家节日［J］. 科技导报，2019，37（10）：103 - 104.

［34］冯涓. 美国大学的工程开放日及其启示［J］. 理工高教研究，2007（2）：108 - 109.

［35］张奇. 美国青少年航天科普活动［J］. 中国科技教育，2020（6）：8 - 10.

［36］梁光源，黄敏清. 中国石化打造我国工业企业规模最大公众开放日［J］. 环境，2019（5）：70 - 71.

［37］张开逊. 中国科技馆事业的战略思考［J］. 科普研究，2017，12（1）：5 - 11 + 106.

［38］张超，何薇，任磊. 中国公民获取科技信息的状况及新趋势［J］. 科普研究，2016，11（3）：22 - 27 + 116.

［39］刘立. 国际科技博物馆和科学中心的发展阶段、趋势及对我国的启示［J］. 科学教育与博物馆，2015，1（6）：401 - 404.

［40］李林. 弗兰克·奥本海姆的博物馆观众体验研究理论与实践［J］. 东南文化，

2014（5）：110－115.

[41] 符红梅，郝朝运，谭乐和. 兴隆热带植物园科普教育实践与思考 [J]. 农业研究与应用，2015（2）：74－75＋78.

[42] 翟俊卿. 英国植物园教育的发展与实践综述 [J]. 科普研究，2013，8（6）：48－53.

[43] 刘浩然. 北京市西城区青少年科技馆系列活动集锦之校外探究篇：活跃在校外的科学兴趣小组活动 [J]. 环境教育，2014（3）：61－62.

[44] 申继亮. 中学生学习兴趣的评估 [J]. 心理发展与教育，1988（4）：11－16＋20.

[45] 赵兰兰，汪玲. 学习兴趣研究综述 [J]. 首都师范大学学报（社会科学版），2006（6）：107－112.

[46] 贾文岩. "学习共同体"的生态建构初探 [J]. 当代教育科学，2012（7）：61－62.

[47] 檀积天. 我是这样组织无线电兴趣小组活动 [J]. 实验教学与仪器，1997（5）：32.

[48] 谭楚雄，刘文章. 航空模型运动与早期航空教育 [J]. 体育文史，1997（3）：32－33.

[49] 李卢一，郑燕林. 中小学创客空间建设的路径分析——来自美国中小学实践的启示 [J]. 中国电化教育，2016（6）：58－64.

[50] 刘璐，曾素林. 国外中小学研学旅行课程实施的模式、特点及启示 [J]. 课程·教材·教法，2018，38（4）：136－140.

[51] 王晓燕. 研学旅行亟须专业化引领发展 [J]. 人民教育，2019（24）：13－16.

[52] 杨晓. 研学旅行的内涵、类型与实施策略 [J]. 课程·教材·教法，2018，38（4）：131－135.

[53] 李冬晖. 梦想起飞的地方——参加吴健雄科学营有感 [J]. 中国科技教育，2012（12）：6－8.

[54] 王恩哥. 促进青少年科技创新后备人才培养 [J]. 中国科技教育，2019（8）：10－12.

[55] 罗洁. 高中阶段创新人才培养模式的探索——北京市"翱翔计划"的思考与实践 [J]. 中小学信息技术教育，2019（Z1）：36－38.

[56] 徐延豪. 推进"英才计划"实施　培养拔尖创新人才 [J]. 创新人才教育，2017（3）：48－51.

[57] 陶伟忠，田晖. "苗圃计划"是实现中学与大学贯通式培养的有效方式——同济大学"苗圃计划"工作的体会 [J]. 经济师，2015（10）：203－204.

[58] 杨丽. 科技创新人才早期培养模式的创新探索——以校级少年科学院的创建和发展为例 [J]. 基础教育参考，2017（23）：16－17.

[59] 郭荣，安菊梅. 创意物化：芬兰工艺课程开发的经验及启示——基于对芬兰2016年工艺课程大纲的解读 [J]. 教学研究，2020，43（1）：72－78.

［60］钟柏昌. 中小学机器人教育的困境与突围［J］. 人民教育，2016（12）：52－55.

［61］栗可文. 世界青少年机器人奥林匹克竞赛［J］. 中国科技教育，2020（5）：16－18.

［62］钱程. 国际科学与工程大奖赛［J］. 中国科技教育，2020（5）：12－15.

［63］李晓亮. 关于校外教育机构开展科技活动的认识和思考［J］. 中国科技教育，2017（2）：6－7.

［64］蒋东华. 科学老师的四颗"心"［J］. 小学科学（教师论坛），2011（6）：111.

［65］王磊，刘克. 科技辅导员在青少年科技活动中的地位及作用的探讨［J］. 科协论坛，2011（9）：38－39.

［66］雷慧青，黄新宁. 浅谈家庭教育在青少年成长中的作用［J］. 教师，2011（35）：5－6.

［67］颜实. 70年，由科普爱上科学——记新中国科普出版70年［N］. 光明日报，2019－10－04（8）.

［68］钟少颖. 从创新规律看当前中国科技创新的政策取向［N］. 学习时报，2018－09－19（6）.

［69］游云. 科技馆的发展现状与特点［N］. 中国高新技术产业导报，2014－07－28（C08）.

［70］谢作如，郭小娜. 升级综合实践活动实现"创意物化"［N］. 中国教育报，2018－07－14（3）.

［71］林崇德. 思维品质的训练对学生有多重要［EB/OL］.（2018－10－25）［2020－12－28］. https://www.sohu.com/a/271212808_100194097.

［72］林崇德. 核心素养时代，培养创造性的突破口在哪里［EB/OL］.（2020－11－02）［2020－12－28］. https://www.sohu.com/a/428830633_100194097.

［73］陈树杰，郭治. 青少年科技活动的特点、原则和要求［EB/OL］.（2018－02－12）［2020－12－28］. https://www.jinchutou.com/p－32716979.html.

［74］周程，秦皖梅. 17年17人诺奖：日本科学为何"井喷"［EB/OL］.（2016－10－08）［2020－12－30］. https://news.china.com/zhsd/gd/11157580/20161008/23713823_all.html.

［75］靳晓燕. "翱翔计划"：人才培养方式创新的"北京模式"［EB/OL］.（2019－03－22）［2020－12－30］. https://life.gmw.cn/2019－03/22/content_32671285.htm.

［76］习近平. 在科学家座谈会上的讲话［EB/OL］.（2020－09－11）［2020－12－12］. http://www.xinhuanet.com/politics/2020－09/11/c_1126483997.htm.

［77］张灿祥. 略谈综合实践活动课程与学校青少年科技教育的联系［EB/OL］.（2011－08－23）［2020－12－12］. https://wenku.baidu.com/view/6ef62ec56137ee06eff918f9.html.

［78］陈杰. 腾讯科学周："科技向善"企业助力提升公民科学素养［EB/OL］.

（2019 - 10 - 22）［2020 - 12 - 10］. http://www. cyscc. org/news/ArticleView. aspx? AID = 216324.

［79］胡琳. 德国教育中关键能力培养对我国实施素质教育的启示［D］. 成都：四川师范大学，2010.

［80］田虹. 以色列中小学科学素养教育研究［D］. 西安：陕西师范大学，2017.